浙江省普通高校“十三五”新形态教材
全国高等院校计算机基础教育研究会优秀教材

U0814908

大学计算机实验教程

（Windows 10＋Office 2019）
（微课思政版）

主　编　骆红波　汪承焱　张春花

本书资源使用说明

北京邮电大学出版社
·北京·

内 容 简 介

本书是与《大学计算机(Windows 10＋Office 2019)(微课思政版)》配套的实验教程。全书分为大学计算机实验指导和大学计算机综合知识练习题两部分。大学计算机实验指导部分共有18个实验,每个实验均阐述了实验目的、实验内容和实验操作步骤。通过有针对性的上机操作练习,把理论教学、实际操作和课程思政紧密结合起来,有助于读者在掌握计算机基本操作技能的同时,培养高尚的思想情操。思政元素包含培育和践行社会主义核心价值观、培育工匠精神和培养创新能力等。大学计算机综合知识练习题包括了大学计算机的理论知识和计算机基本操作,有助于读者加深对计算机基本知识和操作技能的理解与掌握。

本书与理论教材相辅相成,配有相关实验的微视频和素材。借助MOOC平台(https://www.xueyinonline.com)提供与本书配套的学习资源。本书有配套的无纸化上机考试系统,可实现全自动组卷、评分、生成考生答卷明细及备份,可供高校教师组织考试。

本书适合作为高等院校"大学计算机"课程的实验教程,也可作为高等院校非计算机专业学生的学习辅导书。

图书在版编目(CIP)数据

大学计算机实验教程 : Windows 10＋Office 2019 : 微课思政版 / 骆红波, 汪承焱, 张春花主编. -- 北京 : 北京邮电大学出版社, 2024. -- ISBN 978-7-5635-7273-1

Ⅰ. TP316.7;TP317.1

中国国家版本馆CIP数据核字第20244DE989号

策划编辑:张　赞　　**责任编辑**:宋俊娥　　**封面设计**:广信达雅

出版发行:北京邮电大学出版社
社　　址:北京市海淀区西土城路10号(100876)
电话传真:010-82333010　62282185(发行部)　010-82333009　62283578(传真)
网　　址:www.buptpress3.com
电子信箱:buptpress3@163.com
经　　销:各地新华书店
印　　刷:鸿博睿特(天津)印刷科技有限公司
开　　本:787 mm×1 092 mm　1/16
印　　张:14.75
字　　数:378千字
版　　次:2024年7月第1版
印　　次:2024年7月第1次印刷

ISBN 978-7-5635-7273-1　　定价:44.80元

前　言

随着计算机的普及，以计算机技术为基础的高新技术的广泛应用正改变着人们的生活方式、工作方式、生产方式和学习方式，计算机知识逐渐发展成为一种计算机文化。“大学计算机”课程是学生进入高校之后的第一门计算机课程，而其中的实验教学环节是相当重要又必不可少的，通过实验教学环节可以更好地培养学生良好的信息素养及提高学生利用计算机进行信息处理的基本技能。

本书是与《大学计算机(Windows 10＋Office 2019)(微课思政版)》配套使用的实验教程。全书分为大学计算机实验指导和大学计算机综合知识练习题两部分。大学计算机实验指导由18个实验组成，覆盖了“大学计算机”课程教学大纲所要求的Windows 10基本操作、Office 2019操作(Word 2019文字处理、Excel 2019电子表格的处理、PowerPoint 2019演示文稿制作)及Adobe Dreamweaver操作的内容，并与本书配套的教材章节内容同步。教师可根据学生的专业、实际水平和实际学时选择实验内容，以满足不同层次学生的学习需要。每个实验都给出了实验目的、实验内容和实验操作步骤及相关的微视频和素材。学生通过综合操作和相应的实验参考步骤可以掌握实验知识要点。由于实验目的明确，实验内容和实验操作步骤清晰，还有相关的微视频，因此，学生可在教师指导下完成实验，也可自主完成实验。借助MOOC平台(https://www.xueyinonline.com/)提供与本书配套的学习资源。另外，很多实验内容蕴含思政元素，有助于学生在掌握计算机基本操作技能的同时，培养高尚的思想情操。思政元素包含培育和践行社会主义核心价值观、培育工匠精神和培养创新能力等。大学计算机综合知识练习题可以帮助学生加深对计算机基本概念的理解和掌握，使计算机理论知识和实际操作应用有机结合，全面提升学生对计算机知识的综合应用能力。

本书由多年从事“大学计算机”课程教学、具有丰富的一线教学实践经验的教师共同编写。主编骆红波、汪承焱、张春花主要负责全书的编写与统稿工作，参与本书编写的人员还包括贾小军、顾国松等教师。

本书与理论教材《大学计算机(Windows 10＋Office 2019)(微课思政版)》相辅相成。在编写本书与理论教材的过程中，编者得到了浙江省高等教育学会教材建设专业委员会和嘉兴大学教务处的大力支持。本书以前版本获“浙江省普通高校‘十三五’新形态教材”称号。本书在以前版本的基础上对结构及内容进行了局部调整。本书是编者在多年从事“大学计算机”课程教学的基础上，结合多次编写相关讲义和教材的经验编写而成。在本书编写过程中，编者也参考了大量书籍，得到了许多同行的帮助与支持，在此一并表示衷心的感谢。

本书有配套的基于C/S架构的无纸化上机考试系统，可实现全自动组卷、评分、生成考生答卷明细及备份，可供高校教师组织考试。本书的教学考一体化解决方案(教材、实验教程、

MOOC 平台、考试系统），使得本书适合作为应用型高等院校非计算机专业“大学计算机”课程的教材。考试系统的详细介绍，请扫描本书第 227 页相关的二维码查看，咨询考试系统请发邮件至：xjjiad@sina.com。

由于编者水平有限，书中难免有疏漏和不妥之处，恳请广大读者批评指正。

编　者

2024 年 1 月

CONTENTS 目录

第一部分　大学计算机实验指导

第二部分 大学计算机综合知识练习题

第一部分

大学计算机实验指导

实验 1
Windows 10 基本操作

1.1 实验目的

(1)熟悉 Windows 10 的启动与退出。
(2)掌握桌面图标、菜单、窗口、对话框的基本操作。
(3)掌握快捷方式的创建方法。
(4)掌握文件和文件夹的搜索方法。

1.2 实验内容

(1)Windows 10 的启动与退出。
(2)调整桌面图标。
(3)“开始”菜单的设置。
(4)任务栏的属性设置。
(5)窗口的操作。
(6)对话框的操作。
(7)创建快捷方式。
(8)文件和文件夹的搜索。

1.3 实验操作步骤

1.3.1 Windows 10 的启动与退出

1. Windows 10 的启动

打开计算机外部设备(显示器、打印机、音箱等)的电源开关,按下计算机主机箱的电源开关,系统开始检测内存、硬盘等设备,然后自动进入 Windows 10 桌面。启动时,若计算机设置了多个用户账户,则会出现多用户账户登录界面,根据屏幕提示选择登录某用户账户及输入登录密码,然后登录 Windows 操作系统,进入 Windows 桌面;若计算机只设置了单个用户账户,输入登录密码后则直接进入 Windows 桌面。

2. Windows 10 的退出

关闭所有打开的应用程序窗口。单击任务栏左边的“开始”按钮，在弹出的“开始”菜单中单击“电源”按钮，弹出包含睡眠、关机与重启的列表，用户可以根据需要进行选择。

1.3.2 调整桌面图标

1. 移动单个图标

单击某个图标并按住鼠标左键不放，拖动鼠标将其移动到桌面任意位置，释放鼠标左键。

2. 移动矩形框所包含的多个图标

先选定要移动的多个图标(用鼠标在桌面上拖曳出一个矩形框，包含的图标为被选中的图标)，再拖动鼠标将其移动到桌面任意位置，释放鼠标左键。

3. 显示不同大小的图标

右击桌面任意空白处，在弹出的快捷菜单中选择“查看”子菜单中的“大图标”、“中等图标”或“小图标”命令，如图 1-1 所示，观察操作后的结果。该操作可实现将桌面图标按“大图标”、“中等图标”或“小图标”的方式进行显示。

4. 自动排列图标

右击桌面任意空白处，在弹出的快捷菜单中勾选“查看”子菜单中的“自动排列图标”命令。此命令表示对桌面图标的其他调整(如移动)失效。

5. 显示/隐藏桌面图标

右击桌面任意空白处，在弹出的快捷菜单中取消勾选“查看”子菜单中的“显示桌面图标”命令，则隐藏桌面上的所有图标；再次单击勾选“显示桌面图标”命令，如图 1-1 所示，则恢复显示桌面上的所有图标。

6. 按不同顺序排列图标

右击桌面任意空白处，在弹出的快捷菜单中选择“排序方式”子菜单中的“名称”、“大小”、“项目类型”或“修改日期”命令，如图 1-2 所示，观察操作后的结果。该操作可实现将桌面图标按“名称”“大小”“项目类型”或“修改日期”方式重新排序。

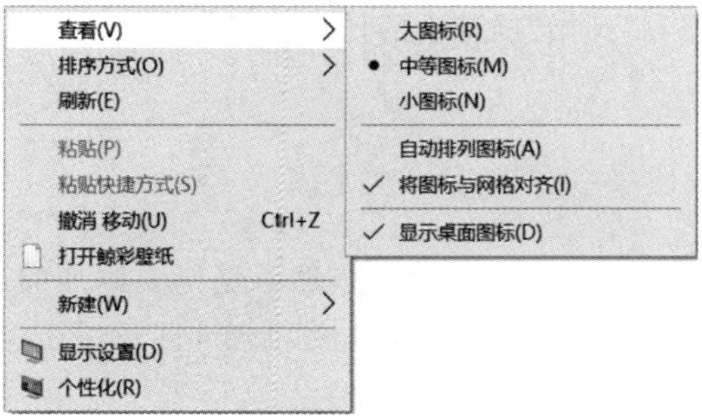

图 1-1 桌面图标“查看”子菜单

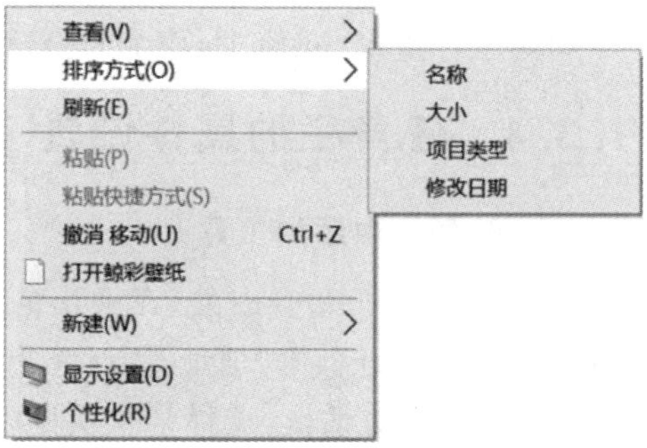

图 1-2 桌面图标“排序方式”子菜单

1.3.3 “开始”菜单的设置

1. 自定义“开始”菜单

右击桌面任意空白处，在弹出的快捷菜单中选择“个性化”命令，打开“个性化”窗口，在窗口左侧的"个性化"列表中选择"开始"，在窗口右侧弹出"开始"菜单设置项目；或者在任务栏任意空白处右击，在弹出的快捷菜单中选择"任务栏设置"命令，在打开的"个性化"窗口左侧的"个性化"列表中选择"开始"。

2. 添加/删除应用程序的磁贴

添加应用程序的磁贴是将应用程序固定到"开始"屏幕；删除应用程序的磁贴是将应用程序从"开始"屏幕取消固定。

（1）添加应用程序的磁贴。单击任务栏左边的"开始"按钮，在打开的"开始"菜单的应用程序列表中选择程序图标并右击，在弹出的快捷菜单中选择"固定到'开始'屏幕"命令；也可以在桌面上或文件夹中找到需要添加的应用程序，右击该程序图标，在弹出的快捷菜单中选择"固定到'开始'屏幕"命令。

（2）删除应用程序的磁贴。如果要将某个应用程序从"开始"屏幕中删除，可以在"开始"屏幕中右击该磁贴，在弹出的快捷菜单中选择"从'开始'屏幕取消固定"命令；或者在桌面上或文件夹中找到需要删除的应用程序，右击该程序图标，在弹出的快捷菜单中选择"从'开始'屏幕取消固定"命令。

（3）磁贴的操作。在"开始"屏幕中，单击某个磁贴，可以启动对应的应用程序。

右击某个磁贴，在弹出的快捷菜单中可以对该磁贴进行相应操作，如图 1-3 所示，包括从"开始"屏幕取消固定、调整大小[小、中、宽、大，如图 1-3(a)所示]、更多[关闭/打开动态磁贴、从任务栏取消固定/固定到任务栏、应用设置，如图 1-3(b)所示]、任务、卸载等。

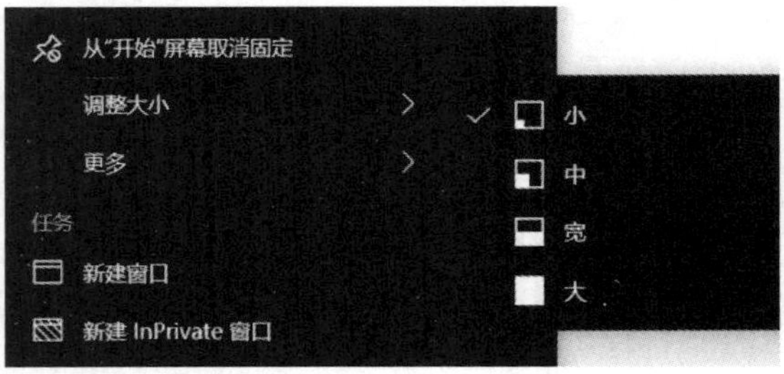

(a)

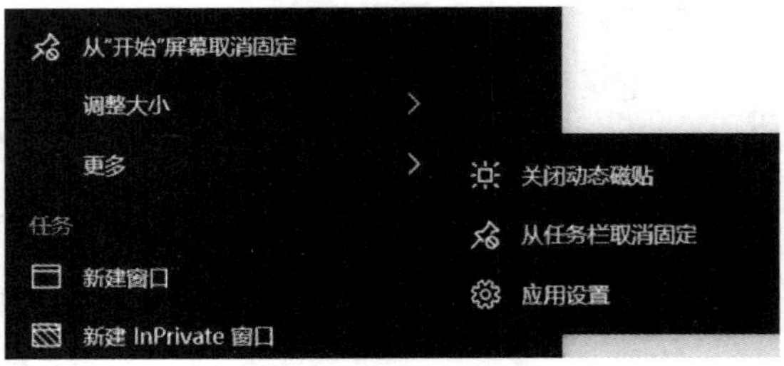

(b)

图 1-3 磁贴的操作

利用鼠标拖动"开始"屏幕中的磁贴，可将其移到"开始"屏幕中的任意位置或进行分组。

1.3.4 任务栏的属性设置

1. 向任务栏中添加工具

右击任务栏任意空白处，在弹出的快捷菜单中选择"工具栏"命令，然后选择要添加的工具，例如选择"地址"，则"地址"工具将出现在任务栏中；选择"新建工具栏"命令，打开"新工具栏-选择文件夹"对话框，选择某个项目添加到任务栏中。

2. 锁定及解锁任务栏中的快速启动程序图标

单击某个应用程序图标并按住鼠标左键，将其直接拖到任务栏的快速启动区域（同时会出现提示"固定到 任务栏"，表示添加到任务栏上），释放鼠标，实现将应用程序锁定在任务栏的快速启动区域。

若应用程序正在运行，并在任务栏上有其程序图标，则右击任务栏中的程序图标，在弹出的快捷菜单中选择“固定到任务栏”命令，实现锁定操作。

如果需要解锁任务栏中的快速启动程序图标，则可右击该程序图标，在弹出的快捷菜单中选择“从任务栏取消固定”命令，实现解锁操作。

3. 调整任务栏的高度

将鼠标指针指向任务栏上边界，当鼠标指针变成双向箭头↕形状时，上下拖动鼠标，即可改变任务栏的高度。当鼠标指针指向任务栏上边界时，其未出现↕形状，表示任务栏已被锁定，可右击任务栏，在弹出的快捷菜单中选择“锁定任务栏”命令进行解锁，再调整任务栏的高度。

4. 改变任务栏的位置

将鼠标指针指向任务栏的空白处（此时鼠标指针仍然是![]形状）并按住鼠标左键，拖动任务栏到屏幕的右边、上边或左边，再释放鼠标左键。若任务栏被锁定，则此操作无效。右击任务栏，在弹出的快捷菜单中选择“锁定任务栏”命令进行解锁，可实现此操作。

5. Cortana

单击任务栏上的 Cortana（小娜）图标 ，启动 Cortana。根据提示，用户可以使用 Microsoft账户进行登录，登录后就可以方便地使用 Cortana 了。登录 Microsoft 账户后尝试实现以下功能。

（1）提醒功能。用户可以事先创建提醒，选择“人物”、“地点”或“时间”选项确定提醒内容，也可以用语音添加提醒。如果有提醒，则 Cortana 会在约定时间、地点提醒用户。

（2）调取应用程序和文件。Cortana 可以帮助用户快速查找需要的应用程序和存储在计算机上的文件。例如，对 Cortana 说“打开画图软件”，小娜将自动找到画图软件并打开。

（3）信息搜索。例如，对 Cortana 说“今天天气如何”，小娜将自动启动搜索引擎并将与天气有关的信息显示在浏览器中。

（4）翻译语言。例如，对 Cortana 说“苹果用英语怎么说”，小娜将自动回答“apple”。

6. 任务视图

单击任务栏中的“任务视图”按钮或按【Win＋Tab】组合键，在打开的“任务视图”界面中，以缩略图的形式显示当前计算机中最近运行过的所有任务。拖动右侧的滚动条，可以查看以前的任务。利用“任务视图”界面实现以下功能。

（1）打开任务。单击“任务视图”界面中的缩略图，可以激活该任务并显示对应的应用程序窗口；或者右击该缩略图，在弹出的快捷菜单中选择“打开”命令，也可打开指定的任务。前提是该任务当前处于关闭状态。

（2）关闭任务。单击“任务视图”界面中缩略图右上角的“关闭”按钮，可关闭该任务；或者右击缩略图，在弹出的快捷菜单中选择“关闭”命令，也可关闭该任务。

（3）删除任务。Windows 10 的“任务视图”界面中存放了用户最近一段时间内的所有活动记录，这些活动可以被单个删除或多个删除。如果删除单个活动，则右击该活动，在弹出的快捷菜单中选择“删除”命令，该活动将在“任务视图”界面中消失。如果要删除多个活动，则右击某个活动，在弹出的快捷菜单中选择“清除‘某个时间段’的所有内容”命令。

（4）新建桌面。单击“任务视图”界面左上角的“新建桌面”按钮，将自动创建一个新的桌面。利用此方法可以创建多个桌面。创建的所有桌面的风格默认为相同。

（5）任务转移。当存在多个桌面时，可以将其中一个桌面上的任务转移到其他桌面上，操作方法：用鼠标拖动桌面上显示的缩略图到指定的桌面中；或者右击要转移的桌面缩略图，在弹出的快捷菜单中选择“移动到”命令，再单击指定桌面。

(6)关闭桌面。当存在多个桌面时，单击某个桌面缩略图右上角的“关闭”按钮即可关闭该桌面。

1.3.5 窗口的操作

双击桌面上的“此电脑”图标，出现如图 1-4 所示的“此电脑”窗口。

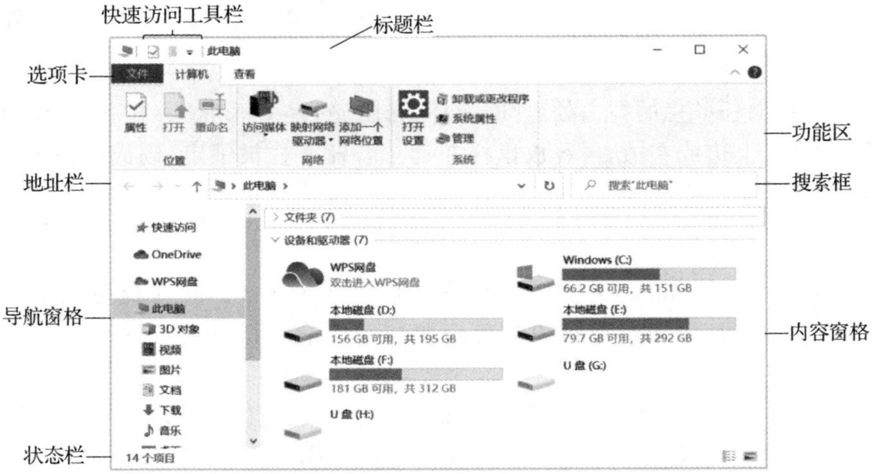

图 1-4 “此电脑”窗口

1. 窗口信息的浏览

(1)在“此电脑”窗口中双击 C 盘图标，即可浏览其中的信息，双击其中要浏览的文件或文件夹，可打开该文件或文件夹。例如，双击 C 盘的“Windows”文件夹，可浏览该文件夹中的所有资源。

(2)单击“后退”按钮 ←，可返回到前一次浏览的文件夹或磁盘中。单击“前进”按钮 →，可前进到后一次浏览的文件夹或磁盘中。

(3)单击地址栏中某文件夹右侧的右三角按钮，可展开该文件夹的下级文件夹列表，单击可选择相应文件夹。单击地址栏中的任一文件夹，可定位至对应的文件夹。

2. 窗口的基本操作

(1)调整窗口的大小。分别单击标题栏右侧的“最大化”或“最小化”按钮，可实现窗口的最大化或最小化。将鼠标指针指向窗口边框或窗口四角，待其变成 ↔、↕、↖、↗ 时，按住鼠标左键拖动，可调整窗口的大小。当窗口被最大化后，“最大化”按钮变成“向下还原”按钮，单击“向下还原”按钮可还原窗口，单击“关闭”按钮可关闭窗口。单击窗口标题栏左侧的“控制菜单”按钮，在弹出的菜单中选择“最小化”、“最大化”、“还原”或“关闭”命令，也可以完成相应的最小化或最大化/还原及关闭窗口的操作。

(2)移动窗口。将鼠标指针指向标题栏，然后按住鼠标左键将窗口拖到合适位置，释放鼠标左键，可以移动窗口。将窗口拖到桌面顶部边缘时，窗口会自动最大化。

(3)浏览窗口信息。当窗口内不能显示全所有信息时，会出现垂直滚动条或水平滚动条，此时拖动滚动条或单击滚动按钮可以浏览所有信息。

(4)排列窗口。当打开了至少 3 个窗口时，右击任务栏任意空白处，在弹出的快捷菜单中分别选择"层叠窗口""堆叠显示窗口""并排显示窗口"命令，观察多个窗口的排列关系。

(5)窗口的切换。分别用以下方法在打开的窗口之间切换，显示在最上面的窗口称为当前窗口。

①单击要进行操作的窗口的任意部分，该窗口即成为当前窗口。

②单击任务栏中窗口对应的应用程序图标，实现窗口的切换。

③按住【Alt】键，再按【Tab】键或【Esc】键，选择要操作的窗口，实现窗口的切换。

④按【Win+Tab】组合键，打开"任务视图"界面，单击相应的窗口之间进行切换，释放【Win】键后，选中的窗口即为当前窗口。

(6)关闭窗口。分别用以下方法关闭已打开的窗口。

①单击窗口标题栏右侧的"关闭"按钮。

②单击窗口标题栏左侧的"控制菜单"按钮，在弹出的菜单中选择"关闭"命令。

③双击窗口标题栏左侧的"控制菜单"按钮。

④按【Alt+F4】组合键，直接关闭当前窗口。

⑤右击窗口在任务栏上对应的图标，在弹出的快捷菜单中选择"关闭窗口"命令。

3. 窗口的定制

(1)布局设置：双击桌面上的"此电脑"图标，打开"此电脑"窗口，单击"查看"选项卡"窗格"组中的相应图标，可以控制界面各部分的显示与隐藏。

①选择"导航窗格"下拉菜单中的"导航窗格"命令，可显示/隐藏导航窗格。

②选择"导航窗格"下拉菜单中的"展开到打开的文件夹"命令，可显示/隐藏打开的文件夹。

③选择"导航窗格"下拉菜单中的"显示所有文件夹"命令，可显示/隐藏所有文件夹。

④选择"导航窗格"下拉菜单中的"显示库"命令，可显示/隐藏库。

⑤单击"预览窗格"按钮，可显示/隐藏预览窗格。

⑥单击"详细信息窗格"按钮，可显示/隐藏详细信息窗格。

(2)可以用以下几种方法实现文件夹的展开及折叠。

①在导航窗格中单击图标左侧的"展开"按钮 >，可展开(显示)其中的子文件夹。

②在导航窗格中单击图标左侧的"折叠"按钮 ∨，可折叠(隐藏)其中的子文件夹。

③在导航窗格中单击文件夹图标，可在右侧的窗口中显示该文件夹中的所有内容。

1.3.6 对话框的操作

双击桌面上的"此电脑"图标，打开"此电脑"窗口，单击"查看"选项卡，然后单击功能区中的"选项"按钮，弹出"文件夹选项"对话框，如图 1-5 所示。

(1)对话框的移动：将鼠标指针指向标题栏并按住鼠标左键，拖动鼠标到目标位置，再释放鼠标左键。

(2)对话框的关闭：单击对话框中的"关闭"、"确定"或"取消"按钮可实现。

(3)在对话框中移动：直接单击对话框中的各个选项卡进行选择，或者直接单击各个选项进行参数设置；也可按【Tab】键或按【Shift+Tab】组合键在各个选项间移动；在同一组选项中，也可用方向键控制移动方向。

(4)执行命令：按【Alt】键+带下划线的字母键执行相应命令或直接单击相应的命令按钮。

图 1-5 “文件夹选项”对话框

(5)对话框中各参数的设置:单选按钮形如○或◉,前者为没有被选中,后者为被选中;复选框形如☐或☑,前者为没有被勾选,后者为被勾选;文本框显示为一个矩形框,可输入文字或数字;命令按钮为以矩形显示且带有文字说明的按钮,单击命令按钮会立即执行一个命令;列表框以矩形框形式显示出可供选择的选项;下拉列表框与列表框类似,只是将选项折叠起来,如 多倍行距 ,右侧有一个下拉按钮,单击此按钮后会弹出所有的选项;数值框用于输入或选中一个数值,由文本框和微调按钮组成,如 2字符 ,可以直接在数值框中输入数值,也可以通过后面的微调按钮调整数值。

1.3.7 创建快捷方式

用户可对任何访问对象,如程序、文件、文件夹、磁盘驱动器、打印机或另一台计算机,建立快捷方式,并把快捷方式放置在不同位置,如桌面、“开始”菜单或特定文件夹中。快捷方式图标一般带有一个箭头。

1. 在桌面上创建快捷方式

可以用以下方法在桌面上创建快捷方式。例如,在桌面上创建文件 WINWORD. EXE 的快捷方式,它位于文件夹 C:\Program Files (x86)\Microsoft Office\root\Office16\下。

方法一:

①在桌面上双击“此电脑”图标,在打开的窗口中依次双击驱动器图标 C 盘、文件夹 Program Files(x86)图标,打开相应文件夹,直到打开文件所在的子文件夹 Office16。

②选定要创建快捷方式的文件 WINWORD. EXE。

③右击该文件,在弹出的快捷菜单上选择“发送到”子菜单中的“桌面快捷方式”命令。

方法二：

①在桌面上双击“此电脑”图标，在打开的窗口中依次双击驱动器图标C盘和文件夹Program Files(x86)图标，打开相应文件夹，直到打开文件所在的子文件夹Office16。

②选定要创建快捷方式的项目，如文件、程序、文件夹、打印机或计算机，这里是WINWORD.EXE文件。

③直接右击该文件，选择快捷菜单中的“创建快捷方式”命令，弹出“快捷方式”对话框，提示“要把快捷方式放在桌面上吗”，单击“是”按钮。也可以按住鼠标右键，拖动该文件到桌面，然后释放鼠标右键，在弹出的快捷菜单中选择“在当前位置创建快捷方式”命令。

方法三：

①右击桌面任意空白处，在弹出的快捷菜单的“新建”子菜单中选择“快捷方式”命令，打开“创建快捷方式”对话框，如图1-6(a)所示。

②在“创建快捷方式”对话框的“请键入对象的位置”文本框中输入要创建快捷方式的文件的完整路径和文件名，如C:\Program Files(x86)\Microsoft Office\root\Office16\WINWORD.EXE；或者单击右侧的“浏览”按钮，打开“浏览”对话框，选择文件夹或文件。

③在“键入该快捷方式的名称”文本框中输入快捷方式的名称，如图1-6(b)所示，单击“完成”按钮，则在桌面上生成WINWORD.EXE程序的快捷方式。

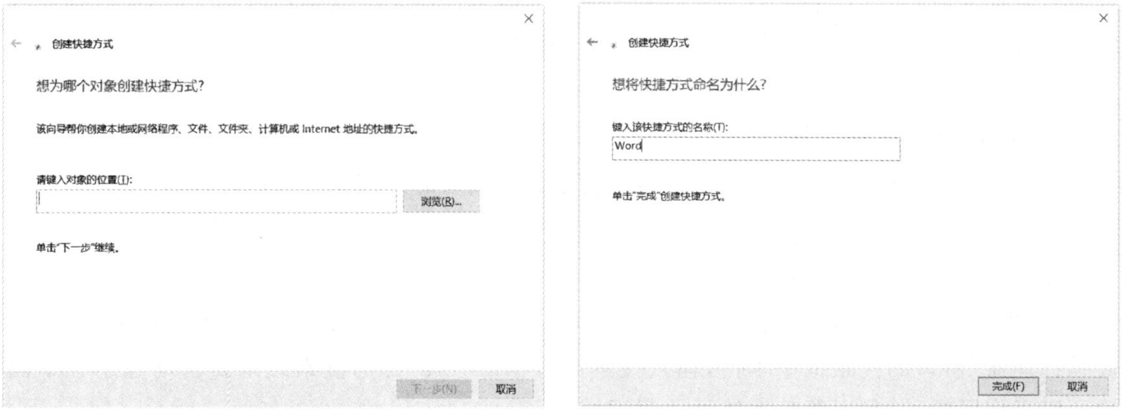

(a) (b)

图1-6 “创建快捷方式”对话框

2. 在文件夹中创建快捷方式

(1)打开“此电脑”窗口，依次双击驱动器图标、文件夹图标，打开相应文件夹，直到找到要创建快捷方式的对象。

(2)选定要创建快捷方式的对象，如文件、程序、文件夹、打印机或计算机。

(3)右击该对象，选择快捷菜单中的“创建快捷方式”命令。

3. 在“开始”菜单或子菜单中添加快捷方式

这种方式将程序或其快捷方式添加到“开始”菜单的“应用程序列表”中，可以采用复制添加方法。“开始”菜单的“应用程序列表”所在的目录为C:\ProgramData\Microsoft\Windows\Start Menu\Programs，或者“C:\用户\计算机登录名\AppData\Roaming\Microsoft\Windows\Start Menu”，只要把对象的快捷方式复制到该文件夹下即可。

注意

为了保证操作安全，Windows 10 将文件夹 ProgramData 和 AppData 默认为隐藏属性。

4. 在快速启动栏中建立快捷方式

在快速启动栏中建立快捷方式的操作步骤如下。

(1)单击要添加的对象，然后将其拖到任务栏上。

(2)右击要添加的对象，在弹出的快捷菜单中选择"固定到任务栏"命令。如果应用程序正在运行，则右击任务栏中的程序图标，在弹出的快捷菜单中选择"固定到任务栏"命令。若要重新解锁该程序，则在任务栏中右击该程序图标，在弹出的快捷菜单中选择"从任务栏取消固定"命令即可。

1.3.8 文件和文件夹的搜索

Windows 10 提供了强大的"搜索"功能，用户利用该功能可快速查找到所需的文件或文件夹，并且搜索操作简单、方便。搜索将遍历系统中的程序及个人文件夹（包括文档、图片、音乐、桌面及其他常见位置）中的所有子文件夹。该功能还可以用来搜索用户的电子邮件、已保存的即时消息、约会和联系人，也可以搜索文件中与搜索关键词相同的内容。搜索操作可通过两种方法实现，下面以搜索 WINWORD. EXE 为例进行介绍。

1. "开始"菜单上的搜索

单击任务栏中的搜索框，然后在搜索框内输入要搜索的内容 winword. exe（大小写均可），搜索结果将自动显示，单击搜索结果可将其打开。

2. "文件资源管理器"窗口中的搜索

"文件资源管理器"窗口默认的搜索范围为地址栏的指定位置，操作方法是在打开的"文件资源管理器"窗口的搜索框中单击，输入搜索内容 winword. exe，搜索结果将自动显示在下面的窗口工作区中，并且以黄色字体显示搜索结果。

如果在特定库或文件夹中无法找到要查找的内容，则可以扩展搜索范围；也可以根据用户的需要，对搜索位置、优化及选项进行设置。

(1)更改搜索位置。默认情况下，系统在当前文件夹及其子文件夹中搜索，用户可以在"搜索工具"→"搜索"选项卡的"位置"组中设置搜索位置，可以选择"当前文件夹""所有子文件夹""在以下位置再次搜索"。其中，在"在以下位置再次搜索"用来指定搜索位置，甚至可以在互联网中搜索。

(2)设置搜索优化。在搜索过程中，为了加快搜索速度，可以通过"优化"组中提供的功能对搜索结果设置修改日期、类型、大小和其他属性等优化项目。"修改日期"可以限定的日期为今天、昨天、本周等；"类型"可以设置为日历、联系人、文档等；"大小"可以设置为极小、小、中等等；"其他属性"可以设置为类型、名称、文件夹路径等。

(3)设置搜索选项。在 Windows 10 中，常见的文件类型在默认情况下都会被系统自动建立索引，如库中的文件夹、电子邮件、脱机文件，但是应用程序文件和系统文件默认为不被索引，因为一般情况下用户不需要搜索这些文件。如果要让这些文件包含到索引中，则可以通过设置搜索选项来完成。用户还可以查看最近搜索的内容或将搜索结果进行保存。单击“选项”组中的“最近的搜索内容”下拉按钮，在弹出的下拉列表中可以查看最近的搜索情况，也可以清除搜索历史记录。“高级选项”用来设置“更改索引位置”，为指定位置建立索引。“保存搜索”将搜索结果保存为“已保存的搜索”文件类型。将搜索结果保存后，在“文件资源管理器”窗口中通过导航窗格可以找到保存搜索结果的位置。

1.3.9 操作与练习

Windows 10 基本操作

(1)将桌面上的图标以“自动排列图标”方式显示，然后隐藏桌面图标。

(2)显示桌面图标，将 Microsoft Word 2019 及 Microsoft Excel 2019 图标放到任务栏的快速启动栏中，然后将 Microsoft Excel 2019 图标从任务栏上删除。

(3)在 D 盘根目录下找到任意一个文件夹，然后建立其桌面快捷方式。

(4)在计算机本地硬盘中查找 notepad. exe 和 mspaint. exe 文件，并观察搜索结果。

1.3.10 操作与练习的参考步骤

1. 操作与练习(1)的参考步骤

(1)在桌面任意空白处右击，在弹出的快捷菜单中选择“查看”子菜单中的“自动排列图标”命令。

(2)在桌面任意空白处右击，在弹出的快捷菜单中选择“查看”子菜单中的“显示桌面图标”命令。该命令项默认被选中，表示显示桌面图标，再次单击则隐藏桌面图标。

2. 操作与练习(2)的参考步骤

(1)在桌面任意空白处右击，在弹出的快捷菜单中选中“查看”子菜单中的“显示桌面图标”命令。

(2)在桌面上右击 Microsoft Word 2019 图标，在弹出的快捷菜单中选择“固定到任务栏”命令。Microsoft Excel 2019 图标的操作方法与之类似。若桌面上没有可操作的对象，则可找到相应的程序文件，在桌面建立其快捷方式，再将其固定到任务栏上。也可以启动相应的应用程序，在任务栏中右击该程序图标，在弹出的快捷菜单中选择“固定到任务栏”命令。

(3)右击任务栏的快速启动栏中的 Microsoft Excel 2019 图标，在弹出的快捷菜单中选择“从任务栏取消固定”命令，将从任务栏上删除该图标。

3. 操作与练习(3)的参考步骤

打开“文件资源管理器”窗口，定位到 D 盘。这里以文件夹 KSXX 为例。右击 KSXX 文件夹，在弹出的快捷菜单中选择“发送到”子菜单中的“桌面快捷方式”命令，桌面上将出现 KSXX 文件夹的快捷方式。

4. 操作与练习(4)的参考步骤

在“开始”按钮右侧的搜索框中分别输入 notepad. exe 和 mspaint. exe，将自动显示搜索结果。

如果任务栏中的搜索框被隐藏，那么可以使用“文件资源管理器”窗口进行搜索。双击桌面上的“此电脑”图标，打开“文件资源管理器”窗口，在地址栏右侧的搜索框中分别输入 notepad. exe 和 mspaint. exe，将自动进行搜索，并显示搜索结果。

实验 2
Windows 10 文件及文件夹管理

2.1 实验目的

(1)熟悉"文件资源管理器"或"此电脑"窗口的打开与关闭。
(2)掌握文件与文件夹的创建、复制、移动、重命名、属性设置、删除。
(3)熟悉回收站的操作。
(4)熟悉 OneDrive 的操作。
(5)熟悉库的基本操作。

2.2 实验内容

(1)"文件资源管理器"或"此电脑"窗口的打开与关闭。
(2)文件与文件夹的浏览。
(3)文件与文件夹的选定与撤销。
(4)文件与文件夹的创建、复制、移动、重命名、属性设置、删除。
(5)回收站的操作。
(6)OneDrive 的操作。
(7)库的基本操作。

2.3 实验操作步骤

2.3.1 窗口的打开与关闭

1. 打开"文件资源管理器"窗口

打开"文件资源管理器"窗口的方法有以下几种。
(1)单击"开始"按钮右侧的"文件资源管理器"图标。
(2)单击"开始"按钮,选择"Windows 系统"子菜单中的"文件资源管理器"命令。
(3)右击"开始"按钮,在弹出的快捷菜单中选择"文件资源管理器"命令,或按【Win+E】组合键。

(4)单击“开始”按钮，在“开始”菜单左侧选择固定程序列表中的“文档”或“图片”按钮。

(5)双击桌面上的“此电脑”或“回收站”图标或任意文件夹。

2. 关闭“文件资源管理器”窗口

关闭“文件资源管理器”窗口的方法有以下几种。

(1)单击窗口标题栏右侧的“关闭”按钮。

(2)选择“文件”菜单中的“关闭”命令。

(3)单击窗口标题栏左侧或右击标题栏的空白处，在弹出的菜单中选择“关闭”命令。

(4)按【Alt+F4】组合键。

3. 打开与关闭“此电脑”窗口的方法

在桌面上直接双击“此电脑”图标，打开“此电脑”窗口，其布局和“文件资源管理器”窗口类似。关闭“此电脑”窗口的方法可借鉴关闭“文件资源管理器”窗口的方法。

2.3.2 文件与文件夹的浏览

1. 查看当前文件夹内容

(1)在“文件资源管理器”窗口左侧导航窗格的树形目录中，单击“此电脑”或“文档”按钮，观察窗口右侧内容窗格中的显示效果。

(2)单击“此电脑”图标左侧的“展开”> 和“折叠”∨ 按钮，观察显示效果。

(3)展开“此电脑”目录，双击“此电脑”图标，可隐藏其中的子文件夹。双击 D 盘图标，观察左、右窗格中的变化。

2. 改变文件和文件夹的显示方式

在内容窗格中查看文件或文件夹时，系统提供了多种文件和文件夹的显示方式。在“查看”选项卡的“布局”组中，列出了 8 种显示方式：超大图标、大图标、中等图标、小图标、列表、详细信息、平铺及内容，选择其中的某个选项可更改文件及文件夹的显示方式；也可以在内容窗格的任意空白处右击，在弹出的快捷菜单中选择“查看”命令，再选择子菜单中的某种显示方式，如图 2-1(a)所示；或者单击状态栏右侧的两个图标按钮分别设置“详细信息”或“大图标”显示方式。

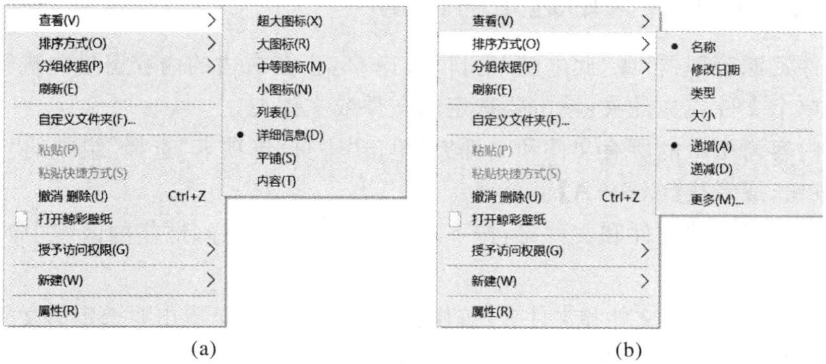

图 2-1 文件和文件夹的显示方式及排序方式

3. 设置文件或文件夹的排序方式

单击“查看”选项卡“当前视图”组中的“排序方式”下拉按钮，在弹出的下拉菜单中选择一种排序方式，这些排序方式有“名称”“修改日期”“类型”“大小”“创建日期”“作者”“类别”“标记”“标题”等 9 种，排序时还可以选择按“递增”(默认方式)或“递减”排序；也可以在内容窗格的任意空白处右击，在弹出的快捷菜单中选择“排序方式”命令，再选择子菜单中的某种排序方式，如图 2-1(b)所示。或者采用下面介绍的第 3 种排序方法，其操作步骤如下。

(1)单击状态栏右侧的“详细信息”图标，内容窗格中的文件或文件夹以详细信息方式排序；或者选择“查看”选项卡“布局”组中的“详细信息”实现。

(2)在内容窗格的上方会显示一行标题，默认为“名称”“修改日期”“类型”“大小”。单击任意标题，文件和文件夹将以该标题递增排序，再次单击该标题，文件和文件夹将以该标题递减排序。单击每个标题名称后面的下拉按钮，还可以设置排序方式，例如，按“名称”排序，可设置按 0—9、A—H、I—P 等方式排序。

4. 设置文件夹选项

Windows 操作系统默认不显示文件的扩展名，不显示隐藏的文件和文件夹，而且对于比较重要的文件或文件夹，如系统文件或系统文件夹，会将其设为隐藏。如果想要查看文件的扩展名或隐藏的项目，则可以进行相应的设置。勾选“查看”选项卡“显示/隐藏”组中的“文件扩展名”“隐藏的项目”多选框即可实现；也可将选择的文件或文件夹设置为隐藏，方法是选择文件或文件夹，单击“查看”选项卡“显示/隐藏”组中的“隐藏所选项目”按钮，再次单击可取消隐藏。

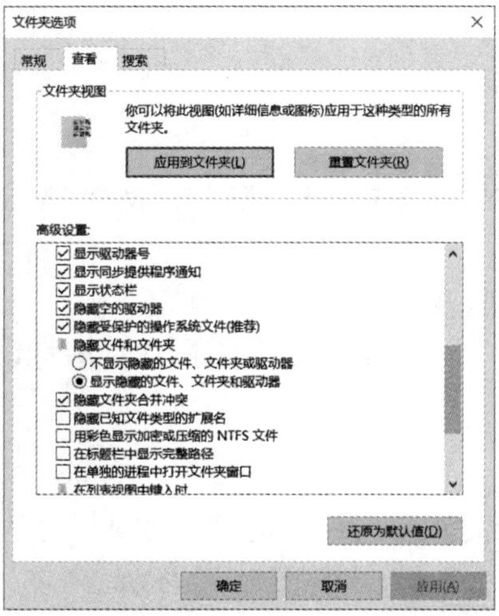

图 2-2 “文件夹选项”对话框的“查看”选项卡

文件的扩展名和隐藏的项目的设置方法除上面介绍的方法外，还可以利用“文件夹选项”对话框进行设置。单击“查看”选项卡“显示/隐藏”组右侧的“选项”按钮，弹出“文件夹选项”对话框，“查看”选项卡如图 2-2 所示。在“高级设置”列表框中选中“显示隐藏的文件、文件夹和驱动器”单选按钮或勾选“隐藏已知文件类型的扩展名”复选框，单击“确定”按钮，观察内容窗格中文件或文件夹的变化。

2.3.3 文件和文件夹的选定与撤销

打开“文件资源管理器”或“此电脑”窗口，选择 D 盘，在右边的内容窗格内进行以下操作。

(1)选定单个文件或文件夹：单击要选定的文件或文件夹。

(2)选定内容窗格中的所有文件和文件夹：单击“主页”选项卡“选择”组中的“全部选择”或“反向选择”按钮，或者按【Ctrl+A】组合键。

(3)选定某一区域的文件和文件夹：按下鼠标左键，拖动鼠标，框住的区域中的所有文件和文件夹均被选定。

(4)选定多个不连续的文件和文件夹：按住【Ctrl】键，然后逐个单击要选定的文件和文件夹。

(5)选定多个连续的文件和文件夹：按住【Shift】键，单击第一个文件或文件夹，然后单击最后一个文件或文件夹，即可选定它们之间的所有文件或文件夹。另外，还可以按住【Shift】键配合键盘上的方向键来选定连续的多个文件和文件夹。

(6)反向选择：其作用是将选定的文件或文件夹变为不选定，不选定的文件或文件夹变为选定。单击“主页”选项卡“选择”组中的“反向选择”按钮。

(7)撤销一项选定：按住【Ctrl】键，单击要取消的对象。

(8)撤销所有选定：在已选定对象之外的任意位置单击。

2.3.4 文件与文件夹的操作

1. 新建文件夹与文件

(1)新建文件夹的操作步骤如下。

①在“文件资源管理器”或“此电脑”窗口的导航窗格或右边的内容窗格中确定目标驱动器或文件夹。

②单击“主页”选项卡“新建”组中的“新建项目”下拉按钮，在弹出的下拉菜单中选择要新建项目的类型，如文件夹，在右边的内容窗格的文件列表底部会出现一个名为“新建文件夹”的文件夹，形如

，输入新文件夹的名称后，按【Enter】键。

要新建文件夹，还可以在右边的内容窗格的任意空白处右击，在弹出的快捷菜单中选择“新建”子菜单中的“文件夹”命令，输入新文件夹的名称后，按【Enter】键。

(2)新建文件的操作步骤如下。

①确定目标驱动器或文件夹。

②单击“主页”选项卡“新建”组中的“新建项目”下拉按钮，在弹出的下拉菜单中选择要新建的文件的类型，如“文本文档”“Microsoft Word 文档”等，在右边的内容窗格的文件列表底部会出现一个文件图标，输入新文件的名称后，按【Enter】键。

要新建文件，还可以在右边的内容窗格的任意空白处右击，在弹出的快捷菜单中选择“新建”子菜单中的一种文件类型，输入新文件的名称后，按【Enter】键。

2. 复制和移动文件与文件夹

(1)复制文件或文件夹的操作步骤如下。

①确定要复制的文件或文件夹所在的磁盘或文件夹，选定要复制的文件或文件夹。

②单击“主页”选项卡“剪贴板”组中的“复制”按钮。

③打开存放文件或文件夹的目标磁盘或文件夹。

④单击“主页”选项卡“剪贴板”组中的“粘贴”按钮。

(2)移动文件或文件夹的操作步骤如下。

①确定要移动的文件或文件夹所在的磁盘或文件夹，选定要移动的文件或文件夹。

②单击“主页”选项卡“剪贴板”组中的“剪切”按钮。

③打开存放文件或文件夹的目标磁盘或文件夹。

④单击“主页”选项卡“剪贴板”组中的“粘贴”按钮。

文件与文件夹的复制或移动方法还有以下几种。

方法一：

①选定要复制或移动的文件或文件夹。

②按【Ctrl+C】组合键(复制)或【Ctrl+X】组合键(剪切)。

③打开存放文件或文件夹的目标磁盘或文件夹。

④按【Ctrl+V】组合键(粘贴)。

方法二：

①选定要复制或移动的文件或文件夹。

②右击，选择快捷菜单中的“复制”或“剪切”命令。

③打开存放文件或文件夹的目标磁盘或文件夹。

④右击，选择快捷菜单中的“粘贴”命令。

方法三：

①选定要复制或移动的文件和文件夹。

②单击“主页”选项卡“剪贴板”组中的“复制到”或“移动到”下拉按钮，在弹出的下拉菜单中选择“选择位置”命令，将分别出现“复制项目”对话框或“移动项目”对话框。

③在对话框中选择复制或移动的目标位置，也可以新建文件夹。

④单击“复制”或“移动”按钮。

方法四：

①选定要复制或移动的文件或文件夹。

②调整“文件资源管理器”窗口中导航窗格的内容，让目标文件夹或磁盘可见。

③按住【Ctrl】键的同时，用鼠标左键将选定对象拖到目标文件夹或磁盘下（变为高亮显示），即完成复制操作；若在不同磁盘间进行复制操作，则直接拖动对象即可实现。

④若要在同一个磁盘上移动文件或文件夹，则直接将对象拖到目标文件夹下；若要在不同驱动器之间移动对象，则按住【Shift】键将选定对象拖到目标文件夹或磁盘下。

方法五：

①选定要复制或移动的文件或文件夹。

②调整“文件资源管理器”窗口中导航窗格的内容，让目标文件夹或磁盘可见。

③用鼠标右键将选定对象拖到目标文件夹或磁盘（变为高亮显示）后释放鼠标右键。

④在弹出的快捷菜单中选择“复制到当前位置”或“移动到当前位置”命令，可实现文件或文件夹的复制或移动操作。

3. 文件与文件夹的重命名

(1)文件或文件夹的重命名的操作步骤如下。

①在“文件资源管理器”窗口中，选定目标文件或文件夹。

②单击“主页”选项卡“组织”组中的“重命名”按钮。

③输入新文件或文件夹的名称，按【Enter】键。

(2)文件与文件夹的更名方法还有以下几种。

①右击要更名的文件或文件夹，在弹出的快捷菜单中选择“重命名”命令，输入新文件或文件夹名称，按【Enter】键。

②选定要更名的文件或文件夹，再次单击该文件或文件夹的名称，然后输入新名称，按【Enter】键。

③选定要更名的文件或文件夹，按【F2】键，然后输入文件或文件夹的名称，按【Enter】键。

4. 设置文件与文件夹属性

文件或文件夹的属性设置的操作步骤如下。

(1)在“文件资源管理器”窗口中，选定目标文件或文件夹。

(2)单击“主页”选项卡“打开”组中的“属性”按钮，弹出“文件属性”对话框（见图 2-3）或“文件夹属性”对话框（见图 2-4）。

(3)在弹出的对话框中根据需要进行设置。文件或文件夹的属性分为只读、隐藏和高级属性，还可以对文件或文件夹的其他信息进行设置，如安全、详细信息及以前的版本。

图 2-3 “文件属性”对话框

图 2-4 “文件夹属性”对话框

(4)设置完成后，单击“确定”按钮，关闭对话框，使设置生效。

其他操作方法：右击文件或文件夹，在弹出的快捷菜单中选择“属性”命令，将弹出文件“属性”或“文件夹属性”对话框，然后根据需要进行设置。

“文件属性”对话框和“文件夹属性”对话框有所区别。与“文件属性”对话框相比，“文件夹属性”对话框多了“共享”和“自定义”选项卡，少了“详细信息”选项卡。用户可以根据自身需要，选择不同的选项卡进行详细设置。

5. 删除文件或文件夹

(1)删除文件或文件夹的操作步骤如下。

①在“文件资源管理器”窗口中，选定目标文件或文件夹。

②选择下列操作之一，实现文件或文件夹的删除操作。

- 按【Delete】键。
- 单击“主页”选项卡“组织”组中的“删除”按钮。
- 右击选定对象，在弹出的快捷菜单中选择“删除”命令。
- 直接拖到“回收站”中。

以上操作都会出现“确认文件删除”对话框，单击“是”按钮，实现将文件放入“回收站”的删除操作。

(2)彻底删除文件或文件夹。彻底删除文件或文件夹的方法有以下两种。

①按住【Shift】键的同时，按照上述方法删除。

②打开“回收站”窗口，选择要删除的文件或文件夹并右击，在弹出的快捷菜单中选择“删除”命令，然后在弹出的对话框中单击“是”按钮，可彻底删除选择的文件或文件夹。

2.3.5 回收站的操作

1. 还原文件或文件夹

(1)双击桌面上的“回收站”图标，或者在“文件资源管理器”窗口左侧的导航窗格中单击

“回收站”按钮，打开“回收站”窗口。

（2）选定需要还原的文件与文件夹。

（3）选择下列操作之一，实现文件或文件夹的还原。

- 单击“管理”→“回收站工具”选项卡“还原”组中的“还原选定的项目”按钮。
- 右击被选定的文件与文件夹，在弹出的快捷菜单中选择“还原”命令。

2. 清空回收站

（1）打开“回收站”窗口。

（2）选择下列操作之一，实现清空“回收站”的操作。

- 右击桌面上的“回收站”图标，在弹出的快捷菜单中选择“清空回收站”命令，在弹出的提示对话框中单击“是”按钮。
- 在打开的“回收站”窗口中，单击“管理”→“回收站工具”选项卡“管理”组中的“清空回收站”按钮；或者右击内容窗格的任意空白处，在弹出的快捷菜单中选择“清空回收站”命令。

3. 设置回收站属性

右击桌面上的“回收站”图标，在弹出的快捷菜单中选择“属性”命令，打开如图 2-5 所示的“回收站属性”对话框。“回收站位置”用来选择硬盘的任意分区；“自定义大小”用来设置回收站的空间容量，但不能超过所选硬盘分区的“可用空间”；“不将文件移到回收站中。移除文件后立即将其删除。”单选按钮若被选中，则将停止使用回收站，所有被选中的文件或文件夹直接被永久删除；“显示删除确认对话框”复选框若被勾选，则在每次删除文件时都将显示“删除文件”对话框。

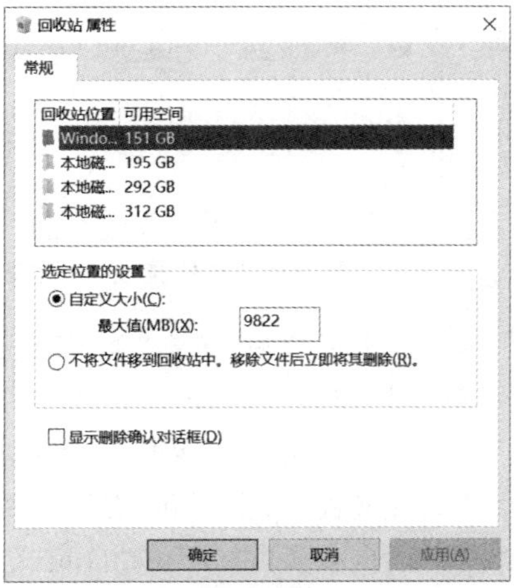

图 2-5 “回收站属性”对话框

打开“回收站属性”对话框还有其他方法，例如在“文件资源管理器”或“此电脑”窗口的导航窗格中选择“回收站”按钮并右击，在弹出的快捷菜单中选择“属性”命令；或者在右边内容窗格的任意空白处右击，在弹出的快捷菜单中选择“属性”命令。

2.3.6 OneDrive 的操作

1. 登录 OneDrive

（1）单击“开始”按钮，在“开始”菜单的应用程序列表中单击 OneDrive，或者在“文件资源管理器”窗口的导航窗格中单击 OneDrive。

（2）在弹出的 OneDrive 窗口中输入 Microsoft 账户，即注册的电子邮件地址（若无，则需要先注册），单击“下一步”按钮；然后在“输入密码”窗口中输入 Microsoft 账户对应的密码，单击“登录”按钮。

（3）使用 Microsoft 账户登录后，弹出默认的本地 OneDrive 文件夹位置窗口，选择“更改位置”，设置本地 OneDrive 文件夹的位置，或者直接单击“下一步”按钮。若选择“更改位置”，将弹出对话框，要求选取新的文件夹。选取新的文件夹后，单击“选择文件夹”按钮返回。

（4）单击“下一步”按钮，弹出“同步你的 OneDrive 中的文件”窗口，用户可以根据自身需要选择需要同步的文件夹，单击“下一步”按钮。

(5)OneDrive 即将准备就绪，单击“打开我的 OneDrive 文件夹”按钮，将在“文件资源管理器”窗口中打开本地 OneDrive 文件夹。在状态栏右侧的通知区将出现 OneDrive 图标，单击此图标可查看 OneDrive 的更新情况。双击此图标可打开 OneDrive 文件夹。

2. OneDrive 中的文件操作

OneDrive 中的文件操作主要包括以下几个方面。

(1)将处理的 Office 文档(如 Word、Excel 或 PPT)保存到 OneDrive 中，只需在“另存为”下拉列表中选择 OneDrive 中的相应文件夹即可。

(2)将指定的文件或文件夹上传到 OneDrive。选定要上传的文件或文件夹，将它们直接复制到 OneDrive 的相应文件夹中，系统将自动完成上传操作。

(3)用户直接对本地 OneDrive 文件夹中的文件或文件夹进行新建、重命名、移动、复制、删除、还原等操作后，OneDrive 会自动同步更改这些操作结果。

(4)关闭 OneDrive 同步功能。关闭 OneDrive 不会删除它，仅停止其云同步，或者停止其与其他应用的连接。右击状态栏右侧的 OneDrive 图标，在弹出的快捷菜单中选择“关闭 OneDrive”命令，然后在弹出的对话框中单击“关闭 OneDrive”按钮。

2.3.7 库的基本操作

1. 库的新建

建立新库的操作方法主要有以下 3 种。

(1)在“文件资源管理器”窗口中，右击导航窗格中的“库”按钮，在弹出的快捷菜单的“新建”子菜单中选择“库”命令，在右侧的内容窗格中将显示创建的新建库，输入库的名称，按【Enter】键。

(2)单击导航窗格中的“库”按钮后，在右边的内容窗格的任意空白处右击，在弹出的快捷菜单的“新建”子菜单中选择“库”命令。

(3)单击导航窗格中的“库”按钮后，然后选择“查看”选项卡“新建”组“新建项目”下拉菜单中的“库”命令。新库建立后其中没有包括任何文件夹。如图 2-6 所示，新建一个“学习”库，然后打开该“学习”库，里面为空。

(4)根据已有文件夹设置新库。在“文件资源管理器”窗口中找到要建立新库的文件夹，右击该文件夹，在弹出的快捷菜单中选择“包含到库中”子菜单中的“创建新库”命令，如图 2-7 所示，则以该文件夹为名自动建立一个新库。

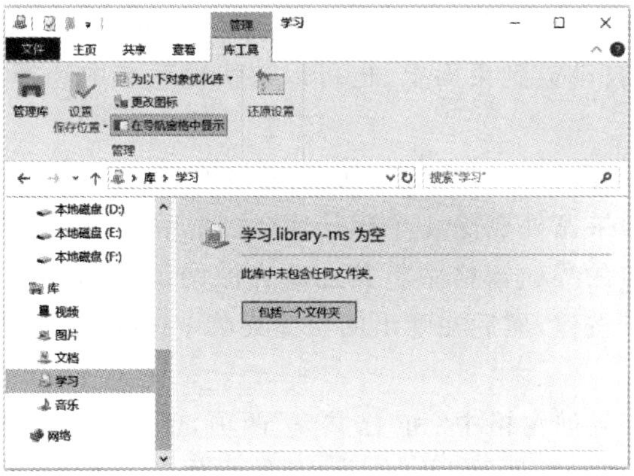

图 2-6 新建“学习”库

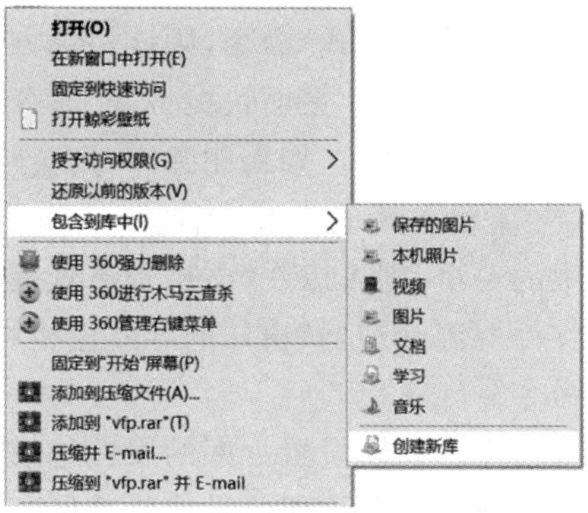

图 2-7 “包含到库中”子菜单

2. 将文件夹添加到已有库中

将文件夹添加到已有库中的操作方法主要有以下 3 种。

(1)在“文件资源管理器”窗口中选择库，如果是新建库，则单击右侧窗格中的“包括一个文件夹”按钮，弹出一个对话框，在其中找到要包含到库的文件夹，单击“加入文件夹”按钮。

(2)若要将已有的文件夹加入库，则在“文件资源管理器”窗口的导航窗格中找到要添加的文件夹，右击该文件夹，在弹出的快捷菜单中选择“包含到库中”子菜单中的某个库，该文件夹将自动添加到该库中。

(3)单击“文件资源管理器”窗口中导航窗格的“库”按钮后，在右侧的内容窗格中选择一个库，然后单击“管理”→“库工具”选项卡“管理”组中的“管理库”按钮，弹出一个对话框，单击该对话框右边的“添加”命令，将弹出一个新的对话框，在该对话框中找到要包含到库的文件夹，单击“加入文件夹”按钮，最后单击“确定”按钮。

3. 库中文件夹的移除

这里所指的文件夹是指添加到库中的文件夹，即库中所看到的第一级文件夹。从库中移除文件夹时，不会从原始位置删除该文件夹及其内容。单击“文件资源管理器”窗口中导航窗格的“库”按钮后，在右侧的内容窗格中选择要移除的库，单击“管理”→“库工具”选项卡“管理”组中的“管理库”按钮，弹出一个对话框，在该对话框中选定要移除的文件夹，单击“删除”按钮，单击“确定”按钮，完成移除。若单击“取消”按钮，则文件夹没有被移除。

4. 库本身的操作

库本身的操作相当于对一个文件或文件夹的操作，除包括前面所介绍的库的建立外，还包括库的复制、重命名、建立快捷方式、删除及属性设置，以及库中文件和子文件夹的操作。

(1)库的复制。打开“文件资源管理器”窗口，找到要进行复制的库并右击，在弹出的快捷菜单中选择“复制”命令，然后右击库中的任意空白处，在弹出的快捷菜单中选择“粘贴”命令，在库中将出现该库的备份文件。“复制”和“粘贴”命令还可以在“主页”选项卡“剪贴板”组中选择或按【Ctrl＋C】和【Ctrl＋V】组合键。

(2)库的重命名。其操作方法与文件或文件夹的重命名类似，可参照文件或文件夹的重命名方法。

(3)建立库的快捷方式。在库中建立某个库的快捷方式是指该库的快捷方式会被自动放到桌面上，而不是被放在库中。建立库的快捷方式的操作方法：右击库，在弹出的快捷菜单中选择“创建快捷方式”命令，则该快捷方式将被自动放到桌面上；也可以在快捷菜单中选择“发送到”子菜单中的“桌面快捷方式”命令来实现。

(4)库的删除。如果删除库，则会将库自身移动到“回收站”。由于在该库中访问的文件和文件夹存储在其他位置，因此不会被删除。如果意外删除 4 个默认库（文档、音乐、图片或视频）中的一个，则可以在“文件资源管理器”窗口的导航窗格中将其还原为原始状态，方法是右击“文件资源管理器”窗口的导航窗格中的“库”按钮，然后在弹出的快捷菜单中选择“还原默认库”命令。

(5)库的属性设置。库的属性包括“显示在导航窗格中”和“已共享”两项，还可以对库文件夹进行“设置保存位置”“设置公共保存位置”“添加”“删除”及“优化库”等操作。打开“文件资源管理器”窗口，右击某个库，在弹出的快捷菜单中选择“属性”命令，弹出“属性”对话框，通过勾选或取消勾选“显示在导航窗格中”和“已共享”复选框实现属性设置。在“库位置”列表框中，显示了库包含的文件夹，其中带 的文件夹为默认保存位置，可以选择其他文件夹，单击“设置保存位置”按钮来实现默认保存位置的改变，或单击“设置公共保存位置”按钮进行设置。单击“添加”按钮，可以将其他文件夹增加到该库中。若选定某个文件夹，单击“删除”按钮，则可实现将选定的文件夹从库中移除。选择“优化此库”下拉列表中的选项可以优化库，目前只能优化默认的 4 种库：文档、音乐、图片和视频。单击“更改库图标”按钮，在弹出的“更改图标”对话框中选择图标类型，单击“确定”按钮返回。单击“确定”或“应用”按钮可使各项操作有效，单击“取消”按钮可使操作无效。

(6)库中文件和子文件夹的操作。建立新库并将某个文件夹加入该库，在“文件资源管理器”窗口右侧相应库的内容窗格中可以对其中的文件或子文件夹进行各种操作，例如文件或子文件夹的新建、复制、移动、删除、重命名、属性设置等。这些操作也会直接反映到原始文件或子文件夹中，就像在原始位置上操作一样，所以在库中进行文件或子文件夹的删除操作时要特别注意，若在库中进行删除操作，则原始位置的相应文件或子文件夹也会被删除。

2.3.8 文件与文件夹的例题

文件和文件夹管理

(1)在 D 盘根目录下新建文件夹 KSXX 和 SXXY，并在 KSXX 文件夹下新建两个子文件夹 SUB1 和 SUB2。

(2)在文件夹 KSXX 下新建一个文本文件 first. txt，以及两个 Word 文件 second. docx 和 third. docx。

(3)将文件 first. txt 和 second. docx 复制到文件夹 SUB1 下，将文件 third. docx 移到文件夹 SUB2 下。

(4)将 KSXX 文件夹的子文件夹 SUB1 复制到文件夹 SXXY 下，同时将文件夹 SXXY 下的子文件夹 SUB1 更名为 MYSUB。

(5)将 MYSUB 文件夹中的 first. txt 文件更名为“我的文件. docx”，并将该文件夹中的文件 second. docx 的属性设置为只读及隐藏。

(6)删除 KSXX 文件夹的 SUB1 子文件夹下的两个文件。

(7)还原文件 first. txt。

(8)搜索 D 盘中所有以 docx 为扩展名的文件。

2.3.9 文件与文件夹的例题的参考步骤

对于文件与文件夹的操作，有多种实现方法，参考步骤中仅给出了其中的一种。读者在进行操作时，可根据自身情况选择适合的操作方法。

1. 第(1)题参考步骤

(1)打开“文件资源管理器”窗口，在窗口左侧的导航窗格中单击 D 盘。

(2)在“文件资源管理器”窗口右侧的内容窗格的任意空白处右击，在弹出的快捷菜单中选择“新建”子菜单中的“文件夹”命令。

(3)输入新文件夹的名称 KSXX，按【Enter】键。

(4)参考步骤(2)和(3)，新建文件夹 SXXY。

（5）在“文件资源管理器”窗口右侧的内容窗口中双击文件夹 KSXX，进入该文件夹，参考步骤（2）和（3），新建子文件夹 SUB1 和 SUB2。

2. 第（2）题参考步骤

（1）在“文件资源管理器”窗口左侧的导航窗格中找到文件夹 KSXX，单击该文件夹。

（2）在右侧的内容窗格的任意空白处右击，然后在弹出的快捷菜单中选择“新建”子菜单中的“文本文档”命令。

（3）直接输入新文件的名称 first，按【Enter】键。

（4）参考步骤（2）和（3），在弹出的快捷菜单中选择“新建”子菜单中的“DOCX 文档”命令，输入新文件的名称 second，按【Enter】键。

（5）参考步骤（2）和（3），新建文件 third. docx。

3. 第（3）题参考步骤

（1）在“文件资源管理器”窗口左侧的导航窗格或右侧的内容窗格中，打开 KSXX 文件夹。

（2）选定文件 first. txt 和 second. docx，按【Ctrl＋C】组合键。

（3）打开 SUB1 文件夹，按【Ctrl＋V】组合键。

（4）打开 KSXX 文件夹，选定文件 third. docx，按【Ctrl＋X】组合键。

（5）打开 SUB2 文件夹，按【Ctrl＋V】组合键。

4. 第（4）题参考步骤

（1）在“文件资源管理器”窗口左侧的导航窗格或右侧的内容窗格中，打开文件夹 KSXX。

（2）选定子文件夹 SUB1，按【Ctrl＋C】组合键。

（3）打开文件夹 SXXY，按【Ctrl＋V】组合键。

（4）选定子文件夹 SUB1 并右击，在弹出的快捷菜单中选择“重命名”命令，输入新文件夹的名称 MYSUB，按【Enter】键。

5. 第（5）题参考步骤

（1）在“文件资源管理器”窗口左侧的导航窗格或右侧的内容窗格中，打开子文件夹 MY-SUB。

（2）单击“查看”选项卡“显示/隐藏”组右侧的“选项”按钮，弹出“文件夹选项”对话框。

（3）在“查看”选项卡的“高级设置”列表框中，取消勾选“隐藏已知文件类型的扩展名”复选框，单击“确定”按钮。

（4）在 MYSUB 文件夹中选定文件 first. txt 并右击，在弹出的快捷菜单中选择“重命名”命令，输入新文件名“我的文件. docx”，按【Enter】键。在弹出的对话框中单击“是”按钮。

（5）选定文件 second. docx 并右击，在弹出的快捷菜单中选择“属性”命令。

（6）在弹出的“second. docx 属性”对话框中勾选“只读”和“隐藏”复选框，单击“确定”按钮。

6. 第（6）题参考步骤

（1）在“文件资源管理器”窗口左侧的导航窗格或右侧的内容窗格中打开 KSXX 文件夹的 SUB1 子文件夹。

(2)选中其中的两个文件,按【Delete】键。

(3)在弹出的对话框中单击“是”按钮。

7. 第(7)题参考步骤

(1)双击桌面上的“回收站”图标,打开“回收站”窗口。

(2)选定文件 first. txt。

(3)单击“管理”→“回收站工具”选项卡“还原”组中的“还原选定的项目”按钮。

8. 第(8)题参考步骤

(1)打开“文件资源管理器”窗口,单击左侧导航窗格中的 D 盘。

(2)在“文件资源管理器”窗口地址栏右侧的搜索框中输入“ * . docx”,系统将自动搜索,并显示搜索结果。

2.3.10 库的例题

库操作

(1)在系统中建立一个新库,命名为“学习”。

(2)将 D 盘根目录下的文件夹 KSXX 和 SXXY 添加到“学习”库中。

(3)将“学习”库进行复制,并将其更名为 study。

(4)在桌面上建立“学习”库的快捷方式。

(5)将 study 库中的文件夹 KSXX 移除。

(6)删除 study 库。

2.3.11 库的例题的参考步骤

对于库的操作,有多种实现方法,参考步骤中仅给出了其中的一种。读者在进行库的操作时,可根据自身需要实现相应的操作。

1. 第(1)题参考步骤

(1)打开“文件资源管理器”窗口,右击导航窗格中的“库”按钮,在弹出的快捷菜单中选择“新建”子菜单中的“库”命令。

(2)直接输入“学习”,按【Enter】键。

2. 第(2)题参考步骤

(1)打开“文件资源管理器”窗口,单击导航窗格中的“库”按钮,然后单击“学习”库。

(2)单击右侧内容窗格中的“包括一个文件夹”按钮,在打开的对话框中选择 D 盘根目录下的文件夹 KSXX,然后单击“加入文件夹”按钮。

(3)在“文件资源管理器”窗口右侧的内容窗格中,单击“学习”库。单击“管理”→“库工具”选项卡“管理”组中的“管理库”按钮,弹出“学习库位置”对话框。

(4)单击该对话框中的“添加”按钮,弹出“将文件夹加入到‘学习’中”对话框,选择 D 盘根目录下的文件夹 SXXY,单击“加入文件夹”按钮,最后单击“确定”按钮。

3. 第(3)题参考步骤

(1)在打开的“文件资源管理器”窗口中,单击左侧导航窗格中的“库”按钮。

(2)在右侧的内容窗格中选择“学习”库,按【Ctrl+C】组合键,实现库的复制。

(3)直接按【Ctrl+V】组合键,实现库的粘贴,出现“学习-副本”库。

（4）右击“学习-副本”库，在弹出的快捷菜单中选择“重命名”命令。

（5）直接输入库名 study，按【Enter】键。

4. 第（4）题参考步骤

（1）在打开的“文件资源管理器”窗口中，选择“学习”库。

（2）右击“学习”库，在弹出的快捷菜单中选择“发送到”子菜单中的“桌面快捷方式”命令，或者选择快捷菜单中的“创建快捷方式”命令，在弹出的提示对话框中单击“是”按钮。

5. 第（5）题参考步骤

（1）在打开的“文件资源管理器”窗口中，选择 study 库。

（2）单击“管理”→“库工具”选项卡“管理”组中的“管理库”按钮，弹出“study 库位置”对话框，选定 KSXX 文件夹，单击“删除”按钮，文件夹 KSXX 将从“库位置”列表框中消失，单击“确定”按钮，完成文件夹的移除。

6. 第（6）题参考步骤

（1）在打开的“文件资源管理器”窗口中，选择 study 库。

（2）右击 study 库，在弹出的快捷菜单中选择“删除”命令，在弹出的“删除文件夹”对话框单击“是”按钮。

2.3.12 操作与练习

操作与练习

（1）在 D 盘根目录下建立一个文件夹 MYCCB，并在文件夹 MYCCB 下分别建立两个子文件夹 CCB1 和 CCB2。

（2）在 D 盘的文件夹 MYCCB 下新建一个文本文件 Mytext. txt 和一个 Word 文件 Wordfile1. docx。

（3）将文件 Mytext. txt 复制到文件夹 CCB1 中，将文件 Wordfile1. docx 移动到文件夹 CCB2 中。

（4）将文件夹 MYCCB 中的文件 Mytext. txt 重命名为“文本文档 1. txt”，并将其属性设置为只读。

（5）彻底删除文件夹 CCB1 中的文件 Mytext. txt。

（6）建立一个新库“资料”。

（7）将 MYCCB 文件夹添加到“资料”库中，并备份“资料”库。将备份的“资料”库重命名为“存档”。

2.3.13 操作与练习的参考步骤

操作与练习（1）～（7）的参考步骤略。

实验 3

Windows 10 控制面板及工具软件

3.1 实验目的

(1)掌握控制面板的常用操作。

(2)熟悉常用的磁盘处理与维护工具。

(3)掌握常用的汉字输入方法。

(4)掌握常用的工具软件。

3.2 实验内容

(1)控制面板的常用操作,包括控制面板的打开、外观和个性化设置、时钟和区域设置、卸载或更改程序、打印机设置、用户账户的操作等。

(2)磁盘管理工具的使用,包括硬盘属性的查看与设置、检查与修复磁盘错误、碎片整理、磁盘清理。

(3)压缩/解压缩软件 WinRAR 的使用。

(4)画图的使用。

(5)截图工具的使用。

(6)写字板的使用。

3.3 实验操作步骤

3.3.1 控制面板的打开

控制面板的打开方法通常有以下两种。

(1)单击"开始"按钮,在打开的"开始"菜单的"Windows 系统"子菜单中选择"控制面板"命令,将出现如图 3-1 所示的窗口。

(2)在"文件资源管理器"或"此电脑"窗口左侧的导航窗格中单击"控制面板"按钮,也可打开"控制面板"窗口。

图 3-1 “控制面板”窗口

3.3.2 外观和个性化设置

外观和个性化设置主要包括屏幕、背景、颜色、锁屏界面、主题设置等。

1. 屏幕设置

屏幕设置主要包括亮度、文字大小、屏幕分辨率设置等。在桌面上任意空白处右击，在弹出的快捷菜单中选择“显示设置”命令，打开“屏幕”设置窗口，如图 3-2 所示；或者在“设置”的“主页”窗口中单击“系统”。

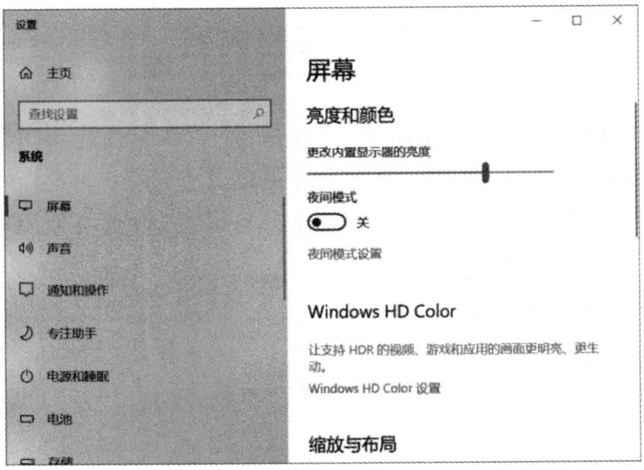

图 3-2 “屏幕”设置窗口

（1）更改内置显示器的亮度。显示器的亮度可以通过显示器自带的旋钮或按键来调整，也可以通过拖动图 3-2 中的“更改内置显示器的亮度”滑块来调整。

（2）缩放与布局。单击“更改文本、应用等项目的大小”下拉按钮，在弹出的下拉列表中可以根据需要选择 100%（推荐）、125%、150%、175%进行显示文字大小的调整。单击“高级缩放设置”按钮，在弹出的“高级缩放设置”窗口中还可以自定义缩放大小。

2. 背景设置

设置背景的操作方法通常有以下 3 种。

（1）在“控制面板”窗口中单击“外观和个性化”按钮，然后单击“任务栏和导航”按钮，在“个性化”列表中单击“背景”按钮，打开“背景”设置窗口，如图 3-3 所示。

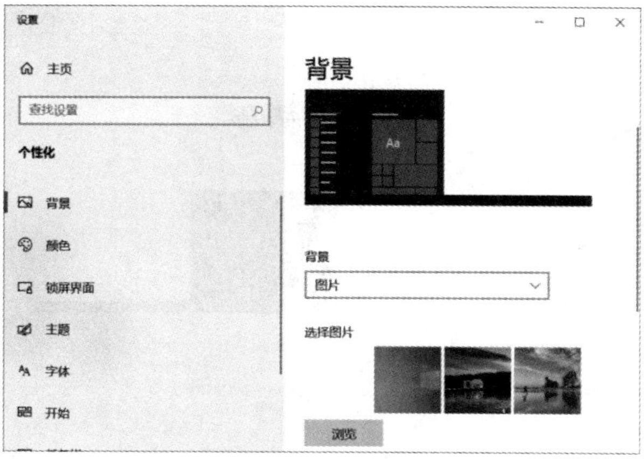

图 3-3 “背景”设置窗口

(2)在“控制面板”窗口中单击“外观和个性化”按钮,然后单击“任务栏和导航”下方的“导航属性”按钮,在弹出的“设置”窗口的“个性化”列表中单击“背景”按钮。

(3)在桌面上任意空白处右击,在弹出的快捷菜单中选择“个性化”命令,打开“背景”设置窗口;也可以在“设置”的“主页”窗口中单击“个性化”按钮。

图 3-3 中,“背景”项用来设置背景的样式。单击“背景”下拉按钮,在弹出的下拉列表中可以选择“图片”“纯色”“幻灯片”3 种背景样式,其中“图片”是系统默认的样式,用户可以根据需要进行设置。

3. 颜色设置

在图 3-3 所示的窗口左侧单击“颜色”按钮,打开“颜色”设置窗口。可以在“选择颜色”下拉列表中选择“浅色”“深色”“自定义”。浅色为比较淡的颜色,深色为黑色背景,用户还可以根据需要选择自定义颜色进行设置。

4. 锁屏界面设置

在图 3-3 所示的窗口左侧单击“锁屏界面”按钮,出现“锁屏界面”设置窗口。单击“背景”下拉按钮,在弹出的下拉列表中设置用于锁屏的背景,包括“图片”“Windows 聚焦”“幻灯片放映”3 种类型,系统默认为“Windows 聚焦”。“选择在锁屏界面上显示详细状态的应用”选项是为了在锁屏界面上显示一个应用的详细状态,如天气、日历等;“选择在锁屏界面上显示快速状态的应用”选项用来显示指定的应用。

在“锁屏界面”设置窗口中单击“屏幕保护程序设置”按钮,弹出“屏幕保护程序设置”对话框,在“屏幕保护程序”下拉列表中选择所需要的程序,如“气泡”,在“等待”数值框中设置时间,勾选“在恢复时显示登录屏幕”复选框。如果需要设置电源管理,则可单击“更改电源设置”按钮。单击“确定”按钮,完成屏幕保护程序的设置。当屏幕静止时间超过设定的等待时间后,系统即可自动启动屏幕保护程序。

5. 主题设置

主题设置包括桌面背景、颜色、声音、鼠标光标的外观等设置。同一台计算机上的不同用户账户可以选择不同的主题。

(1)设置主题。在图 3-3 所示的窗口左侧单击“主题”按钮,出现如图 3-4 所示的“主题”设置窗口。在“当前主题:自定义”栏,分别单击“背景”“颜色”“声音”“鼠标光标”按钮,可以分别设置主题的部分内容。

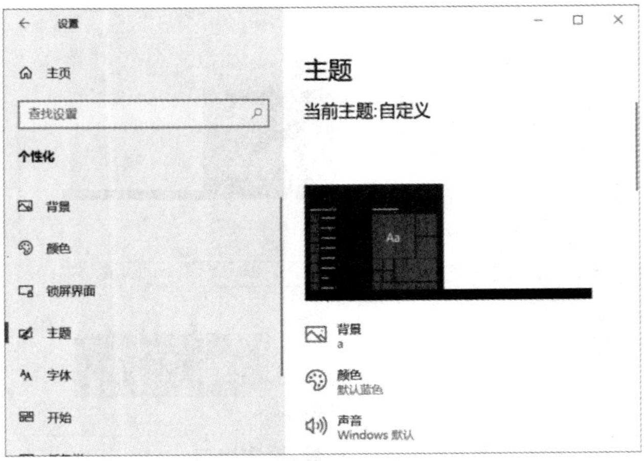

图 3-4 “主题”设置窗口

单击图 3-4 中的“声音”按钮，弹出“声音”对话框。在“程序事件”列表框中选择要自定义声音的程序事件，勾选“播放 Windows 启动声音”复选框，单击“声音”下拉按钮，在弹出的下拉列表中选择声音文件；或者单击“浏览”按钮，在弹出的对话框中选择声音文件，单击“打开”按钮返回。单击“确定”按钮即可保存设置的声音。在“声音”对话框中，用户还可以分别单击“播放”“录制”“通信”选项卡，根据需要进行设置。

单击图 3-4 中的“鼠标光标”按钮，弹出“鼠标属性”对话框，默认显示“指针”选项卡。在“方案”下拉列表中选择一种方案，在“自定义”列表框中选择鼠标光标的形状；或者单击“浏览”按钮，在弹出的对话框中选择鼠标光标的形状，单击“打开”按钮返回。根据需要勾选“启用指针阴影”复选框，单击“确定”按钮使设置生效。在“鼠标属性”对话框中，还可以对其他选项卡进行设置。

（2）删除主题。在“更改主题”栏显示了常用的主题。如果要删除主题，则右击要删除的主题，在弹出的快捷菜单中选择“删除”命令。系统自带的主题不能被删除，且当前应用的主题也不能被删除。

（3）设置桌面图标。在“主题”设置窗口中单击“相关的设置”栏的“桌面图标设置”按钮，弹出“桌面图标设置”对话框，通过勾选或取消勾选桌面图标名称前面的复选框，可以添加或删除常用的桌面图标，并且可以对这些图标形式进行更改。在矩形框中选择某个图标，单击“更改图标”按钮，弹出“更改图标”对话框，选择某个图标形式，单击“确定”按钮，也可单击“浏览”按钮，在计算机中选择其他的图标形式。单击“确定”按钮返回，然后单击“确定”按钮使桌面图标的设置生效。

6. 字体设置

在 Windows 10 操作系统中有多种字体供用户选择，用户还可以根据需要对字体进行添加、隐藏与显示、删除等操作。

（1）添加字体。通过搜索引擎（如百度）找到需要的字体并下载，这些字体文件以 ttf 或 ttc 为扩展名，直接双击可进行安装。可以通过“字体”设置窗口进行字体的选择和安装，或在控制面板的“字体”窗口中进行安装。

（2）隐藏与显示字体。在控制面板的“字体”窗口中，选中要隐藏的字体，单击列表框上方的“隐藏”按钮，或者右击要隐藏的字体，在弹出的快捷菜单中选择“隐藏”命令。隐藏后的字体呈半透明状。在“字体”窗口中，选中要显示的字体（先前被隐藏），单击列表框上方的“显示”按钮，或者右击要显示的字体，在弹出的快捷菜单中选择“显示”命令。

(3)删除字体。在控制面板的“字体”窗口中，选中要删除的字体，单击列表框上方的“删除”按钮，或者单击“组织”下拉按钮，在弹出的下拉菜单中选择“删除”命令。也可以右击要删除的字体，在弹出的快捷菜单中选择“删除”命令。

(4)调整 ClearType 文本。根据弹出的操作向导调整 ClearType 文本。

3.3.3 时钟和区域设置

1. 日期和时间设置

打开“控制面板”窗口，若是“类别”显示方式，则单击“时钟和区域”按钮，然后单击“日期和时间”按钮，也可单击其下方的“设置时间和日期”或“更改时区”按钮，弹出如图 3-5(a)所示的“日期和时间”对话框。如果控制面板是“大图标”或“小图标”显示方式，则单击其中的“日期和时间”按钮。在“日期和时间”对话框中，单击“更改日期和时间”按钮，弹出如图 3-5(b)所示的“日期和时间设置”对话框，可以对日期和时间的具体值进行设置，单击“确定”按钮完成设置。

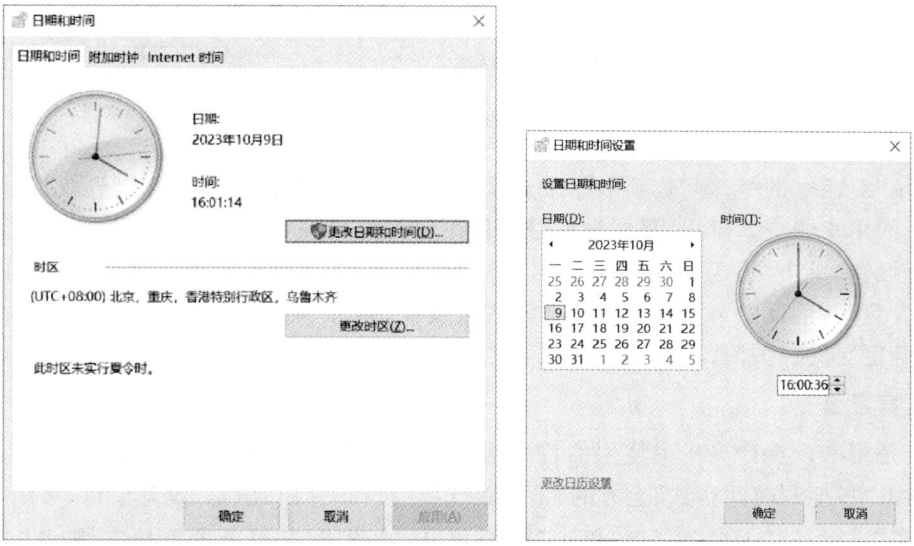

(a) (b)

图 3-5 设置“日期和时间”

2. 区域设置

打开“控制面板”窗口，如果为“类别”显示方式，则单击“时钟和区域”下面的“更改日期、时间或数字格式”按钮，将弹出“区域”对话框，如图 3-6(a)所示；或者在控制面板中单击“时钟和区域”按钮，在打开的窗口中单击“区域”按钮或下方的“更改日期、时间或数字格式”按钮，也可弹出“区域”对话框。如果控制面板为“大图标”或“小图标”显示方式，则单击“区域”按钮；或者在“日期和时间设置”对话框[见图 3-5(b)]中单击“更改日历设置”按钮，也会自动打开“区域”对话框。

在“区域”对话框中，“格式”选项卡可以实现对选定国家或地区的“日期和时间格式”的详细设置，如短日期、长日期、短时间、长时间等格式，单击“其他设置”按钮，弹出“自定义格式”对话框，如图 3-6(b)所示。在“自定义格式”对话框中，提供了对计算机中数字、货币、时间和日期的详细格式，用户可根据自身需要，设置特定的格式，单击“确定”按钮，返回“区域”对话框。

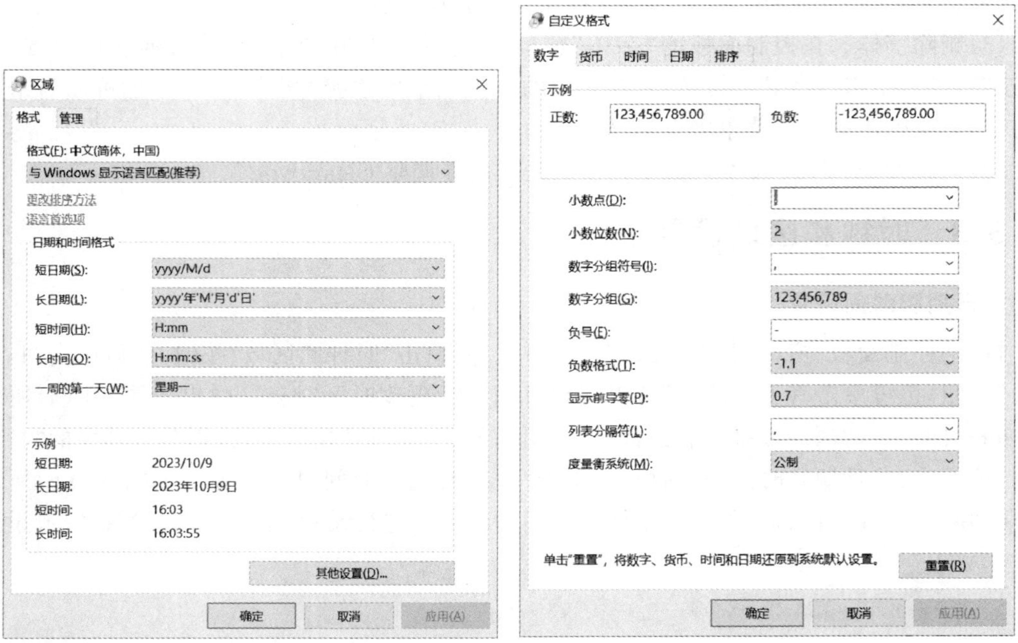

(a)　　　　(b)

图 3-6　设置“区域”

“区域”对话框的“管理”选项卡用来查看计算机的国际设置并将其复制到欢迎屏幕、系统账户和新的用户账户。单击“复制设置”按钮，在弹出的“欢迎屏幕和新的用户账户设置”对话框中进行设置，单击“确定”按钮，返回“区域”对话框。单击“更改系统区域设置”按钮，在弹出的“区域设置”对话框中可以选择当前系统区域设置，单击“确定”按钮，返回“区域”对话框，然后单击“确定”按钮，关闭“区域”对话框。

3. 语言设置

语言是用来设置计算机中使用的首选语言及相应的输入法。在“区域”对话框[见图 3-6(a)]中单击“日期和时间格式”上方的“语言首选项”按钮，弹出“语言”设置窗口，如图 3-7(a)所示；或者在“设置”的“主页”窗口中单击“时间和语言”按钮，在打开的窗口左侧单击“语言”按钮，也会出现相应的窗口。

(1)添加/删除首选的语言。单击图 3-7(a)右侧的“添加首选的语言”按钮，在弹出的“选择要安装的语言”界面的列表框中选择一种语言，如“德语(德国)”，单击“下一步”按钮，然后单击“安装”按钮，该语言将被安装到系统上。可以通过单击“首选语言”栏中已安装语言下方的上、下按钮来调整系统中多种语言的优先次序。如果要删除已安装的语言，则单击某种语言，然后单击“删除”按钮。

(2)语言选项。可以对已安装的语言进行设置，例如添加合适的输入法。单击“语言”设置窗口中的某种语言，例如中文，然后单击“选项”按钮，弹出“语言选项：中文(简体，中国)”设置窗口，如图 3-7(b)所示。在“键盘”的下方列出了已经选择好的输入法。在 Windows 10 操作系统中内置了微软拼音和微软五笔输入法。如果要选择新的输入法，那么单击图 3-7(b)中的“添加键盘”按钮，在弹出的列表中选择要添加的输入法，如微软拼音或微软五笔。

如果要删除已选择的输入法，则单击图 3-7(b)中的某种语言，然后单击“删除”按钮。如果要对某种输入法进行设置，则在图 3-7(a)中拖动垂直滚动条，然后单击其中的“选择始终默认使用的输入法”按钮，弹出“高级键盘设置”窗口。在该窗口中可以设置默认的输入法、切换输入法、语言栏选项、输入语言热键。

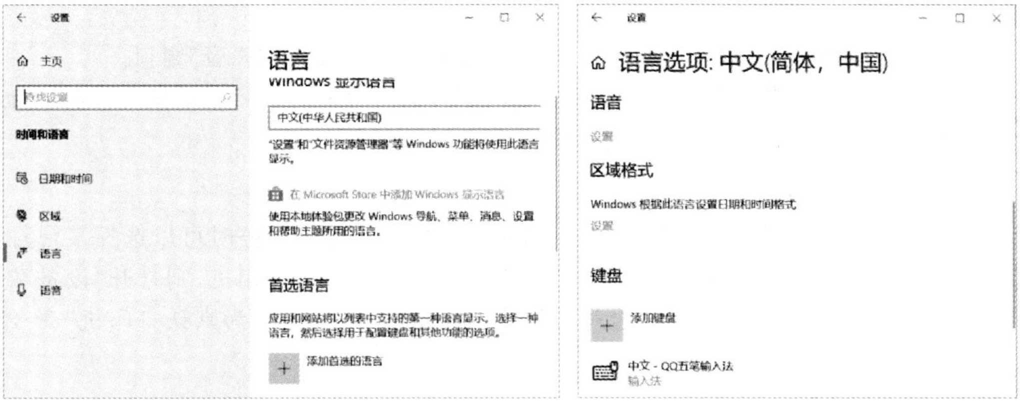

(a) (b)

图 3-7 “语言”设置窗口和“语言选项:中文(简体,中国)”设置窗口

(3)其他输入法。Windows 10 操作系统只提供了微软拼音和微软五笔输入法，用户可以在系统中安装其他输入法，如搜狗拼音输入法、QQ 输入法等。这些输入法需要在网上下载，然后安装。安装后用户可根据需要设置各种输入法的优先次序、热键等。

3.3.4 卸载或更改程序

1. 卸载程序

卸载程序是指将计算机中的某个应用程序删除，操作步骤如下。

(1)打开“控制面板”窗口，若控制面板为“类别”显示方式，则单击“程序”按钮，然后单击“卸载程序”按钮，也可直接单击其下方的“卸载程序”按钮，弹出“程序和功能”窗口。若控制面板是“大图标”或“小图标”显示方式，则单击其中的“程序和功能”按钮。

(2)在“程序和功能”窗口右侧的“卸载或更改程序”下面的列表框中，显示了计算机中已安装的程序，可以详细查看每个程序的名称、发布者、安装时间、大小及版本等信息，而且可以改变程序列表的显示方式及排列方式，类似于“文件资源管理器”窗口中内容窗格的操作。若要卸载或更改某个程序，则在“卸载或更改程序”下面的列表框中选择该程序，单击列表框上方的“卸载”、“更改”或“修复”按钮，实现程序的删除、更新或功能修复；也可以直接在列表框中双击“程序”进行卸载。

2. 更改程序

若要查看或删除系统中的一些更新程序，则单击“程序和功能”窗口左侧列表中的“查看已安装的更新”，在右侧的“卸载更新”下方的列表框中列出了更新程序的列表，用户可根据需要选择，然后单击“卸载”按钮进行删除。

3.3.5 打印机设置

利用打印机进行文档打印，必须将打印机连接到计算机上。将打印机连接到计算机上的方式有多种。选择哪种连接方式取决于设备本身，以及用户是在家中还是在办公室。对打印机的操作分为添加打印机、设置默认打印机及删除打印机。

1. 添加打印机

添加打印机就是指安装打印机的驱动程序，可以安装本地打印机或网络打印机，操作步骤如下。

(1)打开“控制面板”窗口，单击“硬件和声音”按钮，打开“硬件和声音”窗口。

(2)单击“设备和打印机”下面的“添加设备”按钮，打开“添加设备”对话框，出现提示向导，可依次按照提示信息进行本地打印机或网络打印机的安装。

2. 设置默认打印机

如果计算机系统中安装了多台打印机，则在执行具体的打印任务时可以选择某台打印机进行打印，或者将某台打印机设置为默认打印机。若要设置默认打印机，则打开“设备和打印机”窗口，在某台打印机图标上右击，在弹出的快捷菜单中选择“设置为默认打印机”命令。默认打印机的图标上有一个“√”标志。

3. 删除打印机

删除打印机是指删除打印机的驱动程序。操作步骤：首先打开“设备和打印机”窗口，右击要删除的打印机，在弹出的快捷菜单中选择“删除设备”命令，弹出提示对话框，然后单击“是”按钮。如果无法删除打印机，则再次右击，在弹出的快捷菜单中依次单击“以管理员身份运行”→“删除设备”，弹出提示对话框，然后单击“是”按钮。如果系统提示输入管理员密码或进行确认，则输入该密码或确认。

3.3.6 用户账户的使用

根据不同用户对计算机使用需求的不同，Windows 系统将用户账户分为两种类型：本地账户和 Microsoft 账户。本小节主要介绍账户的添加、管理、权限设置等操作。Windows 10 的账户管理主要通过“控制面板”窗口和“设置”窗口来实现。

1. 本地账户

本地账户分为管理员账户和标准账户。

(1)创建本地账户的操作步骤如下。

①单击“开始”按钮，在打开的“开始”菜单的“Windows 系统”子菜单中选择“控制面板”命令，打开“控制面板”窗口；或者在打开的“文件资源管理器”窗口的导航窗格中单击“控制面板”按钮，打开“控制面板”窗口。如果控制面板为“类别”显示方式，则单击“用户账户”下面的“更改账户类型”按钮，打开“管理账户”窗口，如图 3-8(a)所示；或者在“控制面板”窗口中单击“用户账户”名称或图标，在弹出的窗口中单击“更改账户类型”按钮。如果控制面板为“大图标”或“小图标”显示方式，则单击“用户账户”按钮，在打开的窗口中单击“管理其他账户”按钮。

②在“管理账户”窗口中，单击“在电脑设置添加新用户”按钮，打开“其他用户”设置窗口，如图 3-8(b)所示。

③单击“将其他人添加到这台电脑”按钮，弹出“本地用户和组(本地)”窗口，如图 3-9(a)所示。在“本地用户和组(本地)”列表框中打开“用户”文件夹，则在“名称”列表框中将显示计算机中的所有本地用户。

④在“名称”列表框中任意空白处右击，在弹出的快捷菜单选择“新用户”命令，弹出“新用户”对话框。

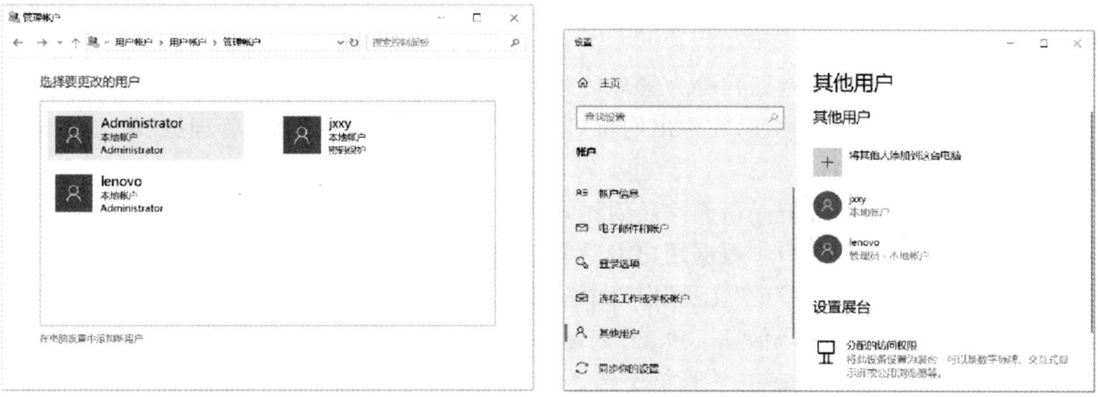

(a) (b)

图 3-8 “管理账户”窗口和“其他用户”设置窗口

⑤输入新用户的用户名、全名、密码、确认密码及其他可选项等信息，单击“创建”按钮，如图 3-9(b)所示。

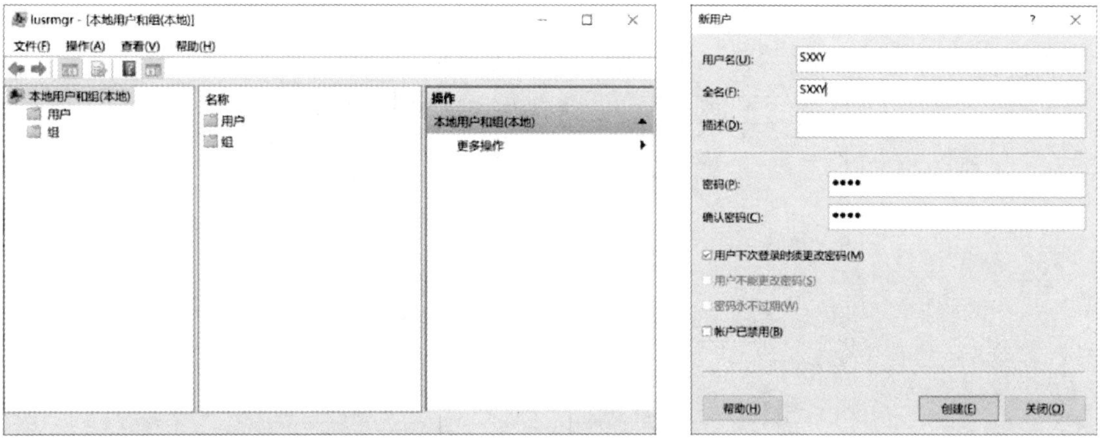

(a) (b)

图 3-9 “本地用户和组(本地)”窗口和“新用户”对话框

⑥可以在“新用户”对话框中继续创建新用户，单击“关闭”按钮则退出“新用户”对话框。在“本地用户和组(本地)”窗口的“名称”列表框中就可以看到创建的新用户。

还可以用以下方法打开“新用户”对话框：在图 3-9(a)中单击“操作”菜单，选择其中的“新用户”命令，或单击图 3-9(a)中的“操作”列表框中的“更多操作”按钮，选择其中的“新用户”。

(2)管理用户账户。管理用户账户主要包括更改用户的类型、更改账户名称、更改密码、删除账户等。打开“控制面板”窗口，进入“管理账户”窗口，如图 3-8(a)所示。单击要管理的账户，弹出“更改账户”窗口。在窗口左侧的导航栏中，列出了可以对该用户账户进行设置的所有操作。

①更改账户名称。单击左侧列表中的“更改账户名称”按钮，在弹出的窗口的“新账户名”文本框中输入新的账户名称，单击“更改名称”按钮，实现更名。

②创建/更改密码。若新创建的用户账户没有设置密码，则该项为创建密码；否则为更改密码。单击列表中的“创建/更改密码”按钮，在弹出的窗口的相应位置输入密码，单击“创建/

更改密码”按钮，实现密码设置。设置密码后，该用户登录计算机时必须输入密码才能进入系统。

③更改账户类型。本地账户分为管理员账户和标准账户，两者之间可以相互转换。单击列表中的“更改账户类型”按钮，在弹出的窗口的相应位置选中“标准”或“管理员”单选按钮，单击“更改账户类型”按钮。

④删除账户。删除账户是指删除已创建的用户账户及其相应的文件。单击列表中的“删除账户”按钮，在弹出的窗口中根据用户需要单击“删除文件”或“保留文件”按钮。

⑤更改头像。在“设置”的“主页”窗口中单击“账户”按钮，在打开的“账户信息”设置窗口中显示的是当前登录的账户信息。单击“创建头像”下面的“相机”或“从现有图片中选择”按钮，可调用摄像头抓拍头像或在计算机中选择所需要的头像。

2. Microsoft 账户

添加 Microsoft 账户的详细操作步骤如下。

(1)打开“设置”窗口，单击“设置”的“主页”窗口中的“账户”按钮，在窗口的左侧列表中单击“电子邮件和账户”按钮，出现“电子邮件和账户”设置窗口，如图 3-10 所示。

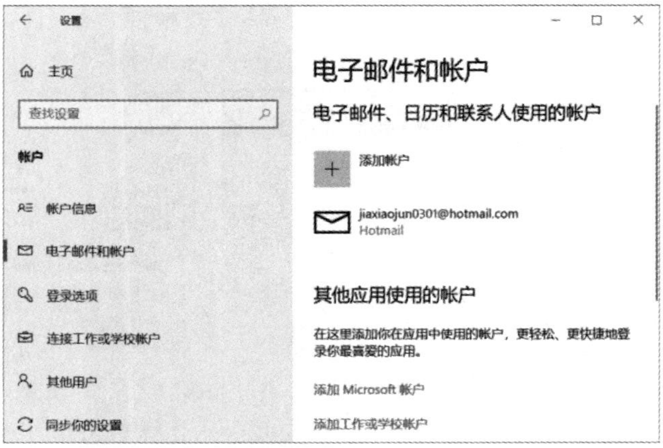

图 3-10 “电子邮件和账户”设置窗口

(2)单击右侧内容窗格中的“添加 Microsoft 账户”按钮，弹出 Microsoft“登录”对话框。单击“创建一个”按钮，弹出“创建用户”对话框。

(3)创建 Microsoft 账户可以使用电话号码或电子邮件两种方式，两者的操作步骤类似。这里采用第 2 种方式。单击“获取新的电子邮件地址”按钮；然后输入电子邮件地址，单击“下一步”按钮；输入电子邮件地址对应的密码，单击“下一步”按钮。

(4)输入个人信息，以及姓和名，单击“下一步”按钮；输入出生日期，单击“下一步”按钮。

(5)系统将自动创建一个 Microsoft 账户。

3. 本地账户与 Microsoft 账户之间的切换

(1)从本地账户切换到 Microsoft 账户的具体操作步骤如下。

①打开“设置”窗口，单击“账户”按钮，出现“账户信息”设置窗口。

②单击“改用 Microsoft 账户登录”按钮，然后输入 Microsoft 账户(电子邮件地址)，单击“下一步”按钮；输入对应的密码，单击“下一步”按钮。

③输入当前的 Windows 登录密码，单击“下一步”按钮。

④设置 Windows Hello,可以使用面孔识别(需要摄像头)或指纹识别(需要指纹传感器)登录,也可以单击“先跳过”按钮。

⑤创建 PIN。PIN 码是可以替代登录密码的一组数据,当用户登录到 Windows 及其应用和服务时,系统会要求用户输入 PIN 码。输入 PIN 码后,单击“确定”按钮。

⑥系统将自动从本地账户切换到 Microsoft 账户来登录此设备。

(2)从 Microsoft 账户切换到本地账户的具体操作步骤如下。

①在“账户信息”设置窗口的右侧内容窗格中单击“改用本地账户登录”按钮,弹出确认对话框,单击“下一步”按钮。

②输入 Microsoft 账户的登录密码,单击“确定”按钮。弹出“输入你的本地账户信息”对话框,输入本地账户的用户名、密码和提示信息,单击“下一步”按钮。

③在弹出的对话框中单击“注销并完成”按钮,即可将 Microsoft 账户切换到本地账户。

3.3.7 磁盘清理和磁盘优化

长期使用磁盘,将产生垃圾文件及磁盘碎片,影响磁盘性能。

1. 磁盘清理

磁盘清理的具体操作步骤如下。

(1)单击“开始”按钮,在打开的“开始”菜单中选择“Windows 管理工具”子菜单中的“磁盘清理”命令,弹出如图 3-11(a)所示的“磁盘清理:驱动器选择”对话框;或者在任务栏的搜索框中输入“磁盘清理”或“cleanmgr”,单击搜索结果中的“磁盘清理”按钮。

(2)在对话框中选择要清理的驱动器,单击“确定”按钮,系统将自动扫描要清理的驱动器。

(3)扫描结束后,弹出如图 3-11(b)所示的对话框。选择要删除的文件,单击“确定”按钮,又将弹出一个对话框。单击“删除文件”按钮,系统立即开始清理磁盘。

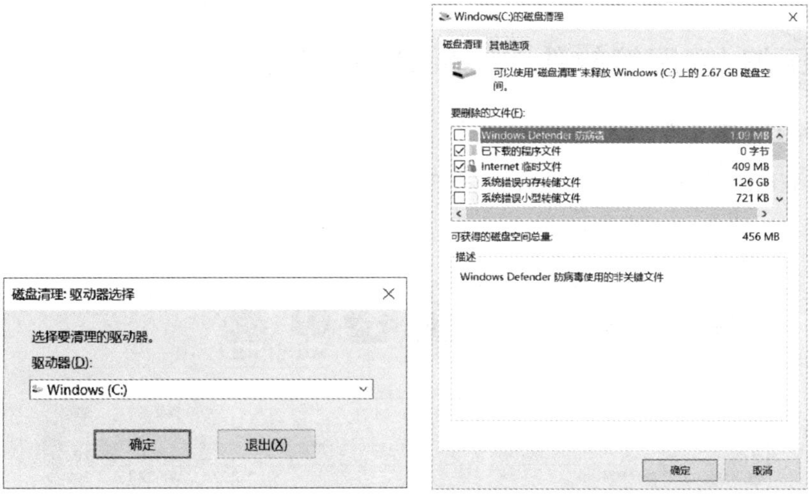

(a) (b)

图 3-11 “磁盘清理:驱动器选择”对话框及“磁盘清理”对话框

2. 磁盘优化

磁盘优化的具体操作步骤如下。

(1)单击“开始”按钮,在打开的“开始”菜单中选择“Windows 管理工具”子菜单中的“碎片整理和优化驱动器”命令，弹出如图 3-12(a)所示的“优化驱动器”窗口；或者在任务栏的搜索框中输入“碎片整理”，单击搜索结果中的“碎片整理和优化驱动器”按钮。

(2)分别选定 C 盘和 D 盘，单击“优化”按钮，系统将自动对选定的磁盘进行磁盘碎片整理。

(3)也可以对磁盘优化设置操作计划，单击“更改设置”按钮，弹出如图 3-12(b)所示的对话框，设置对应磁盘及优化计划，单击“确定”按钮。

磁盘优化还有一种操作方法：打开“文件资源管理器”窗口，在导航窗格中单击“此电脑”按钮，或者直接双击桌面的“此电脑”图标；然后在右侧的内容窗格中右击要优化的盘符，在弹出的快捷菜单中选择“属性”命令；在弹出的“属性”对话框中选择“工具”选项卡，单击“优化”按钮，也可以打开如图 3-12(a)所示的窗口。

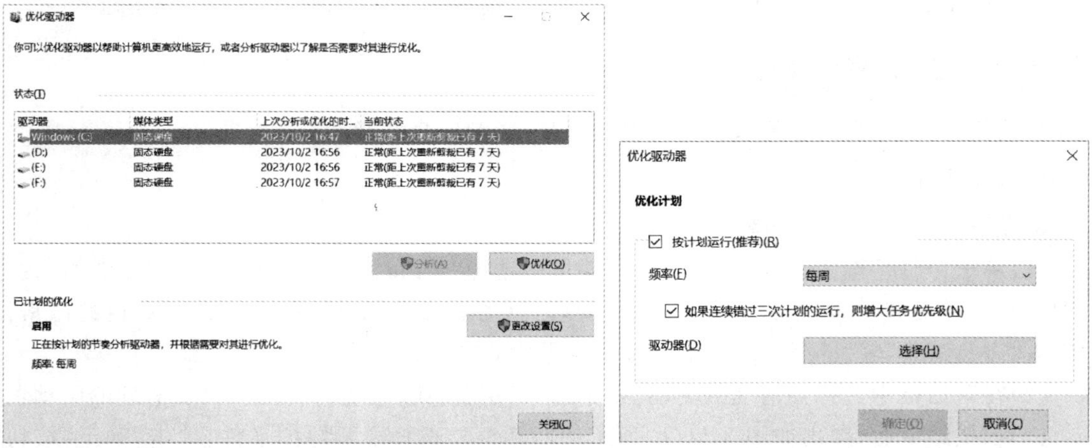

(a) (b)

图 3-12 “优化驱动器”窗口和“优化驱动器”对话框

3.3.8 压缩/解压缩软件 WinRAR 的使用

1. WinRAR 压缩文件

(1)打开 WinRAR 应用程序，显示如图 3-13 所示的主界面。

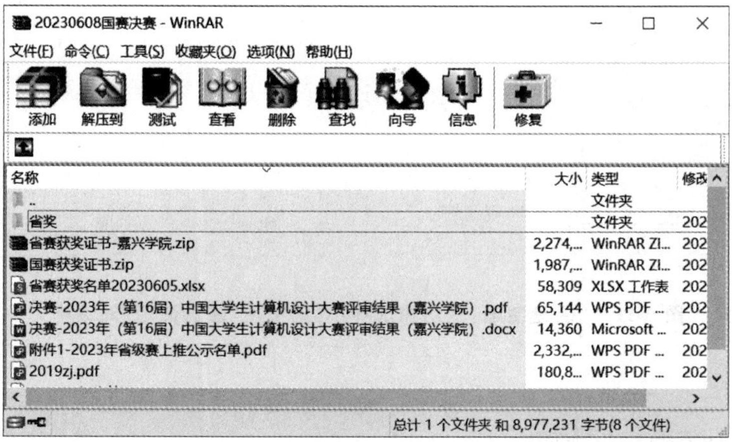

图 3-13 WinRAR 主界面

(2)单击地址栏右边的下拉按钮,确定要压缩的文件或文件夹所在的位置,并在列表中选择要压缩的一个或多个文件或文件夹,单击“添加”按钮,打开“压缩文件名和参数”对话框,输入压缩文件名;还可以单击“浏览”按钮确定压缩位置,单击“确定”按钮开始压缩,并生成压缩文件。

也可以右击要压缩的文件或文件夹,在弹出的快捷菜单中选择“添加到压缩文件”或“添加到‘….rar’”命令进行压缩。创建的压缩文件与源文件或文件夹位于相同的文件夹中。

2. WinRAR 解压缩文件

直接双击要解压缩的文件,此压缩文件将自动解压缩到 WinRAR 主界面中,可直接打开其中的文件或文件夹;或者单击工具栏中的“解压到”按钮,在弹出的“解压路径和选项”对话框中输入或选择要解压的目标位置,单击“确定”按钮开始解压缩,此时文件自动被解压缩到目标位置中。

也可以右击要解压的压缩文件,在弹出的快捷菜单中选择“解压文件”或“解压到当前文件夹”或“解压到…\”命令进行解压。

3.3.9 画图的使用

使用画图应用程序的操作步骤如下。

(1)单击“开始”按钮,在打开的“开始”菜单的“Windows 附件”子菜单中选择“画图”,打开“画图”主界面,如图 3-14 所示。

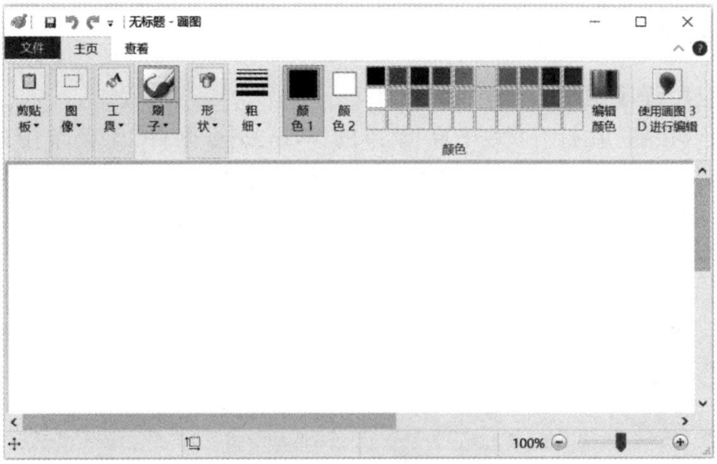

图 3-14 “画图”主界面

(2)可以在主界面内实现绘制线条、绘制其他形状、添加文本、选择并编辑对象、调整整张图片或图片中某部分的大小、移动和复制对象、处理颜色、查看图片、保存和使用图片等操作。

3.3.10 截图工具的使用

1. 截图工具

(1)单击“开始”按钮,在打开的“开始”菜单的“Windows 附件”子菜单中选择“截图工具”,打开“截图工具”主界面,如图 3-15 所示;或者在任务栏的搜索框中输入“截图工具”,单击搜索结果中的“截图工具”按钮。

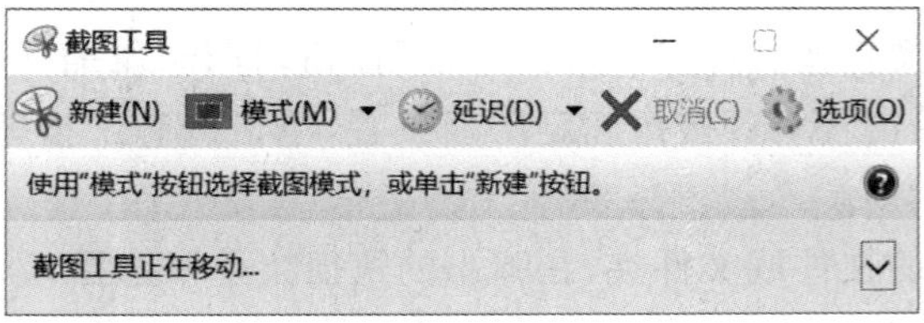

图 3-15 “截图工具”主界面

（2）单击“截图工具”主界面工具栏中的“模式”下拉按钮，在展开的下拉菜单中选择“矩形截图”命令，单击“新建”按钮，在截图工具的工具栏之外，鼠标指针变为十字形状，按住鼠标左键拖动，即可绘制一个矩形区域。选定区域后，松开鼠标左键，在“截图工具”主界面内将显示截取的矩形区域。

（3）选择“文件”菜单中的“另存为”命令，或者单击工具栏中的“保存”按钮进行截取图像的保存。

2. 相关参数设置

在图 3-15 中，单击“截图工具”主界面工具栏中的“模式”下拉按钮，在展开的下拉菜单中可选择“窗口截图”、“矩形截图”、“任意格式截图”或“全屏幕截图”命令。在“截图工具”主界面中单击“选项”按钮，打开“截图工具选项”对话框，用户可以设置相关参数，单击“确定”按钮关闭该对话框。

3.3.11 写字板的使用

使用写字板应用程序的操作步骤如下。

（1）单击“开始”按钮，在打开的“开始”菜单的“Windows 附件”子菜单中选择“写字板”，打开“写字板”主界面，如图 3-16 所示；或者在任务栏的搜索框中输入“写字板”或“wordpad”，单击搜索结果中的“写字板”按钮。

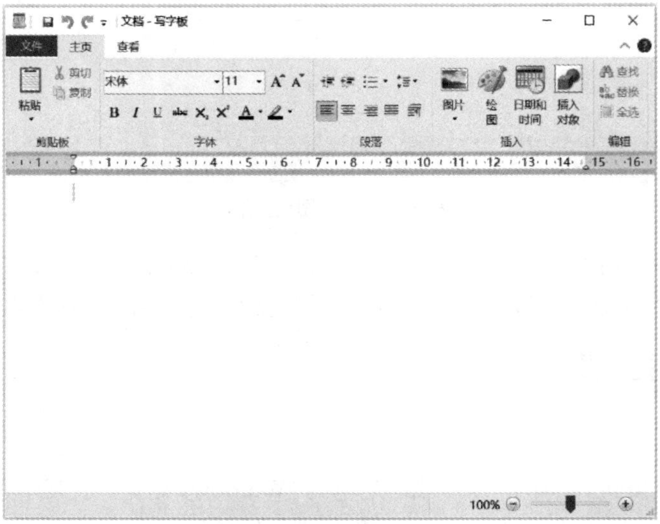

图 3-16 “写字板”主界面

(2)在“写字板”主界面中可以查看或编辑带有复杂格式和图形的文档内容。可以进行如下操作：创建、打开和保存文档，编排文档格式(包括字体和段落格式)，插入日期和图片，图片编辑，查看文档，页面设置，查找或替换，打印设置等。

控制面板及工具软件

3.3.12 操作与练习

(1)改变计算机显示器的分辨率，如果当前分辨率为1 920×1 080，则改为1 600×900，否则改为1 024×768。

(2)打开写字板应用程序，输入下列矩形框中的所有内容，并以文件Text1.rtf保存在D盘根目录下。

> 常用符号的输入方法
>
> ①各种输入法之间的选择。按【Ctrl＋空格】组合键实现中/英文之间的快速切换，按【Ctrl＋Shift】组合键实现各种输入法之间的切换，按【Shift＋空格】组合键实现全角/半角之间的切换，按【Ctrl＋句号】组合键实现中/英文标点符号之间的切换。
>
> ②输入如下内容：123456ABCDEF（１２３４５６ＡＢＣＤＥＦ），注意半角与全角的区别。
>
> ③输入如下特殊符号：标点符号〖〗、【】、「」、『』；数学序号Ⅰ、Ⅱ、Ⅲ、Ⅳ、Ⅴ、①、②、③、④、⑤；数学符号≈、≌、∽、√；特殊符号☆、★、※、→、←。

(3)设置Windows的长时间样式为HH:mm:ss，上午为AM形式，下午为PM形式，短日期格式为yyyy/M/d形式，货币符号为$形式。

(4)将实验2中D盘根目录下的文件夹MYSUB压缩成一个MYSUB.rar文件，并将该压缩文件直接以MYSUB为文件夹名解压到桌面上。

3.3.13 操作与练习的参考步骤

操作与练习(1)～(4)的参考步骤略。

实验 4

Windows 10 综合练习

4.1 实验目的

(1)熟练掌握 Windows 10 的基本操作,如桌面、任务栏、快捷方式、搜索等。

(2)熟练掌握 Windows 10 文件及文件夹的管理方法,如文件及文件夹的新建、复制、移动、重命名、属性设置、删除等。

(3)熟练掌握 Windows 10 控制面板的设置方法。

4.2 实验内容

(1)Windows 10 的基本操作。

(2)Windows 10 文件及文件夹的管理方法。

(3)Windows 10 控制面板的设置方法。

4.3 实验操作步骤

4.3.1 操作与练习

Windows 10 综合练习

假设当前系统的考生文件夹为 D:\EXAM\123456789011,完成以下操作。

(1)将考生文件夹的 FAX 文件夹下的 TEST. fax 文件删除。

(2)在考生文件夹的 GOOD 文件夹下建立一个文件夹 TEST。

(3)将考生文件夹的 DAT 文件夹下的 TEST. dat 文件复制到考生文件夹的 HLPWIN 文件夹下,更名为 TEST. dll,并将其属性设置为只读。

(4)将考生文件夹的 WARN 文件夹下的 TEST. dat 文件移动到考生文件夹的 DAT 文件夹下。

(5)将考生文件夹的 COM 文件夹下的 TEST. asm 文件更名为 TEST. txt。

(6)在库中建立一个新库,命名为 Study,并向其添加文件夹 D:\EXAM。

(7)清空回收站。

(8)设置个性化主题"Windows(浅色主题)",并设置屏幕保护程序为"气泡"。

(9)利用任务栏中的"搜索"功能查找系统提供的应用程序 Notepad. exe,在桌面上建立其快捷方式,并将该应用程序固定到任务栏中。

(10)将任务栏设置为自动隐藏。

(11)设置数字分组格式为 12,34,56,789,货币符号为 $ 。

(12)全屏幕截图,并将截图以文件名 Screen. png 保存在桌面上。

4.3.2 操作与练习的参考步骤

文件和文件夹的操作主要是在"文件资源管理器"窗口中完成的,目标文件和文件夹位于考生文件夹下。要定位到考生文件夹,其操作步骤是右击"开始"按钮,在弹出的"开始"菜单中选择"文件资源管理器"命令,弹出"文件资源管理器"窗口。在窗口左侧导航窗格中双击 D 盘,弹出下一级子文件夹。在下一级子文件夹中双击 EXAM,弹出下一级子文件夹,再双击下一级子文件夹 123456789011,进入考生文件夹。在窗口右侧的内容窗格中显示的内容即为考生文件夹中的资源。实验中若无考生文件夹,请根据指导老师的介绍下载相应文件并建立该文件夹。

每题可能有多种操作方法,读者可根据自身需要选择相应的操作方法,请自行尝试。

1. 操作与练习(1)的参考步骤

(1)在"文件资源管理器"窗口的右侧内容窗格中双击文件夹 FAX,进入下一级子文件夹。

(2)右击文件 TEST. fax,在弹出的快捷菜单中选择"删除"命令,弹出删除确认对话框,单击"是"按钮,文件 TEST. fax 被移到回收站。

2. 操作与练习(2)的参考步骤

(1)单击"文件资源管理器"窗口地址栏中的"后退"按钮,返回到上一级文件夹123456789011。

(2)在右侧内容窗格中双击文件夹 GOOD,进入下一级子文件夹。

(3)在右侧内容窗格中的任意空白处右击,在弹出的快捷菜单中选择"新建"子菜单中的"文件夹"命令,生成一个新文件夹。

(4)输入文件夹名称 TEST,按【Enter】键。

3. 操作与练习(3)的参考步骤

(1)通过前面介绍的方法,在"文件资源管理器"窗口右侧的内容窗格中定位到文件夹 DAT。

(2)选定文件 TEST. dat,按【Ctrl+C】组合键。

(3)定位到文件夹 HLPWIN。

(4)按【Ctrl+V】组合键。

(5)观察文件的扩展名是否显示出来(文件资源管理器在显示文件名时,其扩展名默认为隐藏)。若文件的扩展名没有显示出来,则需要在重命名之前显示其扩展名。在"查看"选项卡"显示/隐藏"组中勾选"文件扩展名"复选框,或者通过"文件夹选项"对话框设置。文件 TEST. dat 的扩展名将显示出来。

(6)右击文件 TEST. dat,在弹出的快捷菜单中选择"重命名"命令,输入文件名 TEST. dll,在弹出的"重命名"对话框中单击"是"按钮。

(7)右击文件 TEST. dll，在弹出的快捷菜单中选择“属性”命令，弹出“TEST. dll 属性”对话框，勾选“只读”复选框，单击“确定”按钮。

4. 操作与练习(4)的参考步骤

(1)定位到文件夹 WARN。

(2)右击文件 TEST. dat，在弹出的快捷菜单中选择“剪切”命令，或者按【Ctrl+X】组合键。

(3)定位到文件夹 DAT。

(4)在右侧内容窗格的任意空白处右击，在弹出的快捷菜单中选择“粘贴”命令，或者按【Ctrl+V】组合键。

5. 操作与练习(5)的参考步骤

参考“操作与练习(3)的参考步骤”，由于当前“文件资源管理器”窗口中的文件已显示文件扩展名，所以可直接进行重命名操作。

6. 操作与练习(6)的参考步骤

(1)在“文件资源管理器”窗口中，右击左侧导航窗格中的“库”按钮。

(2)在弹出的快捷菜单中选择“新建”子菜单中的“库”命令，在右侧的内容窗格中将显示新建的库，直接输入库名 Study，按【Enter】键。

(3)在右侧内容窗格中双击 Study 库，进入该库，单击“包括一个文件夹”按钮，在打开的对话框中选择文件夹。选择 D 盘根目录下的文件夹 EXAM，然后单击“加入文件夹”按钮。

7. 操作与练习(7)的参考步骤

(1)双击桌面上的“回收站”图标，打开“回收站”窗口。

(2)单击“管理”→“回收站工具”选项卡“管理”组中的“清空回收站”命令，弹出“删除多个项目”对话框，单击“是”按钮。

8. 操作与练习(8)的参考步骤

(1)在桌面任意空白处右击，在弹出的快捷菜单中选择“个性化”命令，弹出“个性化”窗口。

(2)在左侧“个性化”列表中单击“主题”按钮，打开“主题”设置窗口。

(3)在“更改主题”栏中单击“Windows(浅色主题)”。

(4)在左侧“个性化”列表中单击“锁屏界面”按钮，然后在右侧窗格中单击“屏幕保护程序设置”按钮，弹出“屏幕保护程序设置”对话框，在“屏幕保护程序”下拉列表中选择“气泡”，其余取默认值，单击“确定”按钮。

9. 操作与练习(9)的参考步骤

(1)单击“开始”按钮右侧的搜索框，在搜索框中输入文件名 Notepad. exe，系统将自动进行搜索。

(2)右击搜索结果中的文件 Notepad. exe，在弹出的快捷菜单中选择“打开文件所在的位置”命令。

(3)在“文件资源管理器”窗口的内容窗格中右击文件 Notepad. exe，在弹出的快捷菜单中选择“发送到”子菜单中的“桌面快捷方式”命令。

(4)在“文件资源管理器”窗口的内容窗格中右击文件 Notepad. exe，在弹出的快捷菜单中选择“固定到任务栏”命令。

10. 操作与练习(10)的参考步骤

(1)右击任务栏任意空白处,在弹出的快捷菜单中选择“任务栏设置”命令,弹出“任务栏”设置窗口。

(2)将窗口右侧的“在桌面模式下自动隐藏任务栏”设置为“开”状态。

11. 操作与练习(11)的参考步骤

(1)打开“控制面板”窗口,如果为“类别”显示方式,则单击“时钟和区域”下面的“更改日期、时间或数字格式”按钮,弹出“区域”对话框;或者在“控制面板”窗口中单击“时钟和区域”按钮,在打开的窗口中单击“区域”按钮或下方的“更改日期、时间或数字格式”按钮,也可弹出“区域”对话框。如果控制面板为“大图标”或“小图标”显示方式,则单击“区域”按钮。

(2)在“区域”对话框中,单击“格式”选项卡,然后单击“其他设置”按钮,弹出“自定义格式”对话框。

(3)在“自定义格式”对话框中,单击“数字”选项卡,单击“数字分组”下拉按钮,在弹出的下拉列表中选择数字分组格式为 12,34,56,789。

(4)单击“货币”选项卡,在“货币符号”下拉列表中选择货币符号为 $ 。

(5)单击“确定”按钮,返回“区域”对话框,然后单击“确定”按钮使设置生效。

12. 操作与练习(12)的参考步骤

(1)单击“开始”按钮,在打开的“开始”菜单中选择“Windows 附件”子菜单中的“截图工具”,打开“截图工具”窗口。

(2)单击“截图工具”工具栏中的“模式”下拉按钮,在弹出的下拉菜单选择“全屏幕截图”命令,截图工具会自动截取当前屏幕,并显示在“截图工具”窗口中。

(3)单击“截图工具”窗口的“文件”菜单,选择“另存为”命令,弹出“另存为”对话框;或者单击工具栏中的“保存”图标,也可弹出“另存为”对话框。

(4)在“另存为”对话框中单击地址栏,选择“桌面”。在“文件名”文本框中输入 Screen,文件类型选择“可移植网络图形文件(PNG)”,单击“保存”按钮。

实验 5 Word 2019 基本操作

5.1 实验目的

(1)掌握 Word 的启动与退出。
(2)熟练掌握 Word 文档的创建和保存。
(3)熟练掌握 Word 文档的输入与编辑。
(4)熟练掌握字符格式、段落格式的设置。

5.2 实验内容

(1)Word 的启动与退出。
(2)Word 文档的创建。
(3)Word 文档的保存和打开。
(4)复制、移动、查找与替换等操作。
(5)字符格式、段落格式的设置。

5.3 实验操作步骤

5.3.1 Word 的启动与退出

1. Word 的启动

Word 的启动方法有很多,主要有以下 3 种。

(1)双击桌面上的 Word 快捷方式,打开 Word“首页”界面。在“首页”界面的右侧,单击“空白文档”按钮,进入 Word 操作环境并自动建立名为“文档 1”的空白文档。若选择其他模板,则可创建基于此模板的特定格式的文档。

(2)单击桌面左下角的“开始”按钮,在打开的“开始”菜单中,选择 Word,打开 Word“首页”界面,然后根据第一种方法创建一个空白文档。

(3)直接双击 Word 类型的文件,将以文件驱动的方式启动 Microsoft Office 软件并打开该 Word 文档。

2. Word 的退出

退出(关闭)Word 文档的方法主要有以下 3 种。

(1)单击 Word 窗口右上角的“关闭”按钮。这种方式既可以关闭当前打开的文档,又可以关闭 Microsoft Office 软件窗口;按【Alt+F4】组合键也可实现相同的操作。

(2)单击“文件”选项卡,选择“退出”命令。

(3)单击 Word 窗口左上角空白处,弹出控制菜单,选择“关闭”命令可退出 Word,或者双击控制菜单按钮也可退出 Word。

若 Word 文档的内容或格式被修改,则在退出之前 Word 将弹出一个提示对话框,用户可以根据需要单击“保存”、“不保存”或“取消”按钮。

5.3.2 Word 文档的创建

Word 文档的创建主要分为空白文档的创建和根据模板创建新文档。

1. 空白文档的创建

用户每次启动 Word 时,可按 5.3.1 小节中 Word 的启动方法创建一个空白文档。如果打开了一个 Word 文档,则单击“文件”选项卡,选择“新建”命令,在弹出的“新建”窗口中单击“空白文档”按钮来创建,或者按【Ctrl+N】组合键,也将自动生成一个新的空白文档。新文档的名称依次为文档 1、文档 2、文档 3 等。

2. 根据模板创建新文档

模板是一种拥有固定格式和内容的文档,用户选择模板文档后只需要填入或修改相应的内容即可制作出相当专业的文档,可以节省用户的编辑时间。Word 提供了丰富的模板,用户可根据需要进行选择。根据模板创建新文档的方法主要有以下两种。

(1)启动 Word,在打开的“首页”界面的右侧,拖动垂直滚动条,然后选择模板,该模板将在 Word 中打开,用户可以在模板的基础上再进行文档内容及格式的编辑。

(2)如果打开了一个 Word 文档,则单击“文件”选项卡,选择“新建”命令,在“新建”窗口中拖动滚动条,然后选择模板进行新文档的创建。

5.3.3 Word 文档的保存与打开

1. 保存 Word 文档

(1)保存新文档。对于创建的新文档,选择“文件”选项卡中的“保存”命令,或者单击快速访问工具栏中的“保存”按钮,或者按【Ctrl+S】组合键,将弹出“另存为”窗口。在该窗口中,可以选择新文档的保存位置,如最近(最近保存的位置)、OneDrive(云)、这台电脑和浏览。若单击“浏览”按钮,则弹出“另存为”对话框。在该对话框中可以设置文档的保存路径、文件名及保存类型。在左侧列表中选择文档的保存路径,在“文件名”文本框中输入文档名,在“保存类型”下拉列表中选择文件类型。单击“保存”按钮即可完成新文档的首次保存。

(2)保存已有文档。再次保存已保存过的文档时,直接单击“保存”按钮,将以原文件名保存在原位置。

(3)改变文档的名称或保存位置。选择“文件”选项卡中的“另存为”命令,弹出“另存为”窗口,选择文档的保存位置,在弹出的“另存为”对话框中按照首次保存文档的方式,更改文档名称或保存位置，然后单击“保存”按钮即可。

(4)设置文档密码。若需要对文档设置打开及修改权限密码，则可在“另存为”对话框中单击“工具”下拉按钮，在打开的下拉菜单中选择“常规选项”命令，打开“常规选项”对话框，在“打开文件时的密码”文本框和“修改文件时的密码”文本框中输入密码，单击“确定”按钮后会出现“确认密码”对话框；再次输入相同密码后，单击“确定”按钮返回，然后单击“保存”按钮进行保存。下次打开文档或修改文档内容时，需要输入密码进行验证后才能对文档进行后续操作。

(5)自动保存文档。在“另存为”对话框中单击“工具”下拉按钮，在打开的下拉菜单中选择“保存选项”命令，打开“Word 选项”对话框，或者选择“文件”选项卡中的“选项”命令，也可弹出“Word 选项”对话框。勾选“保存自动恢复信息时间间隔”复选框，在其后的数值框中设置间隔时间(在 1 到 120 分钟之间)，单击“确定”按钮即可。

2. 打开 Word 文档

打开 Word 文档的方法主要有以下 4 种。

(1)文件驱动方式打开。找到需要打开的 Word 文档，直接双击即可打开该文档。这种打开方式是在启动 Word 的同时打开文档，称为文件驱动方式打开。

(2)打开最近使用过的文档。选择“文件”选项卡中的“打开”命令，或者按【Ctrl＋O】组合键，弹出“打开”窗口。在窗口右侧列出了最近打开过的文档，单击所需的文档即可将其打开。

(3)打开指定文档。选择“文件”选项卡中的“打开”命令，在弹出的“打开”窗口中单击“浏览”按钮，显示“打开”对话框，在左侧目录窗格中找到需打开的文档所在的文件夹，然后选择要打开的文档，再单击“打开”按钮即可，或者直接双击文档也可打开它。

(4)同时打开多个文档的方法有以下两种。

①在“打开”对话框中，按住【Ctrl】键，逐个单击所需要的文档。如果需要打开的文档是连续的，则可以先单击第一个文档，按住【Shift】键再单击最后一个文档，从而选中多个文档。选择完成后，单击“打开”按钮即可实现多个文档的打开。

②在指定位置同时选择多个 Word 文档并右击，在弹出的快捷菜单中选择“打开”命令，可同时打开指定的多个 Word 文档。

5.3.4 复制、移动、查找与替换

1. 复制、移动与删除文本

(1)复制和移动文本。首先在文档中选择文本，其次复制或剪切文本，指定目标位置，最后粘贴文本。复制和移动文本的操作方法主要有以下几种。

①功能按钮。选择要复制或移动的文本后，单击“开始”选项卡“剪贴板”组中的“复制”按钮(实现文本复制)或“剪切”按钮(实现文本剪切)，然后将插入点移至目标位置，单击“粘贴”按钮即可。

②快捷菜单。选择要复制或移动的文本并右击，在弹出的快捷菜单中选择相应的命令实现文本操作。

③组合键。使用组合键可以方便地实现文本操作。【Ctrl＋C】组合键为复制操作，【Ctrl＋X】组合键为剪切操作，【Ctrl＋V】组合键为粘贴操作。

④鼠标左键拖动。选择要移动的文本并按住鼠标左键不放，拖动鼠标指针到目标位置，再松开鼠标左键，实现移动操作。如果按住【Ctrl】键，再拖动鼠标指针到目标位置，则实现复制操作。

⑤鼠标右键拖动。选择要移动的文本，然后右击并按住鼠标右键不放，拖动鼠标指针到目标位置，再松开鼠标右键，在弹出的快捷菜单中选择“复制到此位置”或“移动到此位置”命令可实现复制或移动操作。

(2)删除文本。若要删除文档中输入错误或冗余的内容，可以通过以下方法实现：直接按【Backspace】键删除插入点之前的文本，或者按【Delete】键删除插入点之后的文本，或者选择要删除的文本，按【Backspace】键或【Delete】键。

(3)无格式粘贴的操作方法有以下两种。

①进行复制或剪切操作后，将插入点移到目标位置，单击“开始”选项卡“剪贴板”组中的“粘贴”下拉按钮，在弹出的下拉菜单中单击“粘贴选项”中的“只保留文本”图标；或者选择下拉菜单中的“选择性粘贴”命令，弹出一个对话框，在“形式”列表框中选择“无格式文本”，单击“确定”按钮即可。

②进行复制或剪切操作后，将插入点移到目标位置并右击，在弹出的快捷菜单中单击“粘贴选项”中的“只保留文本”图标即可。

(4)撤销与恢复。实现撤销或恢复操作主要有以下两种方法。

①单击快速访问工具栏中的“撤销”或“恢复”按钮。每单击一次，撤销或恢复一次操作，可多次撤销或恢复。

②按组合键实现。【Ctrl＋Z】组合键为撤销操作，【Ctrl＋Y】组合键为恢复操作。

2. 查找与替换

1)查找

查找分为导航窗格查找和对话框查找。

(1)导航窗格查找的操作方法如下。

①单击“开始”选项卡“编辑”组中的“查找”按钮，或者选择“查找”下拉菜单中的“查找”命令，在编辑区的左侧弹出“导航”窗格。按【Ctrl＋F】组合键，或者勾选“视图”选项卡“显示”组中的“导航窗格”复选框，也可显示“导航”窗格。

②在“导航”窗格的文本框中输入要查找的内容，文档中将自动以黄底形式显示查找的所有结果。“导航”窗格中将显示查找到的结果数量。通过单击“导航”窗格中的上、下三角图标，可实现在查找结果中向前或向后逐项查看。

(2)对话框查找。对话框查找是一种高级查找方法，其查找对象多样，查找方法灵活。

首先需要打开“查找和替换”对话框。单击“开始”选项卡“编辑”组中的“查找”下拉按钮，选择下拉菜单中的“高级查找”命令，弹出“查找和替换”对话框，单击“查找”选项卡，如图5-1(a)所示；或者按【Ctrl＋H】或【Ctrl＋G】组合键，也可弹出“查找和替换”对话框。

然后进行内容的查找。在“查找内容”文本框内输入要查找的内容，单击“查找下一处”按钮开始查找，如果找到相匹配的文字，则文字会以灰底形式显示。单击“查找下一处”按钮继续往后查找，单击“查找上一处”按钮则往前查找，单击“关闭”按钮结束本次的查找操作。若在“阅读突出显示”按钮的下拉菜单中选择“全部突出显示”选项，则可以把查找范围内的所有符合条件的对象以黄底突出显示。在“在以下项中查找”按钮的下拉菜单中可以选择“主文档”“页眉和页脚”“主文档中的文本框”选项进行查找范围设置。

单击“更多”按钮，对话框范围得到扩展，如图 5-1(b)所示，可以设置搜索范围及查找条件。

(a) (b)

图 5-1 “查找和替换”对话框

2)替换

“替换”功能用来实现对指定的内容先查找，然后用另外的内容进行替代的操作。在文档中需要对多次重复的内容进行修改时，利用“替换”功能可以大大提高操作效率，尤其对于长文档操作非常有用。单击“替换”按钮，实现单次替换操作，即逐个替换。可多次单击“替换”按钮，实现多次替换操作。“全部替换”按钮用来实现在全文中搜索并一次性全部替换。

5.3.5 字符格式与段落格式的设置

1. 设置字符格式

设置字符格式的操作步骤为首先选择文本，然后直接单击相应的按钮或命令，所见即所得。字符格式的设置方法主要有以下 3 种。

(1)功能区字符格式按钮。在“开始”选项卡“字体”组中显示了众多的字符格式按钮，如图 5-2(a)所示，包括“字体”“字号”“增大字号”“减小字号”“加粗”“倾斜”等。

(2)浮动工具栏。在 Word 文档中选择要设置格式的文本后，将自动出现一个浮动工具栏，该工具栏包含常用的字符格式，如“字体”“字号”“加粗”等，如图 5-2(b)所示。

(3)“字体”对话框。“字体”对话框包括所有的字符格式，借助这个对话框，可以对选择的文本进行详细的字符格式设置。打开“字体”对话框的方法：单击“开始”选项卡“字体”组右侧的对话框启动器按钮，弹出“字体”对话框，如图 5-2(c)、图 5-2(d)所示。该对话框中包含“字体”和“高级”两个选项卡。“字体”选项卡中包含“中文字体”“西文字体”“字形”“字号”“所有文字”“效果”的设置，“高级”选项卡中包含“缩放”“间距”“位置”等的设置。选择要编辑的文本并右击，在弹出的快捷菜单中选择“字体”命令，也可以打开“字体”对话框。

2. 设置段落格式

设置段落格式的操作步骤为首先选择若干个段落，然后直接单击相应的按钮或命令，所见

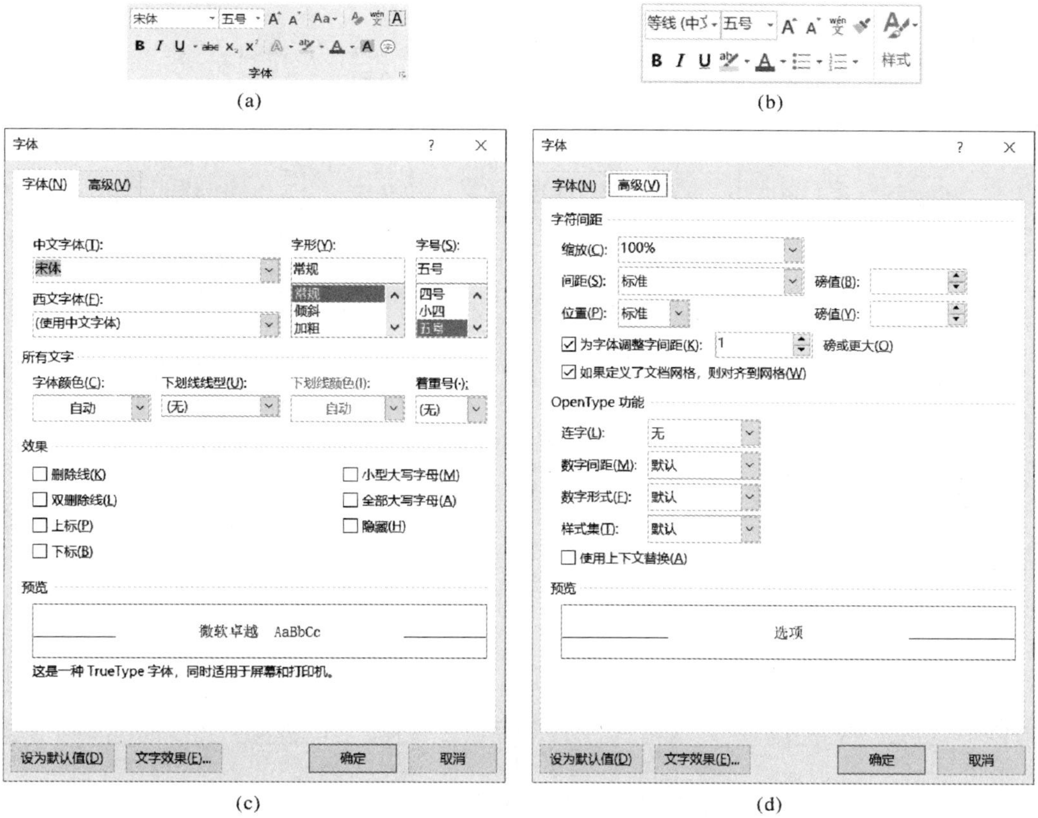

图 5-2 字符格式按钮及“字体”对话框

即所得。对于单个段落，只需将插入点放在要设置段落格式的段落中的任意位置，对于多个段落则必须选择全部段落。段落格式的设置方法主要有以下 3 种。

(1)功能区段落格式按钮。在“开始”选项卡“段落”组中显示了众多的段落格式按钮，如图 5-3(a)所示，包括“减少缩进量”“增加缩进量”“左对齐”“居中”“右对齐”“行和段落间距”等。对于段落的“左缩进”“右缩进”“段前距”“段后距”，还可以通过“布局”选项卡“段落”组中的按钮实现，如图 5-3(b)所示。

(2)“段落”对话框。“段落”对话框包括所有的段落格式，借助这个对话框，可以对插入点所在段落或选择的多个段落进行详细的段落格式设置。打开“段落”对话框的方法：单击“开始”选项卡“段落”组右侧的对话框启动器按钮，弹出“段落”对话框，如图 5-3(c)～图 5-3(e)所示。“缩进和间距”选项卡包含“常规”“缩进”“间距”的设置，“换行和分页”选项卡包含“分页”“格式化例外项”“文本框选项”的设置，“中文版式”选项卡包含“换行”“字符间距”“文本对齐方式”的设置。

(3)标尺。Word 文档中的标尺分为水平标尺和垂直标尺，并且默认为隐藏。勾选“视图”选项卡“显示”组中的“标尺”复选框，可显示标尺，反之可隐藏标尺。水平标尺上提供了“左缩进”“右缩进”“首行缩进”“悬挂缩进”等按钮，拖动按钮可进行相应的段落格式设置。垂直标尺主要用来设置表格的行距。

3. 格式刷

在编辑 Word 文档时，若需要对文档中大量的内容重复设置相同的格式(字符格式、段落

图 5-3 段落格式按钮及“段落”对话框

格式、项目符号和编号等），则可以利用功能强大的格式刷来实现。格式刷的使用方法如下：选择文档中带格式的内容（可以是某个字符、段落或某张图等），单击“开始”选项卡“剪贴板”组中的“格式刷”按钮，此时鼠标指针将变成带刷子的光标，在目标内容上拖动光标，实现格式复制，该方法仅实现一次格式复制。如果要将格式进行多次复制，则需要双击“格式刷”按钮，然后就可以复制相同的格式到不同的内容或段落中，直到再次单击“格式刷”按钮或对文档中内容进行修改或按【Esc】键时，可以退出格式刷状态。

5.3.6 操作与练习

Word 2019 基本操作

（1）创建一个 Word 文档，输入下列矩形框中的文本内容，以文件名“学号红船.docx”保存。例如，将文档 2023338822201 红船.docx 保存在文件夹 D:\MyWord 中。若无此文件夹，则新建该文件夹。

> 第 1 章　红船起航
>
> 1.1　嘉兴南湖
>
> 南湖历来是江南著名的游览胜地，以前湖中多画舫、精舫、唱曲船、丝网船、网船、挡板船、赤壁（膊）船、小洋船、公渡船，以供游客游湖。
>
> 嘉兴南湖，旧称陆渭池，又称马场湖、滮湖，位于浙江省嘉兴市南湖区，地处嘉兴市城东南部，由运河各渠汇流而成，上承长水塘和海盐塘，下泄于平湖塘和长纤塘，南湖四周地势低平，河港纵横。整个湖南北长，东西狭，水域面积约 624 亩，水深 2 至 4 米。

(2)打开指定的文件“红船由来.pdf”,将其中的内容复制到第(1)题生成的文档的末尾,并另起一段,对这部分文档内容进行如下操作。

①删除其中的空格。

②除文本“1.2 红船由来”独立成段外,将复制过来的内容合并为一段,以原文件名保存。

(3)将“1.1 嘉兴南湖”下面的两段文字交换位置。

(4)按下列要求进行字符格式、段落格式的设置。

①将标题“第1章 红船起航”设置为楷体、三号、加粗并居中,段前距及段后距均为0.5行。

②除标题“第1章 红船起航”外,其余内容设置为宋体、小四,段首空2字符,左、右各缩进2字符,1.5倍行距。

③将正文开始的段落,即“嘉兴南湖,旧称陆渭池……”,设置首字下沉2行。

(5)将全文中所有的字符“红船”设置为红色、加粗。

(6)保存文档,并另存为同名的PDF文件。

5.3.7 操作与练习的参考步骤

根据操作与练习中的要求,现介绍相关的操作步骤。当然,同一要求有不同的实现方法,这里仅提供比较常规的操作步骤,读者可根据需要选择或按自己的方法操作,只要能够达到相同的目的即可。

1. 操作与练习(1)的参考步骤

(1)双击桌面上的Word快捷方式,打开Word“首页”界面,如图5-4(a)所示。在Word“首页”界面的右侧,单击“空白文档”按钮,进入Word工作界面并自动建立名为“文档1”的空白文档,如图5-4(b)所示,或者采用其他方法启动Word并创建一个空白文档。

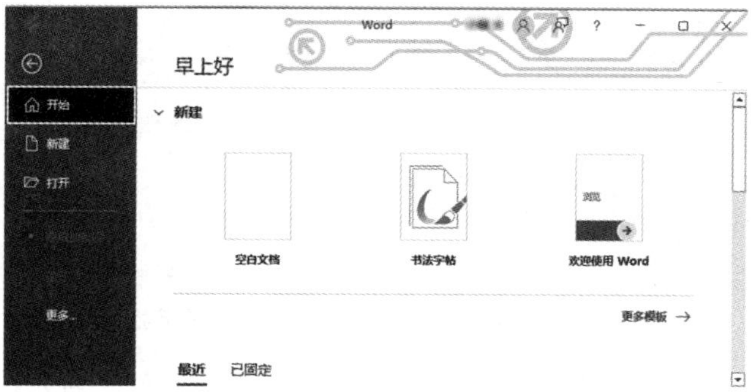

(a)

(b)

图 5-4 Word“首页”界面与“文档1”窗口

(2)选择一种输入法,在“文档 1”窗口中输入文本内容。输入完成后,文档 1 的内容如图 5-5 所示。

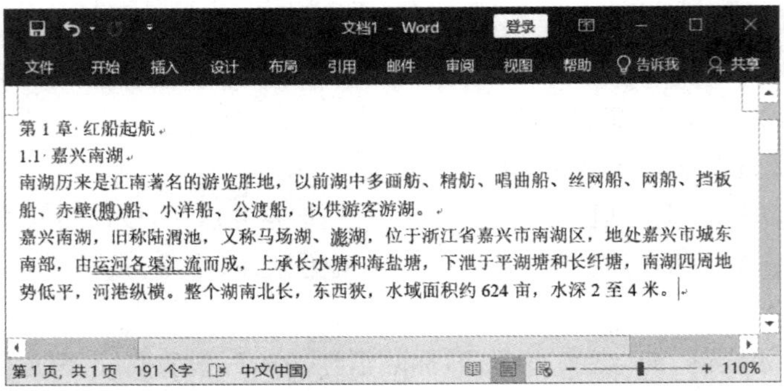

图 5-5 文档 1 的内容

(3)选择“文件”选项卡中的“保存”命令,或者单击快速访问工具栏中的“保存”按钮,或者按【Ctrl＋S】组合键,弹出“另存为”窗口,如图 5-6(a)所示。单击“浏览”按钮,弹出“另存为”对话框,如图 5-6(b)所示。在该对话框中可以设置文档的保存路径、文件名及保存类型。在左侧列表中选择保存路径为 D:\MyWord。若该文件夹不存在,则单击左侧列表中的 D 盘以确定保存位置,然后单击“另存为”对话框功能区中的“新建文件夹”按钮,在 D 盘根目录下新建一个名为“新建文件夹”的文件夹,将其重命名为 MyWord 即可。

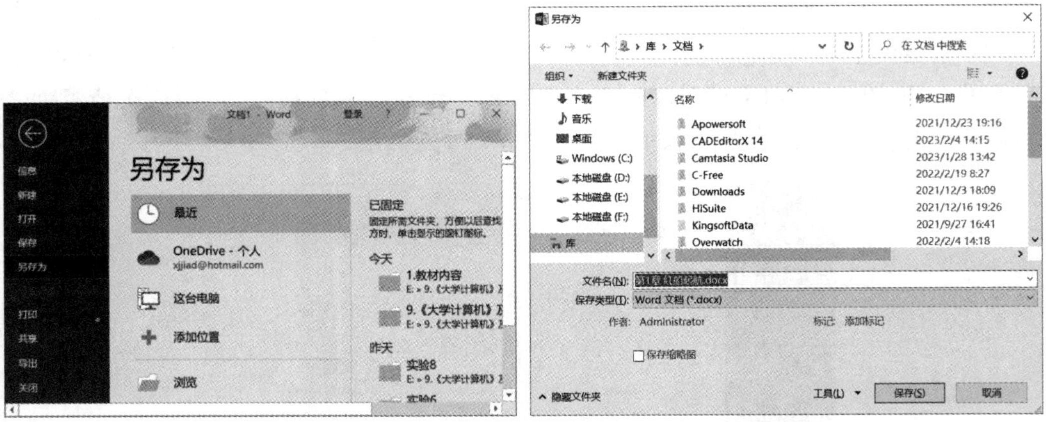

图 5-6 “另存为”窗口和“另存为”对话框

(4)确定好文件的保存位置后,在“另存为”对话框的“文件名”文本框中输入文档名“2023338822201 红船”,在“保存类型”下拉列表中选择“word 文档(＊.docx)”。单击“保存”按钮即可完成文档的保存。

2. 操作与练习(2)的参考步骤

(1)找到文件“红船由来.pdf”,然后双击打开该文件,按【Ctrl＋A】组合键选择全文,按【Ctrl＋C】组合键复制全文。将插入点定位在第(1)题生成的文档的末尾并另起一段(按【Enter】键),按【Ctrl＋V】组合键粘贴。

(2)选择复制过来的内容,即从“1.2 红船由来”直到文末,通过替换操作删除所选择内容中的所有空格,操作步骤如下。

①单击“开始”选项卡“编辑”组中的“替换”按钮,弹出“查找和替换”对话框。

②在“查找内容”文本框内按一次【Space】键,即查找单个空格。

③“替换为”文本框内不用输入任何内容，如图 5-7(a)所示。

④单击“全部替换”按钮，弹出确认提示框，如图 5-7(b)所示，单击“否”按钮返回。

⑤单击“查找和替换”对话框中的“取消”按钮退出。

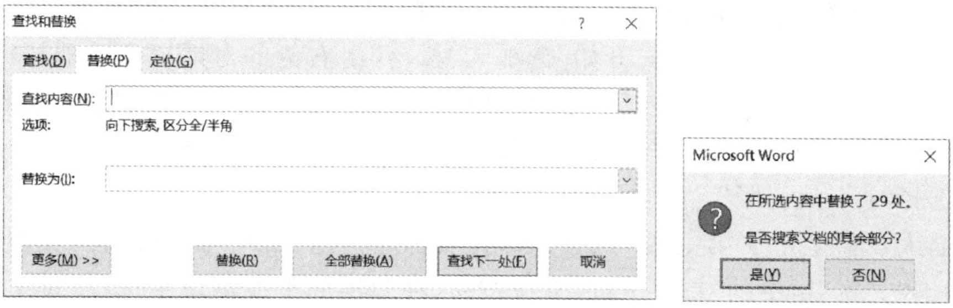

(a) (b)

图 5-7 “查找和替换”对话框与确认提示框

(3)选择的内容被粘贴在指定位置后，默认形成一个段落。如果形成的是多个段落，则可通过删除段落标志将其合并为一个段落。单击“开始”选项卡“段落”组中的“两端对齐”按钮，使插入内容的段落格式为两端对齐。将插入点定位在“1.2 红船由来”编号的“1.2”后，按【Space】键输入一个空格，然后将插入点定位在“1.2 红船由来”末尾处，按【Enter】键分段，操作结果如图 5-8 所示。

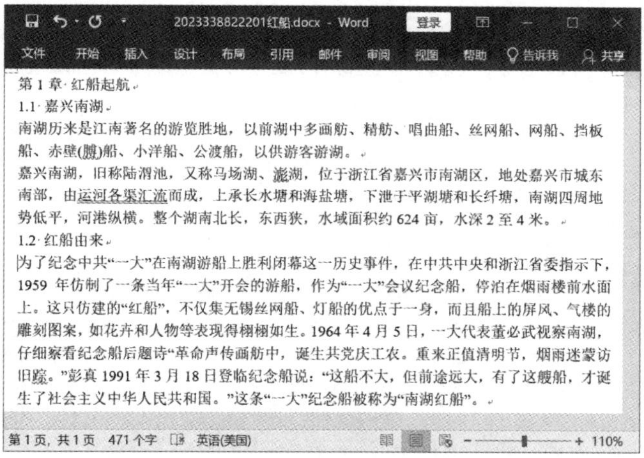

图 5-8 练习(2)的操作结果

(4)按【Ctrl+S】组合键进行保存。

3. 操作与练习(3)的参考步骤

(1)将光标指向正文第一段(即“南湖历来是江南著名的……”)左侧的选定栏，双击选择该段。

(2)将光标指向选择文本的任意区域，按住鼠标左键并拖到“1.2 红船由来”左侧再松开鼠标左键，则选择的段落将被移到指定位置。或者，先选择第二段文本，然后将其拖到第一段文本“南湖历来是江南著名的……”段首，也可实现两个段落的交换，或者通过“剪切”与“粘贴”操作实现。

4. 操作与练习(4)的参考步骤

(1)选择标题内容“第 1 章 红船起航”，单击“开始”选项卡“字体”组中的“字体”下拉按钮，在打开的下拉列表中选择“楷体”，字号选择“三号”，单击“加粗”按钮，单击“居中”按钮。单击

“行和段落间距”下拉按钮，在弹出的下拉菜单中选择“行距选项”命令，弹出“段落”对话框，在“段前”数值框中选择或直接输入 0.5 行，在“段后”数值框中选择或直接输入 0.5 行，单击“确定”按钮，关闭“段落”对话框。

（2）除标题“第 1 章 红船起航”外，拖动光标选择其余内容，在“开始”选项卡“字体”组中，设置字符格式为宋体、小四。单击“开始”选项卡“段落”组右侧的对话框启动器按钮，打开“段落”对话框。在“缩进”选项组的“左侧”数值框中选择或输入 2 字符，在“右侧”数值框中选择或输入 2 字符。单击“特殊格式”下拉按钮，在打开的下拉列表中选择“首行缩进”，缩进值设为 2 字符，行距选择“1.5 倍行距”。单击“确定”按钮，关闭“段落”对话框。

（3）将插入点移至正文第一段（“嘉兴南湖，旧称陆渭池……”所在段落）任意位置。单击“插入”选项卡“文本”组中的“首字下沉”下拉按钮，在弹出的下拉菜单中选择“首字下沉选项”命令，弹出“首字下沉”对话框，如图 5-9(a)所示，在“位置”列表中选择“下沉”，下沉行数设置为 2，单击“确定”按钮完成操作。

（4）操作结果如图 5-9(b)所示。

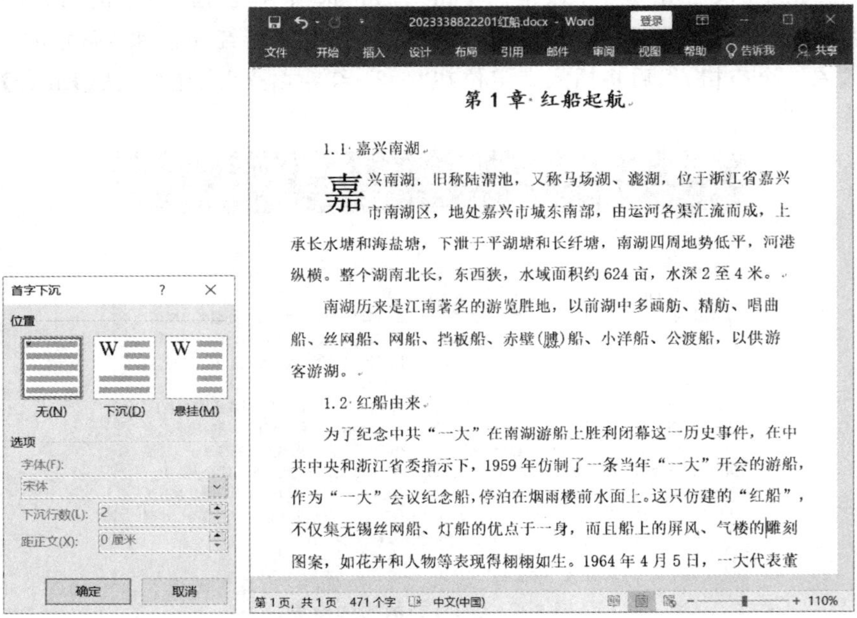

(a) (b)

图 5-9 “首字下沉”对话框及其操作结果

5. 操作与练习(5)的参考步骤

（1）单击“开始”选项卡“编辑”组中的“替换”按钮，弹出“查找和替换”对话框，单击“替换”选项卡。

（2）在“查找内容”文本框内删除原有内容，输入要查找的内容“红船”。

（3）在“替换为”文本框内输入替换的内容“红船”。单击“更多”按钮，对话框得到扩展。单击“格式”下拉按钮，在弹出的下拉菜单中选择“字体”命令，弹出“替换字体”对话框。该操作表示对替换的内容进行格式设置。

（4）在“替换字体”对话框中，颜色选择“红色”，字形选择“加粗”，单击“确定”按钮，返回“查找和替换”对话框，如图 5-10(a)所示。

(5)单击“全部替换”按钮,实现将全文中的“红船”替换为红色、加粗的“红船”,并弹出替换结果提示框,单击“确定”按钮返回。

(6)单击“查找和替换”对话框中的“取消”按钮退出。替换操作完成后,文档的操作结果如图 5-10(b)所示。

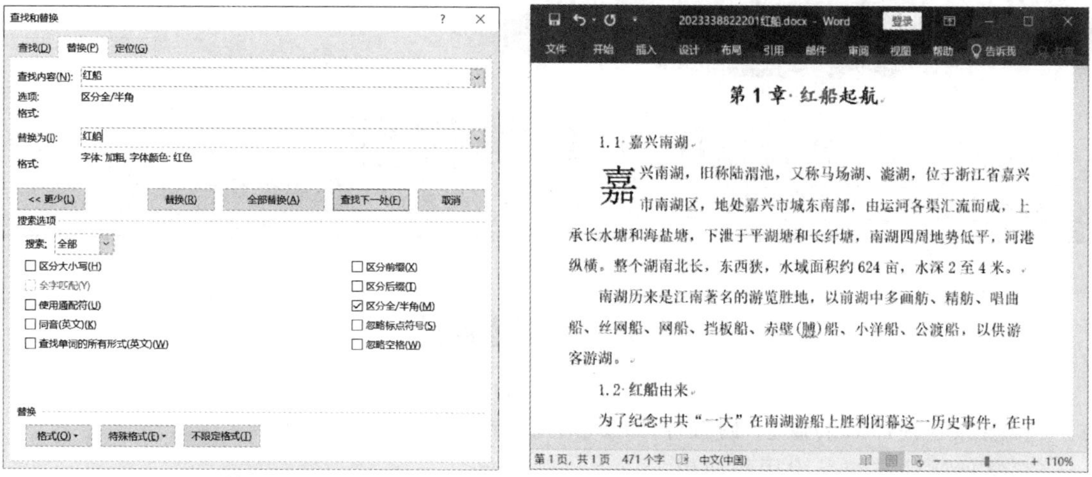

(a) (b)

图 5-10 “查找和替换”对话框及其操作结果

6. 操作与练习(6)的参考步骤

(1)单击快速启动工具栏中的“保存”按钮,或者按【Ctrl+S】组合键,或者选择“文件”选项卡中的“保存”命令,将以原文件名及原位置保存文档。

(2)选择“文件”选项卡中的“另存为”命令,弹出“另存为”窗口。单击“浏览”按钮,弹出“另存为”对话框,确定文档保存的位置及名称,保存类型选择“PDF(＊.pdf)”,单击“保存”按钮。

实验 6
Word 2019 文档排版

6.1 实验目的

(1)熟练掌握样式的概念、内置样式的应用、新样式的创建与应用。
(2)掌握题注与交叉引用的使用。
(3)熟练掌握边框与底纹的设置。
(4)掌握分节与分栏的设置。
(5)熟练掌握页眉与页脚的设置。
(6)熟练掌握目录的自动生成。

6.2 实验内容

(1)内置样式的使用,新样式的创建与应用。
(2)题注的建立,交叉引用的使用。
(3)边框与底纹的设置。
(4)页眉与页脚的设置。
(5)分节与分栏的设置。
(6)目录的操作。

6.3 实验操作步骤

6.3.1 样式

样式是被命名并保存的一系列格式的集合。在 Word 中,样式可分为内置样式和自定义样式。

1. 内置样式

在 Word 中,系统提供了多种类型的样式。单击“开始”选项卡,在“样式”组的“预设样式”库中显示了多种内置样式,其中“正文”“标题 1”“标题 2”等都是内置样式名称。单击“预设样式”库右侧的“其他”下拉按钮,在弹出的下拉菜单中也可以选择其他内置样式,如图 6-1(a)所示。

单击“开始”选项卡“样式”组右侧的对话框启动器按钮，打开“样式”任务窗格，如图 6-1(b)所示。样式名称后面带“a”符号的表示字符样式，带“↵”符号的表示段落样式。

(a) (b)

图 6-1 “样式”下拉菜单与“样式”任务窗格

2. 自定义样式

Word 为用户提供的内置样式能够满足常用文档格式设置的需要，但用户在实际应用中常常会遇到一些特殊格式的设置，当内置样式无法满足实际要求时，就需要创建自定义样式并应用。

(1)创建与应用新样式的操作步骤如下。

①单击“开始”选项卡“样式”组右侧的对话框启动器按钮，打开“样式”任务窗格。单击“样式”任务窗格下面的“新建样式”按钮，弹出“根据格式化创建新样式”对话框，如图 6-2 所示。

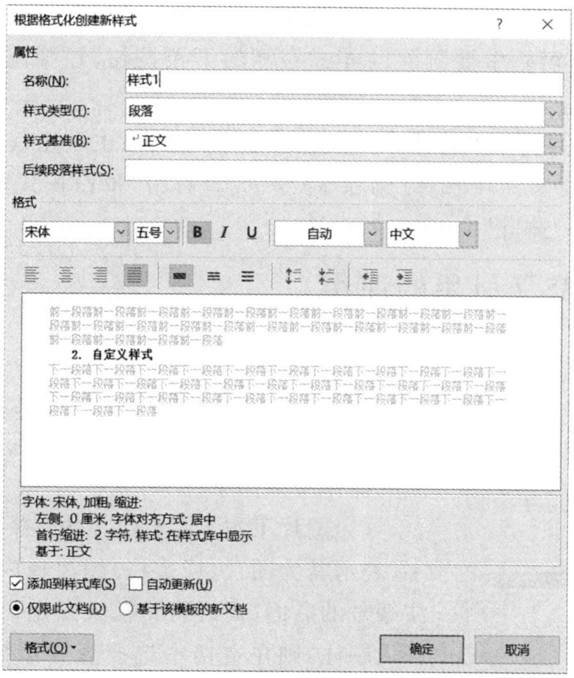

图 6-2 “根据格式化创建新样式”对话框

②在“名称”文本框中输入新样式的名称。

③“样式类型”下拉列表中有“段落”“字符”等样式，选择默认的“段落”样式。在“样式基

准”下拉列表中选择一个可作为基准的样式，一般选择“正文”。在“后续段落样式”下拉列表中为应用该样式段落的后续段落设置一个默认样式，一般取默认值。

④字符和段落格式可以在该对话框的“格式”选项组中设置，如字体、字号、对齐方式等；也可以单击“格式”下拉按钮，在弹出的下拉菜单中选择“字体”命令，在弹出的“字体”对话框中进行字符格式设置。设置好字符格式后，单击“确定”按钮返回。

⑤单击“格式”下拉按钮，在弹出的下拉菜单中选择“段落”命令，在弹出的“段落”对话框中进行段落格式设置。设置好段落格式后，单击“确定”按钮返回。

⑥在“格式”下拉菜单中还可以选择其他命令，将会弹出对应的对话框，然后可根据需要进行相应设置。在“新建样式”对话框中单击“确定”按钮，“预设样式”库中将会显示新创建的样式，“样式”任务窗格中也会显示创建的新样式。

将创建的新样式应用于文档正文的操作方法如下：将插入点置于正文第一段文本中的任意位置，单击“预设样式”库中的新样式，即可将该样式应用于所选段落；或者单击“样式”任务窗格中的新样式；也可以选择第一段文本，然后选择应用新样式。将此样式应用于其他段落的操作方法与之类似。

（2）修改样式。如果预设或创建的样式不能满足排版要求，则可以在此样式的基础上进行修改。修改样式操作适用于内置样式或自定义样式，操作步骤如下。

①单击“样式”任务窗格中要修改的样式右侧的下拉按钮，在弹出的下拉菜单中选择“修改”命令，弹出“修改样式”对话框；或者右击要修改的样式，在弹出的快捷菜单中选择“修改”命令；也可以右击“预设样式”库中要修改的样式，在弹出的快捷菜单中选择“修改”命令。

②在“修改样式”对话框中完成样式的修改，主要是字符格式和段落格式的修改。

③样式一经修改，应用此样式的所有段落的格式将自动更新。

（3）删除样式。删除创建的自定义样式的操作步骤如下。

①单击“样式”任务窗格中要删除的样式右侧的下拉按钮，在弹出的下拉菜单中选择“删除”命令。

②在弹出的对话框中单击“是”按钮，完成删除样式操作；也可用其他方法删除。右击要删除的样式，在弹出的快捷菜单中选择“删除”命令；或者右击“预设样式”库中要删除的样式，在弹出的快捷菜单中选择“删除”命令。

6.3.2 题注与交叉引用的使用

1. 题注

通常表格的题注位于表格的上方，图片的题注位于图片的下方，公式的题注位于公式的右侧。对文档中已有的表格、图表、公式或其他项目，添加题注的操作步骤如下。

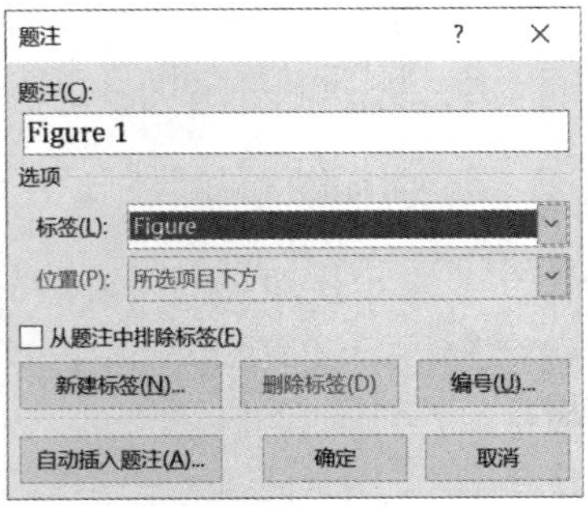

图 6-3 “题注”对话框

（1）图片下方（或表格上方）有较短的、独立的一行文字，表示其为图片（或表格）的注释内容，通常要将其放在题注编号的后面，此时可将插入点定位在该行文本的最左侧。若无题注，则在文档中选择想要添加题注的项目，如图片，建立题注后再输入注释内容。单击“引用”选项卡“题注”组中的“插入题注”按钮，弹出“题注”对话框，如图 6-3 所示。

（2）在“标签”下拉列表中选择一种标签，如图表、表格、公式等。若要新建标签,则单击"新建标签"按钮,在弹出的"新建标签"对话框中输入要使用的标签名称,如图、表等,单击"确定"按钮返回"题注"对话框,即可建立一个新的题注标签。

(3)单击"编号"按钮,弹出"题注编号"对话框,可以设置编号格式,也可以将编号和文档的章节序号联系起来。单击"确定"按钮返回"题注"对话框。

(4)如果是由插入点指定的题注位置,则"题注"对话框中的"位置"下拉列表框为灰色,即不可选状态;若第(1)步为选择图片(或表格),则可在"位置"下拉列表中选择"所选项目下方"或"所选项目上方",用来确定放置题注的位置。

(5)单击"确定"按钮,完成题注的添加,在插入点所在位置(或者所选项目的下方或上方)将会自动添加一个题注。

(6)其余题注的添加方法与之类似,区别是由于已经选择好了题注标签及编号格式,所以在"题注"对话框中均取默认值,单击"确定"按钮即可;或者将已生成题注的标签复制到要添加题注的文本处,按【F9】功能键进行题注编号的更新。

对于已添加的题注,用户可以根据需要修改题注的标签,也可以修改题注的编号格式,甚至删除标签。如果要修改文档中某一题注的标签,则需先选择该标签并按【Delete】键删除标签,再重新添加新题注。如果在"题注"对话框中单击"删除标签"按钮,则会将选择的标签从"题注"下拉列表中删除。Word 默认的图表、表格和公式或 Figure、Table、Equation 等标签不能被删除,只有新添加的标签才能被删除。

2. 交叉引用

在 Word 中,可以为标题、脚注、书签、题注、段落编号等项目创建交叉引用。下面以创建的题注为例介绍交叉引用。

(1)创建交叉引用。创建的交叉引用仅可引用同一文档中的项目,其项目必须已经存在。若要引用其他文档中的项目,则首先要将相应文档合并到该文档中。创建交叉引用的操作步骤如下。

①将光标移到要创建交叉引用的位置,单击"引用"选项卡"题注"组中的"交叉引用"按钮,或者单击"插入"选项卡"链接"组中的"交叉引用"按钮,弹出"交叉引用"窗口,如图 6-4 所示。

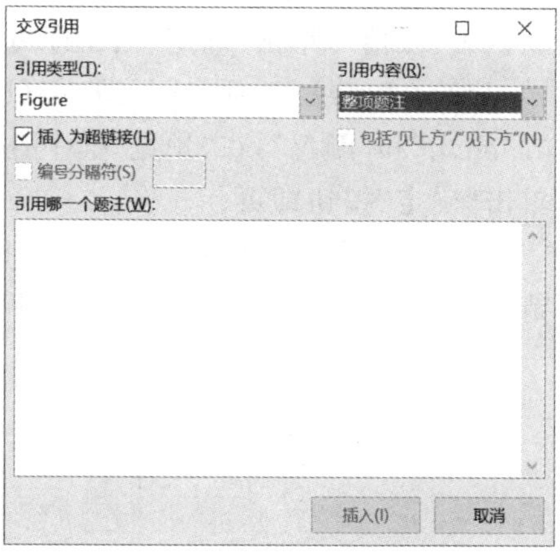

图 6-4 "交叉引用"窗口

②在"引用类型"下拉列表中选择要引用的项目类型,如图表、表格等。在"引用内容"下拉列表中选择要插入的信息内容,如整项题注、仅标签和标号、只有题注文字等,一般选择"仅标签和标号"。在"引用哪一个题注"列表框中选择要引用的题注,然后单击"插入"按钮。

③此时选择的题注编号将自动添加到文档中的指定位置。按照第②步的方法可继续选择其他题注,实现多个交叉引用的操作。完成插入题注后单击"关闭"按钮,退出交叉引用操作。

(2)更新交叉引用。如果文档中被引用项目发生了变化,例如添加、删除或移动了题注,则文档中部分题注编号可能会发生改变,交叉引用应随之改变,称为交叉引用的更新。可以更新一个或多个交叉引用,操作步骤如下。

①若要更新单个交叉引用,则选择该交叉引用;若要更新文档中所有的交叉引用,则选择整篇文档。

②右击所选对象，在弹出的快捷菜单中选择“更新域”命令，即可实现单个或所有交叉引用的更新；也可以选择要更新的交叉引用或整篇文档，按【F9】功能键实现交叉引用的更新。

6.3.3 边框与底纹的设置

1. 添加边框

当用户需要给文本或段落添加边框时，先选择文本或段落，然后单击“开始”选项卡“段落”组中的“边框”下拉按钮，弹出下拉菜单，可以根据需要设置上、下、左、右边框线或内、外边框线。

2. 添加底纹

添加底纹的方法和添加边框的方法类似，先选择要设置底纹的文本或段落，然后单击“开始”选项卡“字体”组中的“字符底纹”按钮，则为选择的文本或段落添加默认的字符底纹；或者单击“开始”选项卡“段落”组中的“底纹”下拉按钮，在弹出的下拉菜单中进行选择。

3. “边框和底纹”对话框

除前面介绍的添加边框和底纹的方法外，还可以利用“边框和底纹”对话框进行更加详细的设置。单击“开始”选项卡“段落”组中的“边框”下拉按钮，在弹出的下拉菜单中选择“边框和底纹”命令，弹出“边框和底纹”对话框，如图 6-5(a)所示。

(1)在“边框”选项卡[见图 6-5(a)]中可以进行边框的详细设置。边框的“类型”包括无、方框、阴影、三维、自定义等。若选择“无”，则代表删除边框。“样式”列表框的线型有单线、双线、点线等。可以在“颜色”和“宽度”下拉列表中选择边框的颜色和线宽。利用“预览”框外侧的按钮可设置上、下、左、右边框线，并可预览效果。在“应用于”下拉列表中选择“文字”或“段落”，默认为“段落”，单击“确定”按钮即可。

(2)在“底纹”选项卡[见图 6-5(b)]中可以设置“填充”颜色，也可以在“图案”选项组中设置“样式”和“颜色”，在“预览”框中查看效果，在“应用于”下拉列表中可选择“文字”或“段落”，单击“确定”按钮即可。

(3)在“页面边框”选项卡[见图 6-5(c)]中可以设置页面边框。页面边框是对整篇文档、本节所在页面进行的边框设置，所以不需要选择文本或段落，设置方法类似于段落边框的操作。

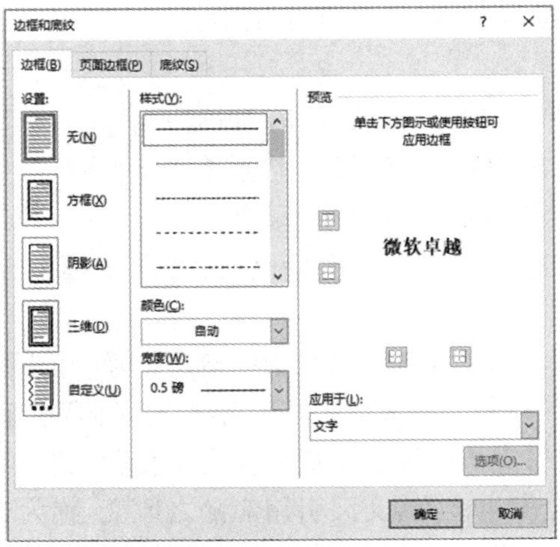

(a)

图 6-5 “边框和底纹”对话框

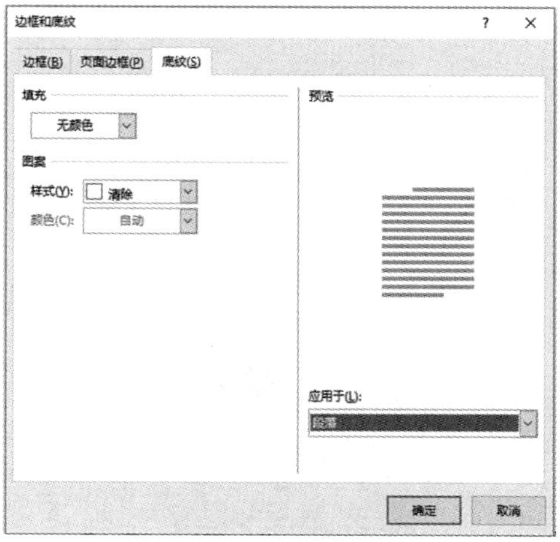

(b)

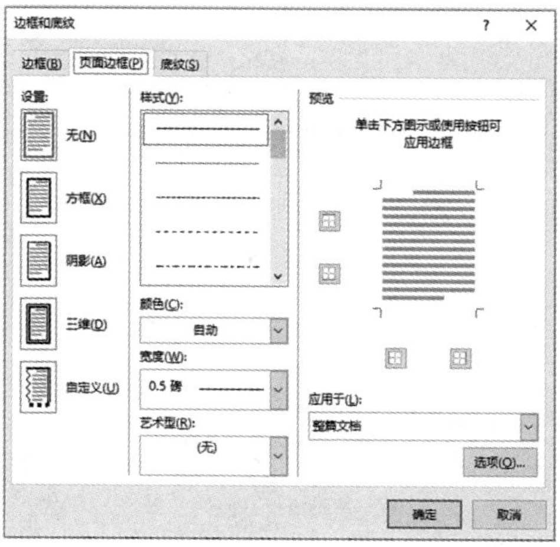

(c)

图 6-5 “边框和底纹”对话框(续)

6.3.4 分节与分栏的设置

1. 分节

为了实现对同一篇文档中不同的页面设置不同的格式,可以将整篇文档分成多个节,然后根据需要为每节设置不同的页面格式。插入分节符的操作步骤如下。

(1)将插入点移至需要插入分节符的位置,单击“布局”选项卡“页面设置”组中的“分隔符”下拉按钮,弹出下拉菜单,如图 6-6(a)所示。

(2)在下拉菜单的“分节符”中选择分节符的类型。

(3)通常选择分节符的类型为“下一页”,即在插入点处插入一个分节符,使分节符后面的内容自动显示在下一页中。

删除分节符与删除文档中字符的方法相同。例如,将插入点定位在分节符的前面,按【Delete】键。当删除一个分节符后,分节符前、后两段将合并成一段,新合并的段落格式遵循以下规则:对于文字格式,如字体、字号、颜色等,分节符前、后段落中的文字格式保持不变;对于段落格式,如行距、段前距、段后距等,合并后的段落格式与分节符前面的段落格式一致;对于页面设置格式,如页边距、纸张方向、纸张大小等,被删除分节符前面的页面将自动应用分节符后面的页面设置。

2. 分栏

在 Word 中,分栏用来实现在文档中以两栏或多栏方式显示选择的文档内容,分栏被广泛应用于报刊和杂志的排版中。在分栏的外观设置上,既可以控制栏数、栏宽及栏间距,又可以方便地设置分栏长度。分栏的操作步骤如下。

(1)选择要分栏的文本,单击“布局”选项卡“页面设置”组中的“栏”下拉按钮,在弹出的下拉菜单中选择一种分栏方式。

(2)“栏”下拉菜单中默认只能选择小于 4 栏的分栏效果,若在下拉菜单中选择“更多栏”命令,则弹出“栏”对话框,如图 6-6(b)所示。

(3)在该对话框中,可以设置栏数、栏宽、分隔线、应用范围等。设置完成后,单击“确定”按钮完成分栏操作。

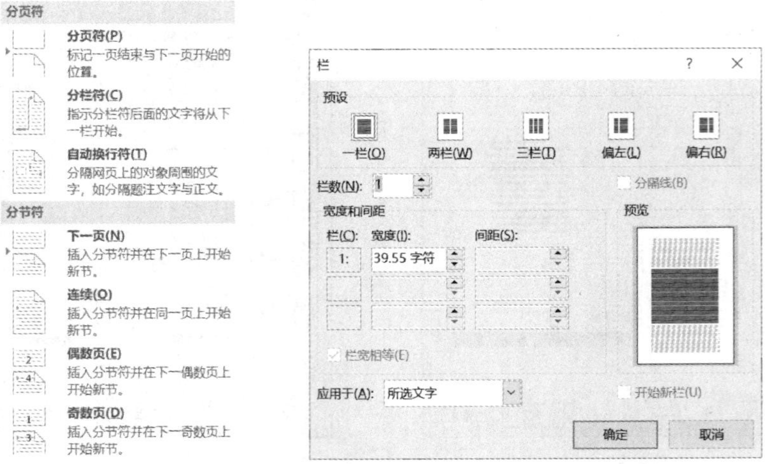

(a)　　　　　　　　(b)

图 6-6　“分隔符”下拉菜单及“栏”对话框

6.3.5　页眉与页脚的设置

添加或编辑页眉、页脚内容，需要进入页眉、页脚编辑状态，操作方法主要有以下两种。

(1)单击“插入”选项卡“页眉和页脚”组中的“页眉”、“页脚”或“页码”下拉按钮，然后在弹出的下拉菜单中选择其中某一项，插入点将自动定位在页眉或页脚处；同时出现“页眉和页脚工具”→“设计”选项卡，如图 6-7 所示。

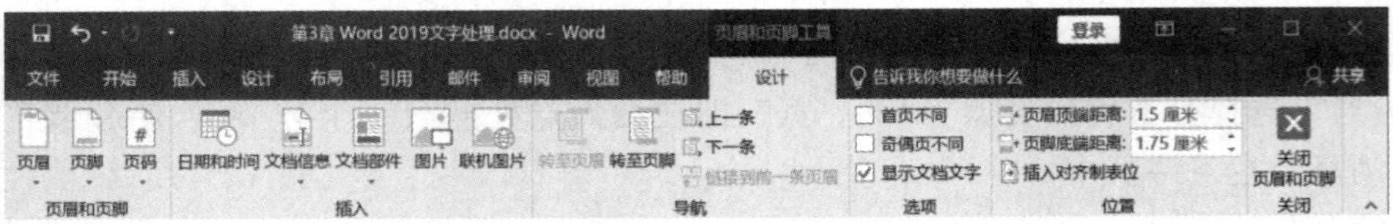

图 6-7　“页眉和页脚工具”→“设计”选项卡

(2)将光标指向文档中任意页的最上方靠近页边界处双击，可进入页眉编辑状态，或者将光标指向文档中任意页的最下方靠近页边界处双击，可进入页脚编辑状态。

退出页眉、页脚编辑状态的操作方法主要有以下两种。

(1)单击“页眉和页脚工具”→“设计”选项卡“关闭”组中的“关闭页眉和页脚”按钮，可返回到文档内容编辑状态。

(2)将光标指向文档内容的任意区域并双击，即可返回到文档内容编辑状态。

添加页眉或页脚、添加页码及删除页眉或页脚的操作方法分别如下。

1. 添加页眉或页脚

添加页眉或页脚，只需在文档某一页的页眉或页脚中输入相应的内容或插入图片即可，Word 将把它们自动添加到每一页中，操作步骤如下。

(1)进入页眉编辑状态后，在页眉处可以直接输入页眉内容，并且可以对页眉内容进行字符格式和段落格式的设置。

(2)单击“页眉和页脚工具”→“设计”选项卡“导航”组中的“转至页脚”按钮，或者直接单击页脚编辑区，插入点将定位到页脚编辑区，输入页脚内容，并且可以对页脚内容进行字符格式和段落格式的设置；也可以单击“页眉和页脚工具”→“设计”选项卡“页眉和页脚”组中的“页脚”下拉按钮，在弹出的下拉菜单中选择某种内置的页脚样式。

(3)页眉或页脚内容编辑完成后，双击正文任意位置，退出页眉或页脚编辑状态，或者用其他方法退出。

2. 添加页码

在 Word 文档中，页码可以放在页面顶端（页眉）、页面底端（页脚）、页边距或当前位置，通常放在文档的页眉或页脚处。插入页码的操作步骤如下。

(1)单击“插入”选项卡“页眉和页脚”组中的“页码”下拉按钮，弹出的下拉菜单如图 6-8(a)所示。

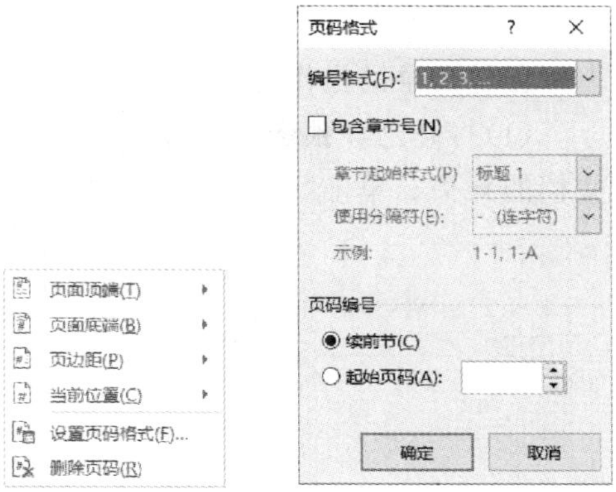

(a) (b)

图 6-8 “页码”下拉菜单及“页码格式”对话框

(2)在“页码”下拉菜单中，可以通过“页面顶端”、“页面底端”、“页边距”或“当前位置”子菜单的命令选择页码的样式。例如，选择“页面底端”子菜单的“普通数字 2”命令，将自动在页脚处居中显示阿拉伯数字样式的页码。

(3)可以对插入的页码格式进行修改。在页眉或页脚编辑状态下，单击“页眉和页脚工具”→“设计”选项卡“页眉和页脚”组中的“页码”下拉按钮，在弹出的下拉菜单中选择“设置页码格式”命令，弹出“页码格式”对话框，如图 6-8(b)所示。若不在页眉或页脚编辑状态，则可单击“插入”选项卡“页眉和页脚”组中的“页码”下拉按钮，在弹出的下拉菜单中选择“设置页码格式”命令，也可以弹出“页码格式”对话框。

(4)在该对话框的“编号格式”下拉列表中选择编号的格式，在“页码编号”选项组中可以根据实际需要选择“续前节”或“起始页码”单选按钮。单击“确定”按钮，完成页码格式的设置。

(5)单击“页眉和页脚工具”→“设计”选项卡“位置”组中的“插入对齐制表位”按钮，弹出“对齐制表位”对话框，可以设置页码的对齐方式；也可以单击“开始”选项卡“段落”组中的对齐按钮，实现页码对齐方式的设置。

(6)单击“关闭页眉和页脚”按钮，退出页眉和页脚编辑状态。

3. 删除页眉或页脚

当需要将页眉或页脚删除时，可以按以下方法操作。

(1)删除文档中的所有页眉或页脚。单击文档中的任意文本区域，然后单击“插入”选项卡“页眉和页脚”组中的“页眉”下拉按钮，在弹出的下拉菜单中选择“删除页眉”命令，可以删除文档中的所有页眉。选择“插入”选项卡“页眉和页脚”组中的“页脚”下拉菜单中的“删除页脚”命令，可以删除文档中的所有页脚。

(2)删除文档中指定节的页眉或页脚。进入页眉或页脚编辑状态，并将插入点定位在要删除页眉或页脚内容处，按【Delete】键删除，即可实现将本节中所有的页眉或页脚插入点删除。

(3)还可以用其他方法选择性地删除页眉或页脚，例如，“页码”下拉菜单中的“删除页码”命令用于删除页码；文档首页不同，或者奇偶页的页眉或页脚不同时，需要将插入点分别定位在相应的页面中，再删除页眉或页脚；也可以在页眉或页脚编辑状态下，选择要删除的页眉或页脚，按【Delete】键删除。

6.3.6 目录的操作

目录的操作主要涉及目录的创建、修改、更新及删除。

1. 创建目录

创建目录的操作方法如下。

(1)打开已经预定义好各级标题样式的文档，将插入点定位在要创建目录的位置，一般在文档的开头。单击“引用”选项卡“目录”组中的“目录”下拉按钮，弹出下拉菜单，选择其中的一种目录样式，自动生成目录。

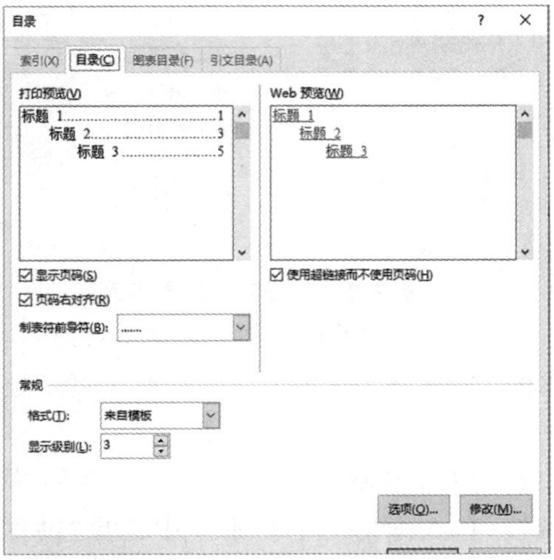

图 6-9 “目录”对话框

(2)也可以选择“目录”下拉菜单中的“自定义目录”命令，弹出“目录”对话框，如图 6-9 所示。在该对话框中确定目录显示的格式及级别，例如显示页码、页码右对齐、制表符前导符、格式、显示级别等对象的设置。单击“确定”按钮，完成创建目录的操作。

2. 修改目录

如果对设置的目录格式不满意，则可以对目录进行修改，操作步骤如下。

(1)单击“引用”选项卡“目录”组中的“目录”下拉按钮，选择下拉菜单中的“自定义目录”命令，弹出“目录”对话框。

(2)根据需要修改相应的选项。单击“选项”按钮，弹出“目录选项”对话框，如图 6-10(a)所示，选择目录的显示级别，默认为 3 级，单击“确定”按钮，返回“目录”对话框。

(3)单击“修改”按钮，弹出“样式”对话框。如果要修改某级目录格式，则可在“样式”列表框中选择该级目录，单击“修改”按钮，弹出“修改样式”对话框，如图 6-10(b)所示。根据需要修改该级目录的各种格式，单击“确定”按钮，然后单击“确定”按钮，返回“目录”对话框。

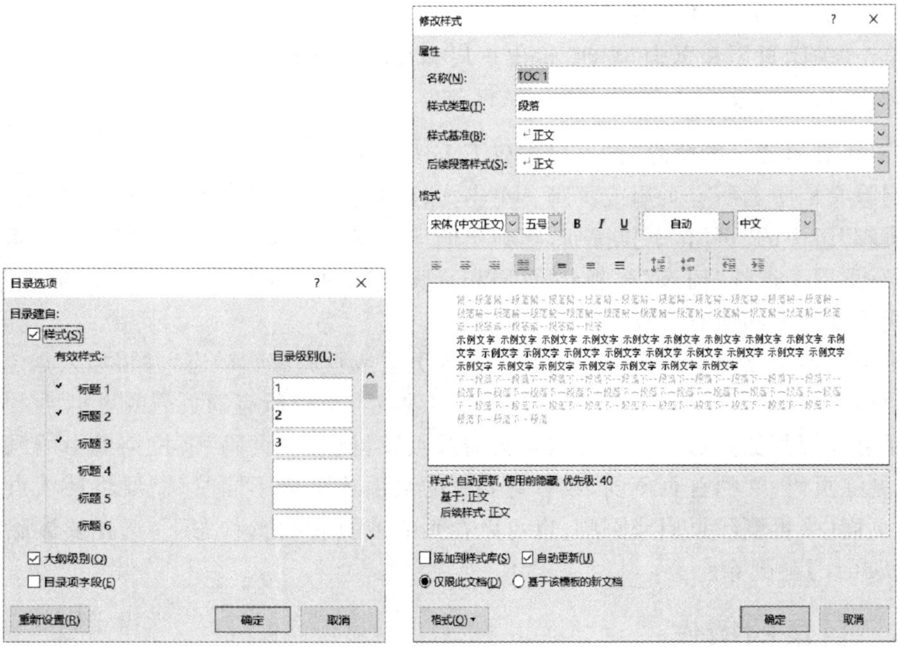

(a) (b)

图 6-10 “目录选项”对话框及“修改样式”对话框

(4)单击“确定”按钮，系统弹出询问是否替换目录的信息提示框，单击“是”按钮完成目录的修改。

3. 更新目录

编制目录后，如果文档内容被修改，导致标题或页码发生变化，则需更新目录。更新目录的操作方法有以下几种。

(1)右击目录区域的任意位置，在弹出的快捷菜单中选择“更新域”命令，然后在弹出的“更新目录”对话框中勾选“更新整个目录”复选框，单击“确定”按钮。

(2)单击目录区域的任意位置，按【F9】功能键。

(3)单击目录区域的任意位置，然后单击“引用”选项卡“目录”组中的“更新目录”按钮。

4. 删除目录

若要删除创建的目录，则单击“引用”选项卡“目录”组中的“目录”下拉按钮，选择下拉菜单底部的“删除目录”命令，或者在文档中选择整个目录后按【Delete】键删除。

6.3.7 操作与练习

对于给定的 Word 文档“红船精神.docx”，按要求进行下列格式排版。

Word 2019 文档排版

(1)章名使用内置样式“标题 1”并居中对齐，节名使用“标题 2”样式。

(2)新建样式，样式名为“样式 01”，应用于所有正文(除章名、节名、图片外)。样式格式包括以下几种。

①字体：中文字体为“隶书”，西文字体为“Times New Roman”，字号为“小四”。

②段落：首行缩进 2 字符，行距 1.3 倍。

(3)将文中出现的编号“1.，2.，3.，…”改为自动编号，编号形式不变。

(4)对正文中的图添加以下题注。

①标签为“图”，编号为自动编号，形如：图 1、图 2……

②题注标签编号位于图下方一行文字的左侧，题注及图居中对齐。

(5)对正文中出现“如下图所示”中的“下图”两字，使用交叉引用，修改为“图 X”，其中“X”为图题注的编号。

(6)将正文第一段文字分成两栏显示。

(7)将编号“1. 首创精神”下面一段的正文加上双线的段落边框，并添加 12.5%的图案底纹。

(8)将“2. 奋斗精神”及下面一段文字单独放在一页中并横向显示。

(9)将页眉设置为“红船精神”，页脚设置为“第 X 页”(X 为自动编号)。

(10)在文档最前面另起一页，建立目录。其中字符“目录”设为三号、加粗、居中对齐。

6.3.8 操作与练习的参考步骤

根据“操作与练习”中的要求，现介绍相关的操作步骤。

1. 操作与练习(1)的参考步骤

(1)打开 Word 文档“红船精神.docx”，将插入点移至文档标题文本“第 3 章　红船精神”中的任意位置，或者选择该标题文本。

（2）单击“开始”选项卡“样式”组的“预设样式”库中的“标题 1”内置样式即可应用该样式；或者选择“样式”任务窗格中的“标题 1”样式。

（3）右击“预设样式”库中的“标题 1”内置样式，在弹出的快捷菜单中选择“修改”命令，弹出“修改样式”对话框，或者右击“样式”任务窗格中的“标题 1”样式，在弹出的快捷菜单中选择“修改”命令，也会弹出“修改样式”对话框，如图 6-11 所示。在该对话框的“格式”选项组中单击“居中”按钮，单击“确定”按钮返回。

（4）将插入点移至节标题文本“3.1　红船精神的提出”中任意位置，或者选择节标题文本。

（5）单击“预设样式”库中的“标题 2”内置样式即可应用该样式，或者在“样式”任务窗格中选择“标题 2”样式。

（6）将插入点定位在文档中其余章名或节名处，分别单击“预设样式”库中的“标题 1”和“标题 2”内置样式，可进行相应样式的应用。

2. 操作与练习（2）的参考步骤

（1）将插入点移至正文中的任意位置，单击“开始”选项卡“样式”组的对话框启动器按钮，打开“样式”任务窗格。单击该任务窗格下面的“新建样式”按钮，弹出“根据格式化创建新样式”对话框，如图 6-12 所示。

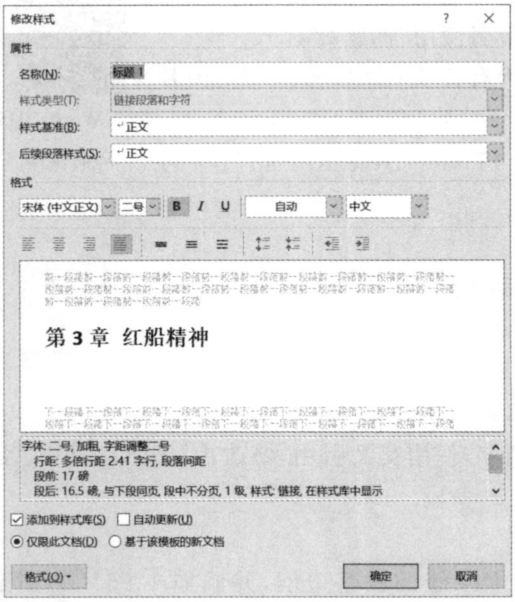

图 6-11　“修改样式”对话框

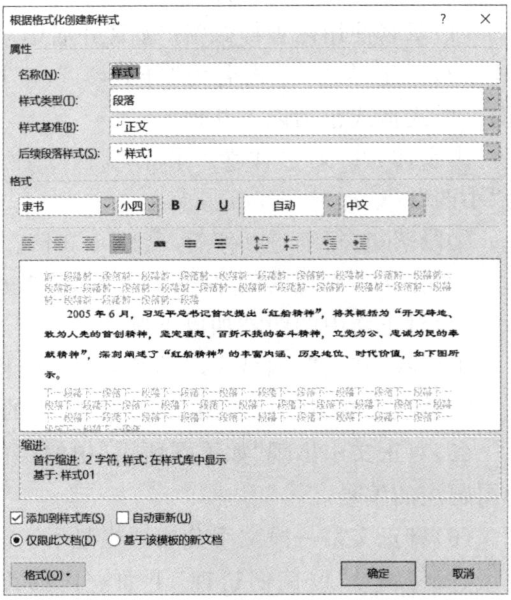

图 6-12　“根据格式化创建新样式”对话框

（2）在“名称”文本框中输入新样式的名称“样式 01”。

（3）在“样式类型”下拉列表中选择“段落”样式。在“样式基准”下拉列表中选择“正文”。在“后续段落样式”下拉列表中保持默认值。

（4）单击图 6-12 左下角的“格式”下拉按钮，在弹出的下拉菜单中选择“字体”命令，在弹出的“字体”对话框中设置字符格式，中文字体选择“隶书”，西文字体选择“Times New Roman”，字号选择“小四”，单击“确定”按钮返回。

（5）单击图 6-12 左下角的“格式”下拉按钮，在弹出的下拉菜单中选择“段落”命令，在弹出的“段落”对话框中设置段落格式，首行缩进设置“2 字符”，行距直接输入“1.3”，单击“确定”按钮返回。

（6）单击图 6-12 中的“确定”按钮，“预设样式”库中将会显示新创建的“样式 01”样式，“样式”任务窗格中也会显示该样式。

(7)将插入点移至正文第一段文本中的任意位置,单击“预设样式”库中的“样式 01”,即可将该样式应用于插入点所在段落,其余段落按相同方法进行操作。文档应用样式后的操作结果如图 6-13 所示。或者同时选择多个段落,然后单击该样式可同时将其应用于多个段落。单击“样式”任务窗格中的“样式 01”,也可以实现该样式的应用。

3. 操作与练习(3)的参考步骤

(1)拖动滚动条,找到文档中要修改编号的段落。按住【Ctrl】键,分别选择要修改编号的 3 个段落。

(2)单击“开始”选项卡“段落”组中的“编号”下拉按钮,在弹出的下拉菜单中选择与文档中编号相同的自动编号选项,选择的段落将调整为自动编号形式。手动删除文档中原来的编号。

4. 操作与练习(4)的参考步骤

(1)将插入点定位在文档中第一张图下面一行文字的左侧,单击“引用”选项卡“题注”组中的“插入题注”按钮,弹出“题注”对话框,如图 6-14 所示。

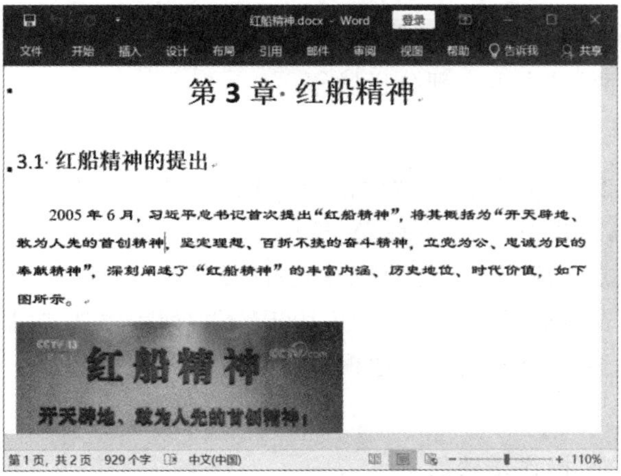

图 6-13 文档应用“样式 01”后的操作结果

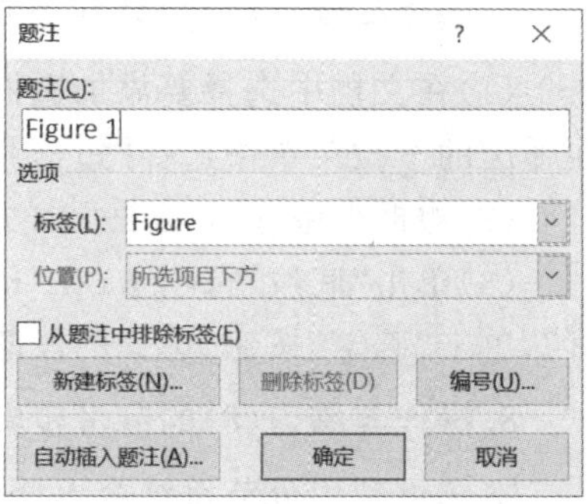

图 6-14 “题注”对话框

(2)在“标签”下拉列表中选择“图”。若“标签”下拉列表中没有“图”选项,则单击“新建标签”按钮,在弹出的“新建标签”对话框中输入标签名称“图”,单击“确定”按钮返回。“题注”文本框中将会出现“图 1”。

(3)单击“确定”按钮完成题注的添加,插入点位置将会自动出现“图 1”题注标签和编号。输入一个空格,使题注编号与后面的文字间隔一个空格。选择图题注及图,单击“开始”选项卡“段落”组中的“居中”按钮,实现图题注及图的居中显示。

(4)重复步骤(1)~(3),可以插入其他图的题注;或者将第一张图的题注编号“图 1”复制到其他图下面一行文字的前面,并通过“更新域”操作实现题注编号的自动更新,即选择题注编号,按【F9】功能键,或者右击,在弹出的快捷菜单中选择“更新域”命令。

插入题注后,题注的字符格式默认为“黑体,10 磅”。若需要,则可直接修改其字符格式或用格式刷实现格式的修改。

5. 操作与练习(5)的参考步骤

(1)选择文档中第一张图对应的正文中的“下图”文字并删除。单击“引用”选项卡“题注”组中的“交叉引用”按钮,弹出“交叉引用”窗口;也可以单击“插入”选项卡“链接”组中的“交叉

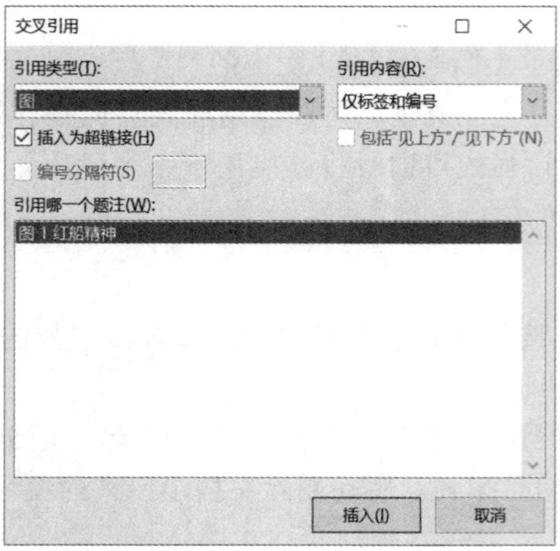

图 6-15 “交叉引用”窗口

引用”按钮实现。

（2）在“引用类型”下拉列表中选择“图”。在“引用内容”下拉列表中选择“仅标签和编号”，如图 6-15 所示。在“引用哪一个题注”列表框中选择要引用的题注，单击“插入”按钮。

（3）此时，选择的题注将自动添加到文档中。单击“取消”按钮，退出交叉引用的操作。

（4）按照上面的方法可实现对文档中所有图的交叉引用。

6. 操作与练习（6）的参考步骤

（1）选择正文中的第一段文本，即“2005 年 6 月……”开头的一段文本。

（2）单击“布局”选项卡“页面设置”组中的“栏”下拉按钮，在弹出的下拉菜单中选择“更多栏”命令，弹出“栏”对话框。

（3）在“预设”选项组中单击“两栏”按钮，其他选项取默认值，单击“确定”按钮，实现选择内容的分栏；或者在“栏”下拉菜单中直接选择“两栏”也可实现分栏操作。

7. 操作与练习（7）的参考步骤

（1）在文档中选择要添加边框的段落，单击“开始”选项卡“段落”组中的“边框”下拉按钮，在弹出的下拉菜单中选择“边框和底纹”命令，弹出“边框和底纹”对话框。

（2）边框类型选择“方框”，样式选择“双实线”，“应用于”下拉列表中选择“段落”。

（3）单击“底纹”选项卡，在“样式”下拉列表中选择“12.5%”，“应用于”下拉列表中选择“段落”，单击“确定”按钮，选择的段落将自动加上指定格式的段落边框和底纹。

8. 操作与练习（8）的参考步骤

本题可利用分节符结合页面设置功能实现，操作步骤如下。

（1）将插入点定位在文档中“2. 奋斗精神”的段首，由于“2.”为自动编号，所以插入点只能定位在文本“奋斗精神”的前面。单击“布局”选项卡“页面设置”组中的“分隔符”下拉按钮，在弹出的下拉菜单中选择“分节符”中的“下一页”命令，“2. 奋斗精神”（包含此段落）开始的文本将在下一页中显示。

（2）将插入点定位在“3. 奉献精神”的前面，由于“3.”为自动编号，所以插入点只能定位在文本“奉献精神”的前面，选择“分隔符”下拉菜单中“分节符”中的“下一页”命令，插入点后面的文本将在下一页中显示；或者将插入点定位在“2. 奋斗精神”下一段的末尾，然后插入分节符，但会产生一空段，需手工删除。

（3）将插入点移至“2. 奋斗精神”或下一段中的任意位置，单击“布局”选项卡“页面设置”组中的“纸张方向”下拉按钮，在弹出的下拉菜单中选择“横向”命令即可实现单页的横向排版；或者在“页面设置”对话框中进行设置。

9. 操作与练习（9）的参考步骤

（1）将鼠标指针指向文档中任意页的顶端并双击，进入页眉编辑状态。

（2）直接输入内容“红船精神”，并居中显示。

（3）将插入点定位在页脚处，单击“页眉和页脚工具”→“设计”选项卡“页眉和页脚”组中的

“页码”下拉按钮，在弹出的下拉菜单中选择“页面底端”子菜单的“普通数字 2”命令，将自动在页脚居中显示阿拉伯数字样式的页码。

(4)在阿拉伯数字的左侧和右侧分别输入文字“第”和“页”。

(5)双击正文任意位置，退出页眉和页脚编辑状态。

10. 操作与练习(10)的参考步骤

(1)将插入点定位在文档的最前面，单击“插入”选项卡“页面”组中的“分页”按钮，实现分页。

(2)将插入点移至插入的空白页的开始位置，即分页符左侧，输入文本“目录”。

(3)单击“引用”选项卡“目录”组中的“目录”下拉按钮，在弹出的下拉菜单中选择“自定义目录”命令，在弹出的“目录”对话框中进行设置。然后单击“确定”按钮，自动生成目录。

(4)选择文本“目录”，在“开始”选项卡“字体”组中设置字号为“三号”，单击“加粗”按钮，单击“段落”组中的“居中”按钮，实现居中对齐。

(5)单击“保存”按钮保存文档。

所有操作结束后，文档的部分排版结果如图 6-16 所示。

(a) 目录 (b) 章节

(c) 边框和底纹 (d) 横向页面

图 6-16 文档的部分排版结果

实验 7
Word 2019 图文混排与表格应用

7.1 实验目的

(1)熟练掌握在 Word 文档中插入各种图形的方法。
(2)熟练掌握对 Word 文档中各种图形进行编辑的方法。
(3)熟练掌握在 Word 文档中插入表格的方法。
(4)掌握对 Word 文档中的表格进行格式编辑及数据计算的方法。

7.2 实验内容

(1)在 Word 文档中插入 SmartArt 图形并对其进行编辑。
(2)在 Word 文档中插入文本框并对其进行编辑。
(3)在 Word 中创建数据表格,对插入的表格进行格式编辑及数据计算。

7.3 实验操作步骤

7.3.1 SmartArt 图形的设置

在 Word 中,对于添加到文档中的图片,除通过简单的复制操作外,系统在“插入”选项卡“插图”组中提供了各种图片的插入方式:图片、形状、图标、3D 模型、SmartArt、图表、屏幕截图。

(1)创建 SmartArt 图形的操作步骤如下。

①将插入点移至需要插入图形的位置,单击“插入”选项卡“插图”组中的 SmartArt 按钮,弹出“选择 SmartArt 图形”对话框,如图 7-1 所示。

②在该对话框左边的列表框中选择“层次结构”选项,然后在右边的列表框中选择图形样式,如“组织结构图”。

③单击“确定”按钮,在插入点处将自动插入一张基本的组织结构图。

④输入文字。单击组织结构图中的各个文本框,可直接输入文本。

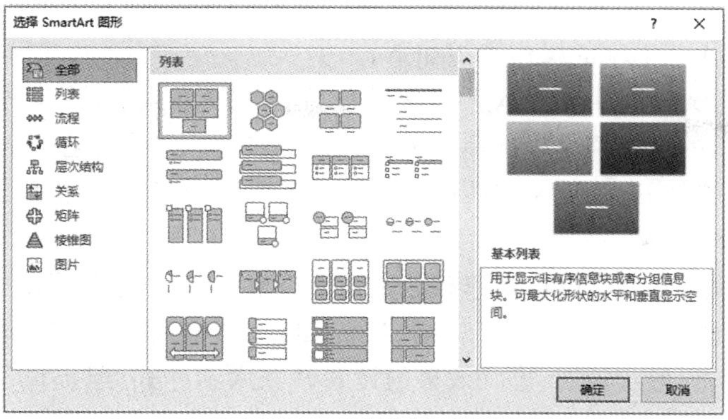

图 7-1 “选择 SmartArt 图形”对话框

⑤输入完成后单击 SmartArt 图形以外的任意位置，完成 SmartArt 图形的创建，适当调整整张图形的尺寸。

(2)“SmartArt 工具”→“设计”和“SmartArt 工具”→“格式”选项卡。当插入一个 SmartArt 图形后，系统将自动显示“SmartArt 工具”→“设计”[见图 7-2(a)]和“SmartArt 工具”→“格式”选项卡[见图 7-2(b)]，并自动切换到“SmartArt 工具”→“设计”选项卡。

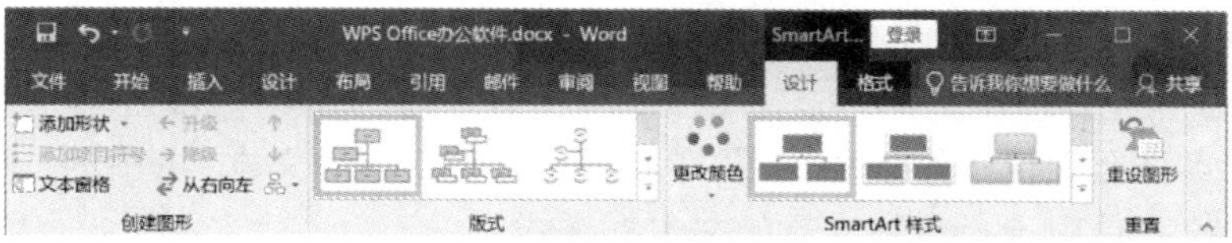

(a)

(b)

图 7-2 “SmartArt 工具”→“设计”和“SmartArt 工具”→“格式”选项卡

“SmartArt 工具”→“设计”选项卡包括“创建图形”“版式”“SmartArt 样式”“重置”4 个组。“创建图形”组用来添加形状、升/降形状及添加项目符号等操作。在“版式”组中，可以将组织结构图切换成图片型、流程图、矩阵等多种形式。“SmartArt 样式”组提供了多种预设样式，并可修改图形的边框、背景色、字体等。“重置”组用来放弃对 SmartArt 图形所做的全部格式的更改。

“SmartArt 工具”→“格式”选项卡包括“形状”“形状样式”“艺术字样式”“辅助功能”“排列”“大小”6 个组，提供了详细的图形加工操作。

7.3.2 艺术字与文本框的设置

在 Word 文档中，插入的艺术字及文本框默认的环绕方式均为“浮于文字上方”，可以根据需要调整为其他环绕方式。

1. 艺术字

用户可以对艺术字设置颜色及字体，可以设置带阴影、倾斜、旋转和缩放的艺术字，还可以将其更改为特殊形状。

(1)在文档中插入艺术字的操作步骤如下。

①将插入点移至文档中需要插入艺术字的位置，单击“插入”选项卡“文本”组中的“艺术字”下拉按钮，在弹出的下拉菜单中选择一种艺术字样式，弹出“编辑艺术字文字”对话框。

②在“请在此放置您的文字”文本框中直接输入艺术字内容，文档中就插入了艺术字，并以默认格式显示该艺术字的效果。

(2)插入艺术字后，可以根据需要修改艺术字的风格，如艺术字的形状、样式、效果等，操作步骤如下：选择要修改的艺术字，单击“SmartArt 工具”→“格式”选项卡“形状样式”组中的按钮，可以进行形状填充、形状轮廓、形状效果的设置，“艺术字样式”组提供了文本填充、文本轮廓、文本效果的设置。

还可以利用“设置形状格式”任务窗格对艺术字的形状格式进行设置。将鼠标指针指向艺术字的边界后，当鼠标指针变成十字箭头形状时，右击，在弹出的快捷菜单中选择“设置形状格式”命令，弹出“设置形状格式”任务窗格，可以设置艺术字的“填充”“线条颜色”“线型”“阴影”“艺术效果”等，单击任务窗格右上角的“关闭”按钮完成设置。

2. 文本框

文本框分为横排文本框和竖排文本框，用户可以根据需要进行选择。在文档中插入文本框的方法有直接插入空文本框和在已有文本上插入文本框两种。在文档中插入文本框的操作步骤如下。

(1)将插入点移至文档中的任意位置，单击“插入”选项卡“文本”组中的“文本框”下拉按钮，在弹出的下拉菜单中选择一种内置的文本框样式。

(2)若需绘制横排文字的文本框，则可选择“绘制横排文本框”命令。当鼠标指针变成十字箭头形状时，在文档中的适当位置拖动绘制所需大小的文本框，然后输入文本内容。“绘制竖排文本框”命令用来绘制竖排文字的文本框。

若需将文档中已有文本转化为文本框，则可先选择文本，然后选择“绘制横排文本框”或“绘制竖排文本框”命令。新生成的文本框及其文本以默认格式显示。

插入文本框后，可以根据需要编辑文本框的格式，包括调整位置、大小、效果、轮廓、填充颜色等，操作方法类似于艺术字。

还可以利用“设置形状格式”任务窗格对文本框的形状格式进行设置，操作方法类似于艺术字，在此不再赘述。

7.3.3 表格的制作

1. 插入表格

Word 在“插入”选项卡“表格”组中的“表格”下拉菜单中提供了 6 种插入表格的命令，分别是表格、插入表格[单击此命令弹出的对话框如图 7-3(a)所示]、绘制表格、文本转换成表格[单击此命令弹出的对话框如图 7-3(b)所示]、Excel 电子表格和快速表格，用户可根据需要选择一个命令在文档中插入表格。

2. 编辑表格

用户可以对生成的表格进行编辑，主要包括对表格内的数据进行格式(包含字符格式和段落格式)设置，对表格本身(单元格、行、列、整个表格)进行编辑。将插入点定位在表格中的任意单元格或选择整张表格，Word 将自动显示“表格工具”→“设计”选项卡和“表格工具”→“布局”选项卡，分别如图 7-4(a)和图 7-4(b)所示。

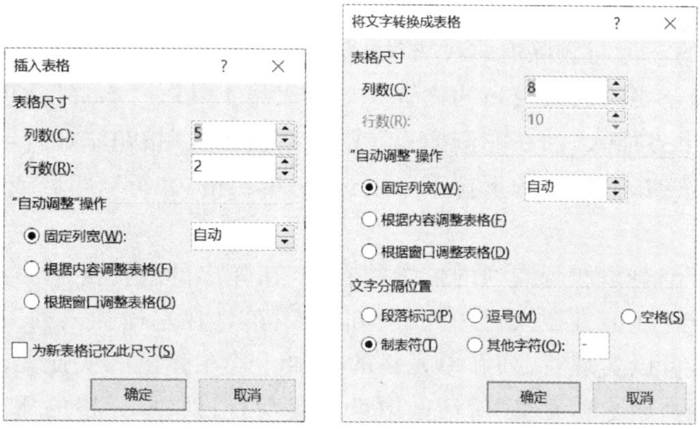

(a) (b)

图 7-3 “插入表格”对话框及“将文字转换成表格”对话框

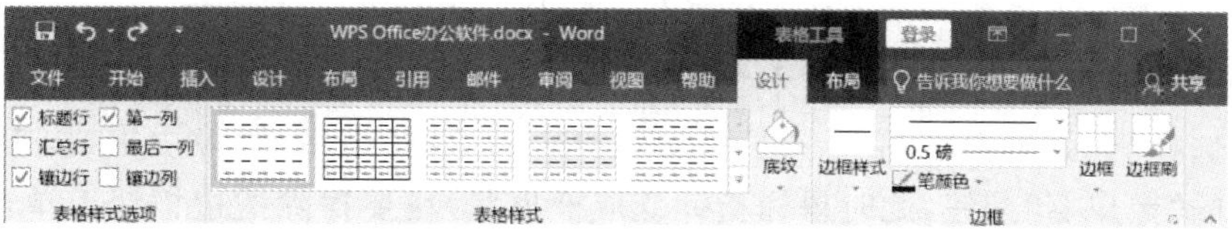

(a)

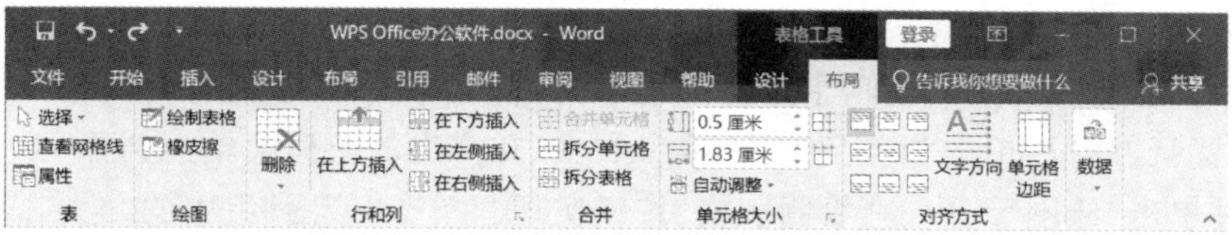

(b)

图 7-4 Word 的“表格工具”选项卡

“表格工具”→“设计”选项卡提供了对所选表格的局部或整张表格的格式进行设计的功能，主要包括对表格样式选项、表格样式、边框等的设计。

“表格工具”→“布局”选项卡提供了对表格的布局进行调整的功能，主要包括对表、绘图、行和列、合并、单元格大小、对齐方式和数据等的设计。

表格的相关操作方法如下。

1）表格的数据输入及美化

（1）数据输入。表格创建完成后，可以向空白表格中输入数据，输入数据的方法与在文档中输入文本的方法相似，只需将插入点定位在单元格中，直接输入内容即可。

（2）数据选择。选择表格内的数据是进行数据编辑的前提，包括选择单元格、行、列、表格。

（3）数据格式化。表格中数据的格式化类似于文档中文本的格式化，可以进行字符格式（字体、字号、颜色、加粗等）及段落格式（对齐方式、间距等）的设置。

（4）表格样式。Word 自带了丰富的表格样式，表格样式中包含预先设置好的字体、边框和底纹格式。应用表格样式后，其所有格式将应用到表格中。表格样式的设置方法：将插入点移到表格的任意单元格中，选择“表格工具”→“设计”选项卡“表格样式”组“快速样式”库中的某个表格样式。如果“快速样式”库中的表格样式不符合要求，则单击“快速样式”库右侧的“其他”下拉按钮，在弹出的下拉菜单中选择所需要的样式；还可以根据需要独立修改表格样式及新建表格样式。

2）添加与删除行和列

表格中行和列的添加与删除有多种方法，操作时可根据需要进行选择。

（1）将插入点移至要添加行或列的位置，单击“表格工具”→“布局”选项卡“行和列”组中的“在上方插入”、“在下方插入”、“在左侧插入”或“在右侧插入”按钮添加行或列。单击“行和列”组中的“删除”下拉按钮，在弹出的下拉菜单中选择“单元格”、“行”、“列”或“表格”命令，可以实现相应对象的删除。

（2）将插入点移至要添加行或列的位置并右击，在弹出的快捷菜单中选择“插入”命令，在弹出的子菜单中选择“在上方插入行”、“在下方插入行”、“在左侧插入列”、“在右侧插入列”或“插入单元格”命令，可以实现行、列和单元格的添加。若在弹出的快捷菜单中选择“删除单元格”命令，则在弹出的“删除单元格”对话框中可以实现行、列、单元格的删除；或者选择要删除的行或列并右击，在弹出的快捷菜单中选择“删除行”或“删除列”命令实现行或列的删除。

3）单元格的合并与拆分

（1）合并单元格。将多个单元格合并为一个单元格的操作方法如下：选择要合并的多个单元格，单击“表格工具”→“布局”选项卡“合并”组中的“合并单元格”按钮；或者右击，在弹出的快捷菜单中选择“合并单元格”命令；也可以通过单击“绘图”组中的“橡皮擦”按钮实现。单击“绘图”组中的“橡皮擦”按钮，此时鼠标指针变成橡皮状，在要擦除的边框线上单击，可删除表格线，实现两个相邻单元格的合并。

（2）拆分单元格。将选择的单元格拆分为多个单元格的操作方法如下：选择要拆分的单元格，单击“表格工具”→“布局”选项卡“合并”组中的“拆分单元格”按钮，在弹出的“拆分单元格”对话框中设置行、列数，单击“确定”按钮；或者右击，在弹出的快捷菜单中选择“拆分单元格”命令；或者通过单击“绘图”组中的“绘制表格”按钮实现。单击“绘图”组中的“绘制表格”按钮，此时鼠标指针变成铅笔状（可以设置铅笔的粗细及颜色），在单元格内按住鼠标左键拖动，将会出现一条虚线，松开鼠标左键即可插入一条表格线，实现单元格的拆分。

（3）拆分表格。将表格拆分成两个表格的操作方法如下：将插入点移到要拆分表格的位置，单击“表格工具”→“布局”选项卡“合并”组中的“拆分表格”按钮，按行将表格拆分成两个表格。

4）表格跨页

如果表格放置的位置正好处于两页交界处，这种表格称为表格跨页。有两种处理表格跨页的方法，一是允许表格跨页断行，即表格的一部分位于上一页，另一部分位于下一页，但只有一个标题（适用于较小的表格）；二是在每页的表格上都提供一个相同的标题，使之看起来仍是一个表格（适用于较大的表格），操作方法：选择要设置的表格标题（可以是多行），单击“表格工具”→“布局”选项卡“数据”组中的“重复标题行”按钮，系统会自动在因为分页而被拆开的表格中重复标题行信息。

5）调整行高和列宽

在 Word 文档中插入空白表格时，表格的行高和列宽都是默认的，可以通过以下方法进行调整。

（1）选择要调整行高或列宽的单元格、行或列，在“表格工具”→“布局”选项卡“单元格大小”组的“高度”和“宽度”数值框中分别调整行高和列宽。

（2）将光标放在表格的行与行分界线或列与列分界线上，当鼠标指针变成双向箭头形状时，拖动鼠标即可调整行高和列宽。

(3)显示标尺，通过鼠标拖动标尺上的按钮，可以调整表格相应的行高和列宽。

6)“表格属性”对话框与“边框和底纹”对话框

除了利用“表格工具”→“设计”和“表格工具”→“布局”选项卡来实现表格的各种编辑，还可以利用“表格属性”对话框与“边框和底纹”对话框实现相应的操作。单击“表格工具”→“布局”选项卡“表”组中的“属性”按钮，弹出“表格属性”对话框，如图 7-5(a)所示；也可以单击“表格工具”→“布局”选项卡“单元格大小”组右侧的对话框启动器按钮，或者右击表格任意区域，在弹出的快捷菜单中选择“表格属性”命令，也会弹出“表格属性”对话框。在“表格属性”对话框中，可以对表格、行、列和单元格等对象进行详细设置。

“边框和底纹”对话框的打开方法有多种。在“表格属性”对话框的“表格”选项卡中单击“边框和底纹”按钮，可打开该对话框，如图 7-5(b)所示。单击“表格工具”→“设计”选项卡“边框”组中的“边框”下拉按钮，选择下拉菜单中的“边框和底纹”命令，或者单击“表格工具”→“设计”选项卡“边框”组右侧的对话框启动器按钮，都会弹出“边框和底纹”对话框。在“边框和底纹”对话框中，可以对边框、页面边框和底纹进行详细设置。

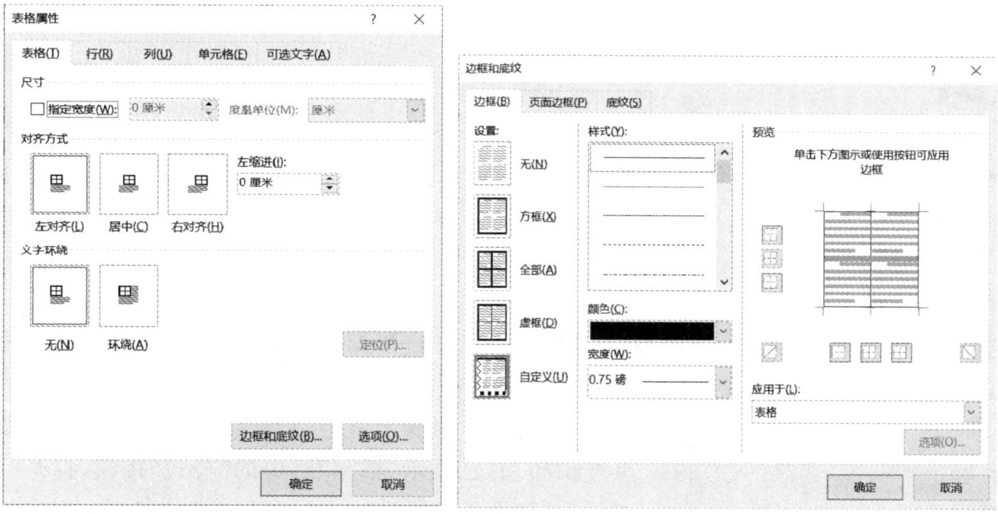

(a) (b)

图 7-5 “表格属性”对话框和“边框和底纹”对话框

3. 数据处理

表格的数据处理主要包括表格的排序和数据计算。

1)排序

在 Word 中，可以按照升序或降序把表格中每行的数据按照某一列的值以笔画、数字、日期及拼音等方式排列，而且可以根据表格多列的值进行复杂排序。表格排序的操作步骤如下。

(1)将插入点移到表格的任意单元格或选择要排序的行或列，单击“表格工具”→“布局”选项卡“数据”组中的“排序”按钮。

(2)整个表格自动被全部选择，同时弹出“排序”对话框，如图 7-6 所示。

(3)在“排序”对话框中，在“主要关键字”下拉列表中选择用于排序的字段，在“类型”下拉列表中选择用于排序的值的类型，如笔画、数字、拼音及日期等。升序或降序用于选择排序方式，默认为升序。

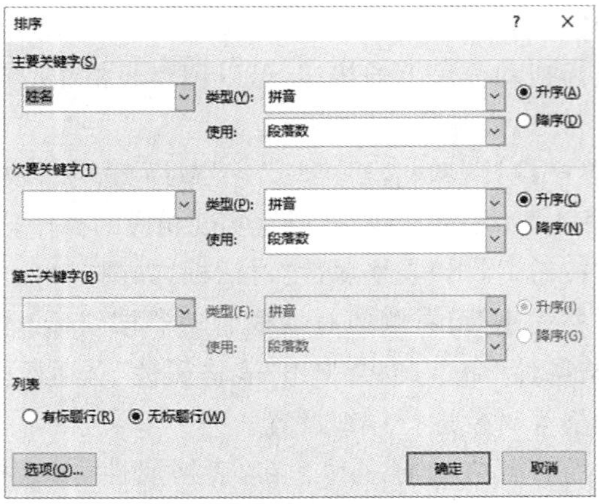

图 7-6 “排序”对话框

(4)若需要进行多字段排序，则可在“次要关键字”“第三关键字”等下拉列表中指定字段、类型及顺序。

(5)单击“确定”按钮完成排序。

注意

要排序的表格中不能有合并后的单元格，否则无法进行排序。同时，在“排序”对话框中，如果选中“有标题行”单选按钮，则排序时标题行不参与排序；否则，标题行参与排序。

2)数据计算

利用 Word 提供的公式或函数，可以对表格中的数据进行计算，如加(＋)、减(－)、乘(＊)、除(/)、求和、求平均值、求最大值、求最小值、条件求值等。表格数据计算的操作步骤如下。

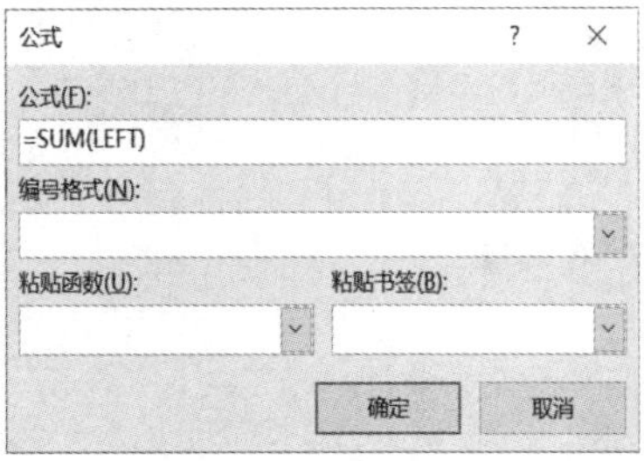

图 7-7 “公式”对话框

(1)将插入点移至存放结果的单元格中，单击“表格工具”→“布局”选项卡“数据”组中的“公式”按钮，打开“公式”对话框，如图 7-7 所示。

(2)在“公式”文本框中已经显示出了所需的公式“=SUM(LEFT)”，表示对插入点左侧的所有数值单元格求和。根据插入点所在的位置，公式括号中的参数还可能是右侧(RIGHT)、上面(ABOVE)或下面(BELOW)，可以根据需要进行参数设置，或者输入单元格或区域的引用。

(3)在“编号格式”下拉列表中选择数字格式，如小数位数。如果出现的函数不是所需要的，则可以在“粘贴函数”下拉列表中选择所需要的函数。

(4)单击“确定”按钮，插入点所在单元格中将显示计算结果。按照同样的办法，可以计算其他单元格的和。

表格的计算结果是以域的形式插入表格中的，当参与计算的单元格数据发生变化时，可以通过更新域来对计算结果进行更新。选择与更改了单元格数据相关的结果单元格(域)，显示为灰色底纹，按【F9】功能键即可更新计算结果；也可以右击结果单元格(显示为灰色底纹)，在弹出的快捷菜单中选择“更新域”命令。

7.3.4 操作与练习

打开给定的 Word 文档“Word 图表操作. docx”，其内容如图 7-8 所示，按要求完成下列操作。

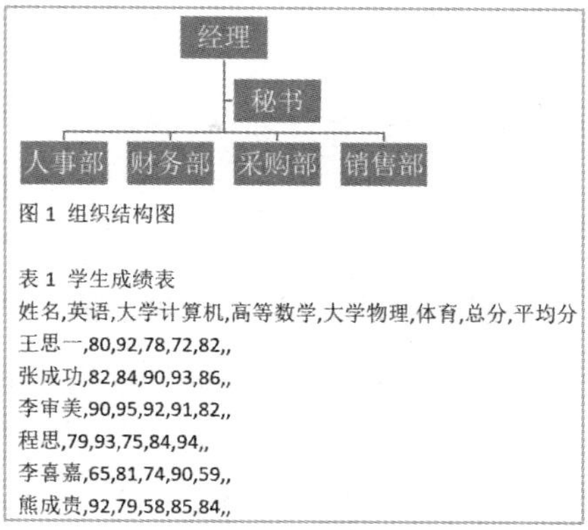

图 7-8 “Word 图表操作. docx”文档的内容

(1)在图 1 的右侧，插入一张相同结构及内容的组织结构图，并设置该组织结构图的宽度为 6 厘米，高度为 5 厘米，删除左侧的原图，要求图及题注居中对齐。

(2)在图 1 的下方插入一个内容为“课程思政教研工作部”的横排文本框，并进行设置“文本效果”为“转换”中的“波形：上”效果，字体为“华文琥珀”，字号为“二号”，字体颜色为“红色”，居中对齐，并设置文本框的宽度为 12 厘米，高度为 2 厘米，环绕方式为嵌入型。在图的下面输入文字“图 2 文本框”，图及文字居中对齐。

(3)将“表 1 学生成绩表”下面的所有文本转换为表格，并对生成的表格进行下列操作。

①将表格的标题行设置为“小四”及“加粗”显示。表格的所有单元格上下居中对齐且左右居中对齐。

②在倒数第一行的前面插入一行，输入数据“单一杰，56，84，86，87，76”。

③通过公式计算表格中的“总分”及“平均分”，并分别填入相应单元格中。

④将表格设置为三线表，其中外边框线 0.75 磅，双实线，绿色；内边框线 0.5 磅，单实线，蓝色。

⑤以柱形图显示每位同学的 5 门课程成绩，不显示“总分”及“平均分”列。柱形图显示在表格的下面，图表标题为“学生成绩”。柱形图的宽度为 9 厘米，高度为 6 厘米，并居中对齐。

(4)以原文件名保存操作结果并以文档名“Word 图表操作. pdf”进行保存。

7.3.5 操作与练习的参考步骤

根据“操作与练习”中的要求，现介绍相关的操作步骤。

操作与练习(1)～(2)

1. 操作与练习(1)的参考步骤

(1)打开文档“Word 图表操作. docx”，将插入点定位在文档中图 1 的右侧，单击“插入”选项卡“插图”组中的 SmartArt 按钮，弹出“选择 SmartArt 图形”对话框。

(2)在该对话框左边的列表中选择“层次结构”选项，然后在右边的列表框中选择“组织结构图”。单击“确定”按钮，在插入点处将自动插入一张基本的组织结构图。

(3)单击“SmartArt 工具”→“设计”选项卡“创建图形”组中的“从右向左”按钮，实现组织结构图中左、右文本框位置的互换。单击组织结构图中的文本框，直接输入文本，输入完后单击下一个文本框继续输入，如图 7-9(a)所示。

(4)选择文本框“采购部”，单击“SmartArt 工具”→“设计”选项卡“创建图形”组中的“添加形状”下拉按钮，在弹出的下拉菜单中选择“在前面添加形状”命令，将在“采购部”的右侧增加一个新的空文本框，如图 7-9(b)所示，在文本框中输入内容“销售部”。

(5)单击 SmartArt 图形的边框线以选择整张图形，将“SmartArt 工具”→“格式”选项卡

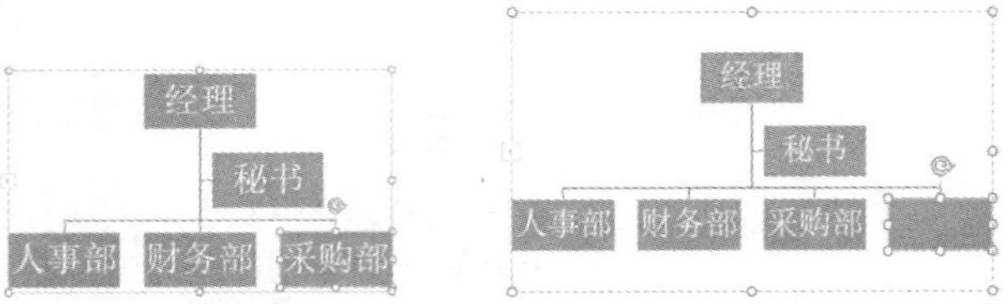

(a) (b)

图 7-9 组织结构图

“大小”组中的高度值和宽度值分别修改为 5 厘米和 6 厘米。

(6)单击左侧的原图，按【Delete】键删除，选择插入的 SmartArt 图形及下面的题注，单击“开始”选项卡“段落”组中的“居中”按钮实现居中对齐。

2. 操作与练习(2)的参考步骤

(1)将插入点定位在文档中图 1 题注下方的空白行，单击“插入”选项卡“文本”组中的“文本框”下拉按钮，在弹出的下拉菜单中选择“绘制横排文本框”命令。此时鼠标指针变成十字形，拖动鼠标绘制所需大小的文本框，然后输入文本内容“课程思政教研工作部”。

(2)单击“SmartArt 工具”→“格式”选项卡“艺术字样式”组中的“文本效果”下拉按钮，在弹出的下拉菜单中选择“转换”中的“波形：上”效果。选择文本框中的所有内容，单击“开始”选项卡“字体”组中的字体，选择“华文琥珀”，字号为“二号”，颜色为“红色”，单击“居中”按钮。

(3)单击文本框的边框线以选择整个文本框，将“SmartArt 工具”→“格式”选项卡“大小”组的高度值和宽度值分别设置为 2 厘米和 12 厘米。

(4)单击“SmartArt 工具”→“格式”选项卡“排列”组中的“位置”下拉按钮，在弹出的下拉菜单中选择“嵌入型”命令。

(5)将插入点定位在文本框的最右侧，按【Enter】键产生一空段，输入文本“图 2 文本框”。

(6)选择文本框及文本框下方的文本，单击“开始”选项卡“段落”组中的“居中”按钮。

3. 操作与练习(3)的参考步骤

操作与练习(3)～(4)

(1)选择所有要转换成表格的文本(除文本“表 1 学生成绩表”外)。单击“插入”选项卡“表格”组中的“表格”下拉按钮，在弹出的下拉菜单中选择“文本转换成表格”命令，弹出“将文字转换成表格”对话框，如图 7-10(a)所示。核对并修改表格的列数及行数，单击“确定”按钮，生成表格。

(2)选择表格标题行的所有单元格，单击“开始”选项卡“字体”组中的字号，选择“小四”，单击“加粗”按钮。拖动鼠标选择整个表格，单击“表格工具”→“布局”选项卡“对齐方式”组中的“水平居中”按钮。操作结果如图 7-10(b)所示。

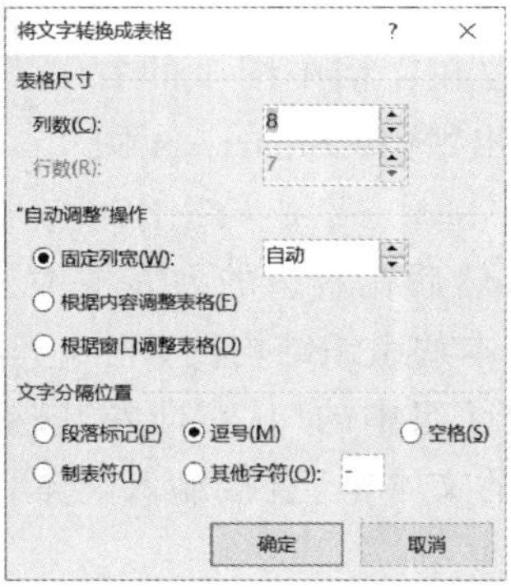

(a)

姓名	英语	大学计算机	高等数学	大学物理	体育	总分	平均分
王思一	80	92	78	72	82		
张成功	82	84	90	93	86		
李市美	90	95	92	91	82		
程思	79	93	75	84	94		
李喜嘉	65	81	74	90	59		
熊成贤	92	79	58	85	84		

(b)

图 7-10 “将文字转换成表格”对话框及操作结果

(3)将插入点定位在表格倒数第二行最后一个单元格的外面，按【Enter】键，自动产生一个空行，输入数据“单一杰，56，84，86，87，76”。

(4)计算单元格的数据的具体操作步骤如下。

①计算“王思一”同学的“总分”。将插入点置于“总分”单元格的下方一个单元格中，单击“表格工具”→“布局”选项卡“数据”组中的“公式”按钮，打开“公式”对话框。

②在“公式”文本框中已经显示出了所需的公式“＝SUM(LEFT)”，表示对插入点左侧的所有数值单元格求和。单击“确定”按钮，插入点所在单元格中将显示计算结果 404。

③按照同样的办法，可计算出其他单元格的“总分”。

④计算“王思一”同学的“平均分”。将插入点定位在“平均分”单元格中，单击“表格工具”→“布局”选项卡“数据”组中的“公式”按钮，弹出“公式”对话框，在“公式”文本框中输入公式“＝g2/5”(不区分大小写)，单击“确定”按钮，得到平均分为 80.8。

⑤按相同的方法可得到其余同学的“总分”及“平均分”，其中“平均分”的公式分别为“＝g3/5”“＝g4/5”“＝g5/5”“＝g6/5”“＝g7/5”“＝g8/5”。

(5)设置表格边框线的具体操作步骤如下。

①选择整个表格，单击“表格工具”→“设计”选项卡“边框”组中的“边框”下拉按钮，在弹出的下拉菜单中选择“边框和底纹”命令，弹出“边框和底纹”对话框。

②在该对话框中，边框类型选择“自定义”，样式选择“双实线”，颜色选择“绿色”，宽度选择“0.75 磅”，在“预览”栏处双击表格的左边框线、右边框线及中间表格线，以删除对应位置的表格线。分别单击表格的上、下边框线，以将指定样式的表格边框线应用于所选择的“表格”，单击“确定”按钮返回，表格的设置结果如图 7-11(a)所示。

③选择表格的标题行，打开“边框和底纹”对话框。边框类型选择“自定义”，样式选择“单实线”，颜色选择“蓝色”，宽度选择“0.5 磅”，在“预览”栏处单击表格的下边框线，以将设置应用于所选择的“单元格”，单击“确定”按钮返回，表格的设置结果如图 7-11(b)所示。

姓名	英语	大学计算机	高等数学	大学物理	体育	总分	平均分
王思一	80	92	78	72	82	404	80.8
张成功	82	84	90	93	86	435	87
李审美	90	95	92	91	82	450	90
程思	79	93	75	84	94	425	85
李喜嘉	65	81	74	90	59	369	73.8
单一杰	56	84	86	87	76	389	77.8
熊成贵	92	79	58	85	84	398	79.6

(a)

姓名	英语	大学计算机	高等数学	大学物理	体育	总分	平均分
王思一	80	92	78	72	82	404	80.8
张成功	82	84	90	93	86	435	87
李审美	90	95	92	91	82	450	90
程思	79	93	75	84	94	425	85
李喜嘉	65	81	74	90	59	369	73.8
单一杰	56	84	86	87	76	389	77.8
熊成贵	92	79	58	85	84	398	79.6

(b)

图 7-11 表格的设置结果

(6)插入图表的具体操作步骤如下。

①将插入点定位在表格下方的空白处，按【Enter】键另起一段。单击“插入”选项卡“插图”组中的“图表”按钮，弹出“插入图表”对话框，如图 7-12(a)所示。

②在该对话框的左侧列表中选择“柱形图”，在右侧列表框中选择“簇状柱形图”(默认类型)，在插入点处将自动生成一张图表，如图 7-12(b)所示，并且在该图表的上方有一个含初始数据的“Microsoft Word 中的图表”窗口。

③拖动鼠标，选择“学生成绩表”中的标题行的课程名称，即英语、大学计算机、高等数学、大学物理及体育，按【Ctrl＋C】组合键进行复制。单击“Microsoft Word 中的图表”窗口中的单元格“系列 1”，按【Ctrl＋V】组合键进行粘贴。

④拖动鼠标，选择“学生成绩表”中的第二行开始(即除标题行)的所有同学的 5 门课程数据，包括姓名及成绩，按【Ctrl＋C】组合键进行复制。单击“Microsoft Word 中的图表”窗口中的单元格“类别 1”，按【Ctrl＋V】组合键进行粘贴。

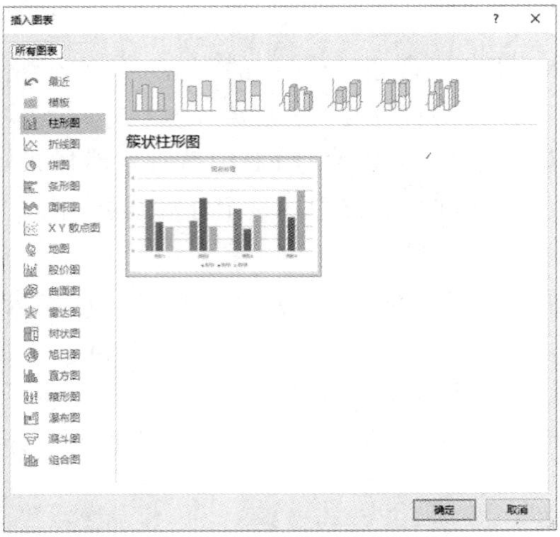

(a)

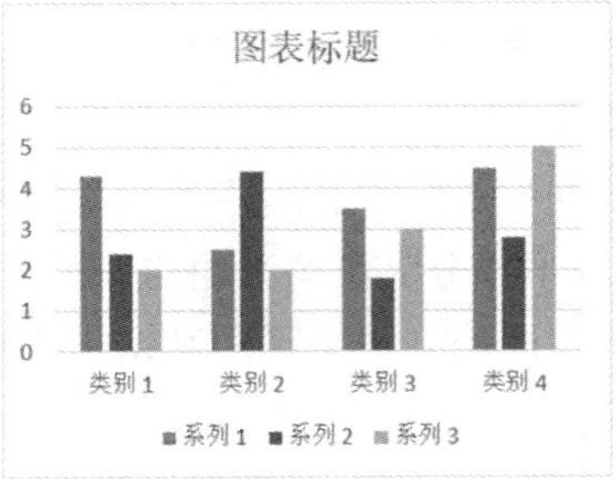

(b)

图 7-12 “插入图表”对话框和生成的图表

⑤单击“Microsoft Word 中的图表”窗口右侧的“关闭”按钮，完成图表数据的编辑工作。

⑥单击图表中的“图表标题”，插入点将定位在“图表标题”文本框中，删除原有信息，输入“学生成绩”。

⑦选择图表，单击“图表工具”→“格式”选项卡，将“大小”组中的高度值修改为“6 厘米”，将宽度值修改为“9 厘米”，单击“开始”选项卡“段落”组中的“居中”按钮实现居中。

4. 操作与练习(4)的参考步骤

(1)单击快速启动工具栏中的“保存”按钮，或者按【Ctrl+S】组合键，或者选择“文件”选项卡中的“保存”命令，将以原文件名及原位置保存文件。

(2)选择“文件”选项卡中的“另存为”命令，弹出“另存为”窗口。单击“浏览”按钮，弹出“另存为”对话框，确定文件的保存位置及名称，文件类型选择“PDF(* . pdf)”，单击“保存”按钮。

(3)所有操作完成后，文档的操作结果如图 7-13 所示。

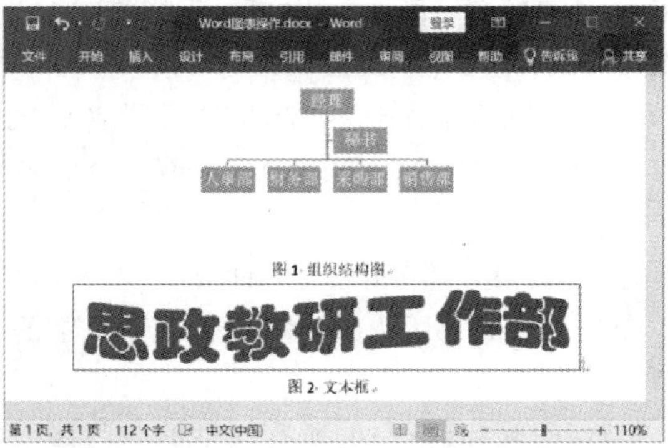

(a) 组织结构图和文本框

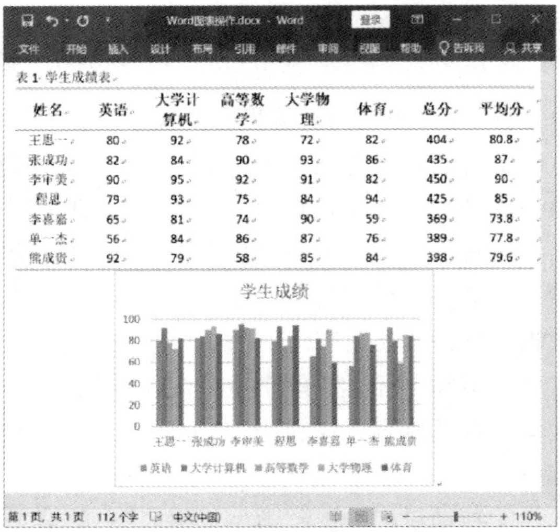

(b) 图表

图 7-13 文档的操作结果

实验 8 Word 2019 综合练习

8.1 实验目的

熟练掌握 Word 的各种排版技巧，生成图文并茂的文档。

8.2 实验内容

Word 的文档排版，包括多级列表格式的标题样式、新样式的创建及应用，题注与交叉引用的使用，目录的生成等。

8.3 实验操作步骤

8.3.1 操作与练习

打开给定的文档“红船与红船精神.docx”，按要求完成下列操作。

(1)章名使用样式“标题 1”，居中；编号格式为“第 X 章”，其中 X 为自动编号，标题格式形如“第 1 章 ×××”。

(2)节名使用样式“标题 2”，左对齐；编号格式为多级列表，形如“X.Y”，X 为章序号，Y 为节序号，X 和 Y 均为自动编号，节格式形如“1.1 ×××”。

(3)新建样式，名为“样式 02”，并应用到正文中除章节标题和图的题注之外的所有文字。“样式 02”的格式：中文字体为“仿宋”，西文字体为“Times New Roman”，字号为“小四”；段落格式为首行缩进 2 字符，1.5 倍行距。

(4)对正文中出现的“1.，2.，3.，…”进行自动编号，格式为“1)，2)，3)，…”。

(5)对正文中的图添加题注，位于图下方文字的左侧，居中，并使图居中。标签为“图”，编号为“章序号-图序号”，例如，第 1 章中的第 1 张图，题注编号为“图 1-1”。对正文中出现“如下图所示”的“下图”使用交叉引用，改为“图 X-Y”，其中“X-Y”为图题注的对应编号。

(6)将全文中的“红船”修改为红色、加粗的“红船”。

(7)将页眉设置为蓝色的“红船与红船精神”，页脚为“第 X 页 共 Y 页”，X 和 Y 均为自动编号。

（8）在全文的末尾插入分节符，分节符类型为“下一页”。插入目录，“目录”两字符使用样式“标题 1”，居中。

（9）保存文档并另存为同名的 PDF 文档，将结果提交到指定平台。

8.3.2 操作与练习的参考步骤

根据“操作与练习”中的要求，现介绍相关的操作步骤。

操作与练习（1）～（4）

1. 操作与练习（1）和（2）的参考步骤

将章名和节名的标题样式放在一起设置，操作过程分为标题样式的建立、修改及应用。标题样式的建立可以利用多级列表结合“标题 1”样式和“标题 2”样式来实现，操作步骤如下。

（1）将插入点移至第 1 章所在段落的任意位置或选择该段落，单击“开始”选项卡“段落”组中的“多级列表”下拉按钮，在弹出的下拉菜单中选择“定义新的多级列表”命令，弹出“定义新多级列表”对话框。单击该对话框左下角的“更多”按钮，此时对话框如图 8-1 所示。

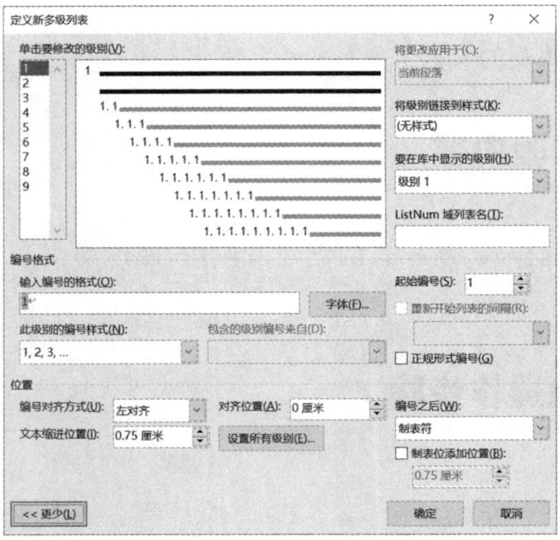

图 8-1 “定义新多级列表”对话框

（2）在“单击要修改的级别”列表框中，显示序号 1～9，说明可以同时设置1～9 级的标题格式，各级标题格式的效果形如右侧的预览列表。默认为第 1 级标题格式。在“输入编号的格式”文本框中自动出现带底纹的数字“1”，表示此“1”为自动编号格式。若无数字“1”，则可在“此级别的编号样式”下拉列表中选择“1，2，3，…”编号样式，文本框中也会自动出现带底纹的“1”。然后在“输入编号的格式”文本框的数字前面和后面分别输入“第”和“章”（不能删除文本框中带有灰色底纹的数字）。在“编号对齐方式”下拉列表中选择“左对齐”，对齐位置设置为“0 厘米”，文本缩进位置设置为“0 厘米”。在“将级别链接到样式”下拉列表中选择“标题 1”样式，表示第 1 级标题采用“标题 1”样式。在“编号之后”下拉列表中选择“空格”。

（3）在“单击要修改的级别”列表框中选择“2”，在“输入编号的格式”文本框中将自动出现带底纹的序号“1.1”，第 1 个“1”表示第 1 级序号，即章序号，第 2 个“1”表示第 2 级序号，即节序号，它们均为自动编号。若文本框中无序号“1.1”，则可在“包含的级别编号来自”下拉列表中选择“级别 1”，在“输入编号的格式”文本框中将自动出现“1”，然后输入“.”。在“此级别的编号样式”下拉列表中选择“1，2，3，…”样式。在“输入编号的格式”文本框中将出现节序号“1.1”。在“编号对齐方式”下拉列表中选择“左对齐”，对齐位置设置为“0 厘米”，文本缩进位置设置为“0 厘米”。在“将级别链接到样式”下拉列表中选择“标题 2”样式，表示第 2 级标题采用“标题 2”样式。在“编号之后”下拉列表中选择“空格”。

（4）若还要设置第 3 级、第 4 级等多级编号，则可按相同方法设置，最后单击“确定”按钮，退出“定义新多级列表”对话框。此时，插入点所在的段落将变成带自动编号“第 1 章”的章标题格式，删除原有的字符“第 1 章”。

（5）在“开始”选项卡“样式”组的“预设样式”库中将会出现带有多级列表的“标题 1”和“标

题 2”样式。如果设置了更多级列表，则还会出现定义好的其他标题样式。

(6)在“预设样式”库中右击“标题 1”，在弹出的快捷菜单中选择“修改”命令，弹出“修改样式”对话框，单击“居中”按钮，将“标题 1”样式设为居中对齐，单击“确定”按钮。

(7)在“预设样式”库中右击“标题 2”，在弹出的快捷菜单中选择“修改”命令，弹出“修改样式”对话框，单击左下角的“格式”下拉按钮，在弹出的下拉菜单中选择“段落”命令，弹出“段落”对话框，将缩进的“左侧”值修改为 0，单击“确定”按钮返回，然后单击“确定”按钮使设置生效。

(8)将插入点定位在文档的节标题中，单击“预设样式”库中的“标题 2”样式，则节名设为指定的格式。选择节标题中原来的编号“1.1”并删除。

(9)可以将“标题 1”和“标题 2”应用于其他章名和节名。标题应用样式后的效果如图 8-2 所示。

2. 操作与练习(3)的参考步骤

(1)新建“样式 02”的具体操作步骤如下。

①将插入点移至正文的任意位置，单击“开始”选项卡“样式”组右侧的对话框启动器按钮，打开“样式”任务窗格。单击任务窗格下面的“新建样式”按钮，弹出“根据格式化创建新样式”对话框，如图 8-3 所示。

图 8-2 标题应用样式后的效果

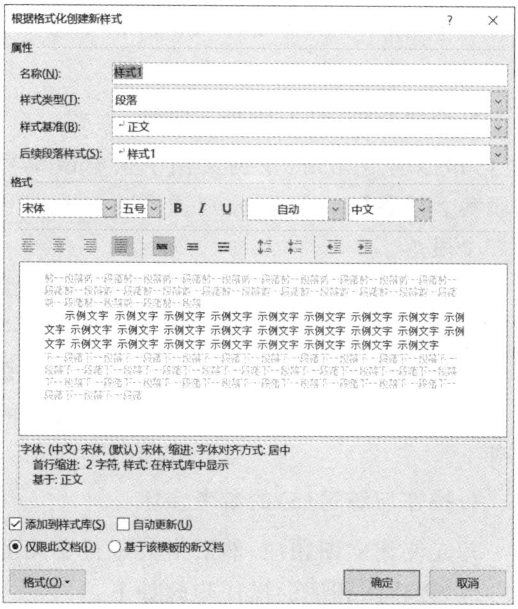

图 8-3 “根据格式化创建新样式”对话框

②在“名称”文本框中输入新样式的名称“样式 02”。

③“样式类型”下拉列表中有“段落”“字符”等样式，选择默认的“段落”样式。在“样式基准”下拉列表中选择一个可作为创建基准的样式，选择“正文”。在“后续段落样式”下拉列表中保持默认值。

④字符和段落格式可以在该对话框的“格式”选项组中设置，如字体、字号、对齐方式等；也可以单击对话框左下角的“格式”下拉按钮，在弹出的下拉菜单中选择“字体”命令，在弹出的“字体”对话框中进行字符格式设置。设置好字符格式后，单击“确定”按钮返回。

⑤单击图 8-3 左下角的“格式”下拉按钮，在弹出的下拉菜单中选择“段落”命令，在弹出的“段落”对话框中设置段落格式。设置好段落格式后，单击“确定”按钮返回。

⑥在“格式”下拉菜单中还可以选择其他命令，将会弹出对应的对话框，然后可根据需要进

行相应设置。在图 8-3 中单击“确定”按钮，“预设样式”库中将会显示新创建的样式“样式 02”，“样式”任务窗格中也会显示该样式。

（2）应用“样式 02”的具体操作步骤如下。

①将插入点移至正文中除各级标题和图的题注之外的任意位置，也可以选择所需文本，或者同时选择多个段落的文本。

②单击“开始”选项卡“样式”组中的“预设样式”库中的“样式 02”，或者单击“样式”任务窗格中的“样式 02”，可将该样式应用于插入点所在段落或所选段落。

③用相同的方法将“样式 02”应用于正文中的其他段落。

注意

正文中的标题（标题 1、标题 2）、表格（表格内的数据）、表和图的题注禁止使用“样式 02”。若正文中已设置好自动编号或项目符号，也不可使用“样式 02”，否则自动编号或项目符号将被自动删除。

包括章名、节名标题样式和新建样式“样式 02”在内，应用“样式 02”后的文档结果如图 8-4 所示。

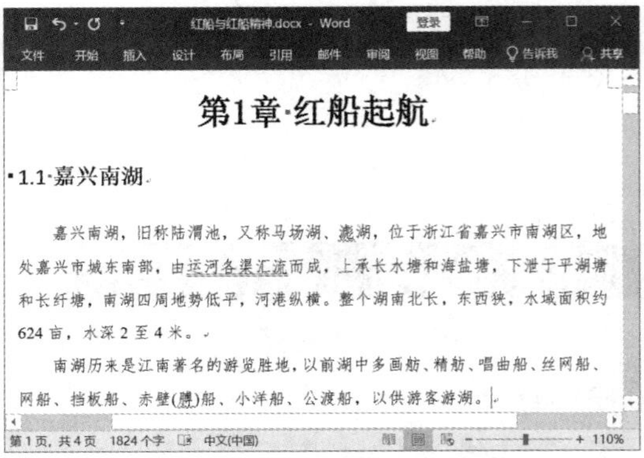

图 8-4　应用“样式 02”后的文档结果

3. 操作与练习（4）的参考步骤

（1）拖动滚动条，找到文档中要修改编号的段落。按住【Ctrl】键，分别选择要修改编号的 3 个段落。

（2）单击“开始”选项卡“段落”组中的“编号”下拉按钮，在弹出的下拉菜单中选择与文档中编号相同的自动编号，选择的段落将调整为自动编号形式。手动删除文档中原来的编号。

4. 操作与练习（5）的参考步骤

操作与练习（5）～（10）

首先要建立图题注，然后对其进行交叉引用。

（1）创建图题注的操作步骤如下。

①将插入点定位在文档中第一张图下面一行文字的左侧，单击“引用”选项卡“题注”组中的“插入题注”按钮，弹出“题注”对话框，如图 8-5（a）所示。

②在“标签”下拉列表中选择“图”。若没有标签“图”，则单击“新建标签”按钮，在弹出的“新建标签”对话框中输入标签名称“图”，单击“确定”按钮返回。

③“题注”文本框中将会出现“图 1”。单击“编号”按钮，弹出“题注编号”对话框，选择格式为“1,2,3,…”的类型，勾选“包含章节号”复选框，在“章节起始样式”下拉列表中选择“标题 1”，在“使用分隔符”下拉列表中选择“-（连字符）”，如图 8-5（b）所示。单击“确定”按钮，返回“题注”对话框。

④单击“确定”按钮完成题注的添加，此时插入点处将会自动出现“图 1-1”题注编号。输入一个空格，使题注编号与后面的文字间隔一个空格。选择图题注及图，单击“开始”选项卡“段落”组中的“居中”按钮，实现图题注及图的居中显示。

3. 字符运算符

字符运算符只有一个，即 &。

10.3.2 使用单元格引用

单元格引用是 Excel 公式的重要组成部分，用来指明公式中使用的数据及其所在的位置。单元格引用分为相对引用、绝对引用、混合引用和三维引用 4 种。

1. 相对引用

相对引用是指在公式中需要引用单元格的值时直接用单元格名称表示，例如公式"＝E2＋F2＋G2＋H2"中就包含相对引用，表示在公式中引用了 E2、F2、G2 和 H2 单元格的数据；又如公式"＝SUM(B3:E3)"表示引用 B3:E3 单元格区域的数据。

相对引用的主要特点是，当包含相对引用的公式被复制到其他单元格时，Excel 会自动调整公式中的单元格名称。

2. 绝对引用

绝对引用是指在公式中引用单元格时，在单元格名称的行、列坐标前均添加符号"$"，这个公式被复制到任何地方，该单元格引用不会发生变化。行、列前加 $，可按【F4】功能键实现。

3. 混合引用

混合引用是指在一个单元格引用中，既有绝对引用又有相对引用。包含混合引用的公式被复制到其他单元格时，公式中的绝对引用部分不会发生变化，相对引用部分会根据位置自动调整单元格名称。

4. 三维引用

用户不但可以引用一张工作表的单元格，还可以引用同一工作簿不同工作表的单元格，这种引用方式称为三维引用。三维引用的一般格式为"工作表标签！单元格引用"。

10.3.3 使用函数

函数是 Excel 中为解决那些复杂运算而提供的预置算法，如 SUM、AVERAGE、IF、COUNTIF 等函数。通常，函数通过引用参数接收数据，并返回计算结果。函数由函数名和参数构成。函数的格式如下：

函数名([参数 1],[参数 2],…)

输入函数的方法有许多，最简便的是单击编辑栏中的"插入函数"按钮，弹出"插入函数"对话框，如图 10-1 所示，从中选择需要的 COUNTIFS 函数，单击"确定"按钮，弹出如图 10-2 所示的对话框，利用它可以确定函数的参数。

也可以单击单元格，直接在编辑栏里输入"＝函数名(参数)"。

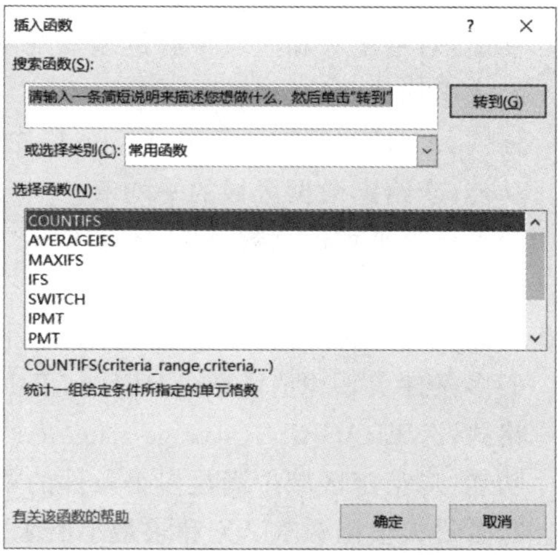

图 10-1 "插入函数"对话框

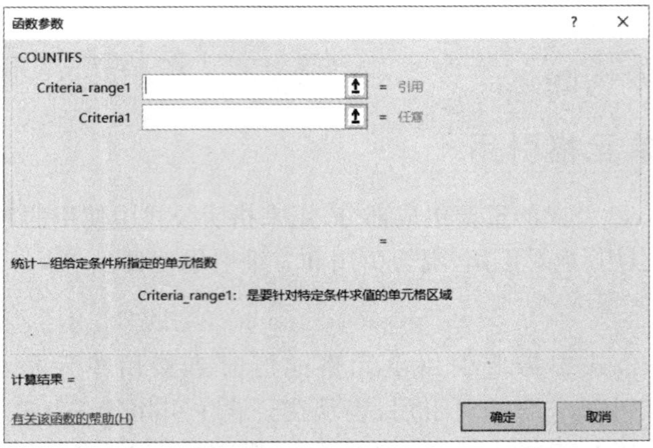

图 10-2　COUNTIFS 的“函数参数”对话框

另外，还可以通过单击“公式”选项卡的“插入函数”按钮，或者从“函数库”组中单击某一类别的函数按钮，从弹出的函数列表中单击所需要的函数。“函数库”组如图 10-3 所示。

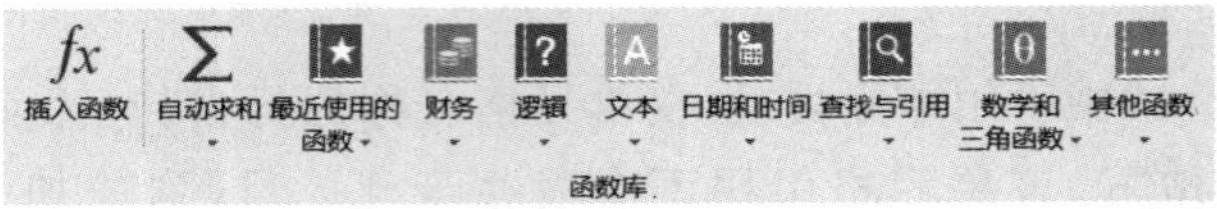

图 10-3　“函数库”组

1. 数值计算函数

1)求和函数 SUM

格式：SUM(number1，number2，…)。

功能：求参数所对应数值的和。参数可以是常数或单元格引用，参数与参数之间用逗号分隔，最多可有 30 个参数。

2)条件求和函数 SUMIF

格式：SUMIF(range，criteria，[sum_range])。

功能：根据指定条件对指定数值单元格求和。

3)多条件求和函数 SUMIFS

格式：SUMIFS(sum_range，criteria_range1，criteria1，[criteria_range2，criteria2]，…)。

功能：对指定求和区域中满足多个条件的单元格求和。

4)求平均值函数 AVERAGE

格式：AVERAGE(number1，number2，…)。

功能：求给定数据区域的平均值。

5)条件求平均值函数 AVERAGEIF

格式：AVERAGEIF(range，criteria，[average_range])。

功能：根据条件对指定数值单元格求平均值。

6)多条件求平均值函数 AVERAGEIFS

格式：AVERAGEIFS(average_range，criteria_range1，criteria1，[criteria_range2，criteria2]，…)。

功能：对指定区域中满足多个条件的单元格求平均值。

7)求最大值函数 MAX 和求最小值函数 MIN

格式：MAX(number1，number2，…) 和 MIN(number1，number2，…)。

功能：分别用于求参数表中对应数字的最大值和最小值。

8)取整函数 INT

格式:INT(number)。

功能:将数字向下舍入最接近的整数。

9)四舍五入函数 ROUND

格式:ROUND(number, num_digits)。

功能:对指定数据 number,四舍五入保留 num_digits 位小数。

10)求余数函数 MOD

格式:MOD(number, divisor)。

功能:返回两数相除的余数,结果的正、负号与除数相同。

2. 文本函数

1)字符长度测试函数 LEN 和 LENB

格式:LEN(TEXT)和 LENB(TEXT)。

功能:统计指定字符串中字符的个数,空格也作为字符计数。函数 LEN 和 LENB 的区别主要体现在计算汉字长度上,前者汉字同字母一样计算,即一个汉字代表一个长度,后者则一个汉字代表两个长度。

2)截取子字符串函数

(1)左截函数 LEFT。

格式:LEFT(text,num_chars)。

功能:将字符串 text 从左边第一个字符开始,向右截取 num_chars 个字符。

(2)右截函数 RIGHT(text,num_chars)。

格式:RIGHT(text,num_chars)。

功能:将字符串 text 从右边第一个字符开始,向左截取 num_chars 个字符。

(3)截取任意位置子字符串函数 MID。

格式:MID(text,start_num,num_chars)。

功能:将字符串 text 从第 start_num 个字符开始,向右截取 num_chars 个字符。

3)字符串替换函数 REPLACE

格式:REPLACE(old_text,start_num,num_chars,new_text)。

功能:对指定字符串,从指定位置开始,用新字符串替换原有字符串中的若干个字符。

3. 统计函数

1)统计计数函数 COUNT

格式:COUNT(number1,number2,…)。

功能:统计给定数据区域中所包含的数值型数据的单元格个数。

与 COUNT 函数相类似的还有以下函数。

①COUNTA(value1,value2,…)函数,用于计算参数列表(value1,value2,…)中所包含的非空值的单元格个数。

②COUNTBLANK(range)函数,用于计算指定单元格区域(range)中空白单元格的个数。

2)条件统计函数 COUNTIF

格式:COUNTIF(range,criteria)。

功能:统计指定数据区域内满足单个条件的单元格的个数。

3)多条件统计函数 COUNTIFS

格式:COUNTIFS(criteria_range1, criteria1, [criteria_range2, criteria2]…)。

功能:统计指定数据区域内满足多个条件的单元格的个数。

4)排名函数 RANK. EQ

格式:RANK. EQ(number,ref,[order])。

功能:返回一个数值在指定数据区域中的排名。

另外,RANK. AVG 函数用于返回一个数字在数字列表中的排名,数字的排名是其大小与列表中其他值的比较值;如果多个值具有相同的排名,则将返回平均排名。

RANK 函数是 Excel 2010 版本以前的排名函数,现在被归类在兼容性函数中,其功能与 RANK. EQ 函数相同。

4. 日期函数

1)求当前系统日期函数 TODAY

格式:TODAY()。

功能:返回当前的系统日期。

2)求当前系统日期和时间函数 NOW

格式:NOW()。

功能:返回当前的系统日期和时间。

3)返回日期函数 DATE

格式:DATE(year,month,day)。

功能:返回一个特定的日期。

4)年函数 YEAR

格式:YEAR(serial_number)。

功能:返回指定日期所对应的 4 位的年份,值为 1900～9999 的整数。

5)小时函数 HOUR

格式:HOUR(serial_number)。

功能:返回指定时间值中的小时数,即介于 0(12:00 AM)到 23(11:00 PM)之间的一个整数值。

5. 逻辑函数

1)条件判断函数 IF

格式:IF(logical,value_if_true,value_if_false)。

功能:根据条件的判断决定相应的返回结果。

2)逻辑与函数 AND

格式:AND(logical1,logical2,…)。

功能:返回逻辑值。如果所有参数值均为逻辑“真”(TRUE),则返回 TRUE;否则返回 FALSE。

此外,OR(logical1,logical2,…)函数用来返回逻辑值,仅当所有参数值均为逻辑“假”(FALSE)时,返回 FALSE,否则返回 TRUE。

NOT(logical) 函数用来对参数值求反。

3)多条件判断函数 IFS

格式:IFS(logical_test1,value_if_true1,[logical_test2,value_if_true2],…)。

功能:检查是否满足一个或多个条件,且返回符合第一个 TRUE 条件的值。

10.3.4 保护工作表

工作表的保护可以保护整张工作表的数据,也可以只保护工作表中部分单元格的数据。在设置工作表的保护方式之前,必须先将所有需要保护的单元格设置为“锁定”状态。这样,当设置了工作表的保护方式后,对锁定的单元格就不能进行任何修改操作了。

要锁定单元格,可以单击“开始”选项卡“数字”组右侧的对话框启动器按钮,在弹出的“设置单元格格式”对话框中选择“保护”选项卡,如图 10-4 所示,勾选“锁定”复选框。

要保护工作表,可单击“审阅”选项卡“保护”组中的“保护工作表”按钮,在弹出的“保护工作表”对话框中选择要保护的项目,如图 10-5 所示,设置密码,单击“确定”按钮,便完成了对工作表的保护设置。

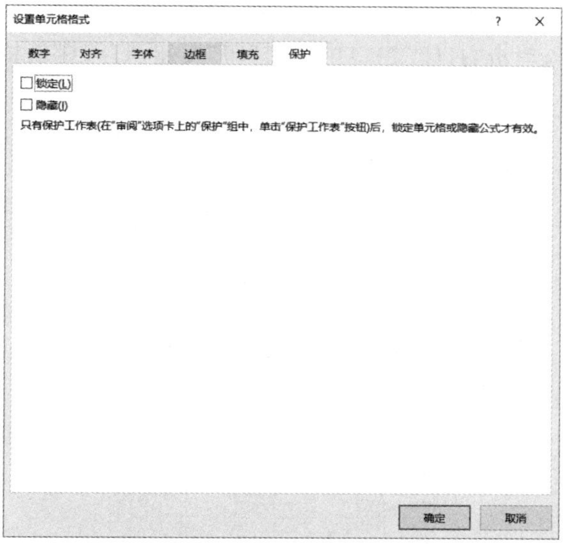

图 10-4 “保护”选项卡

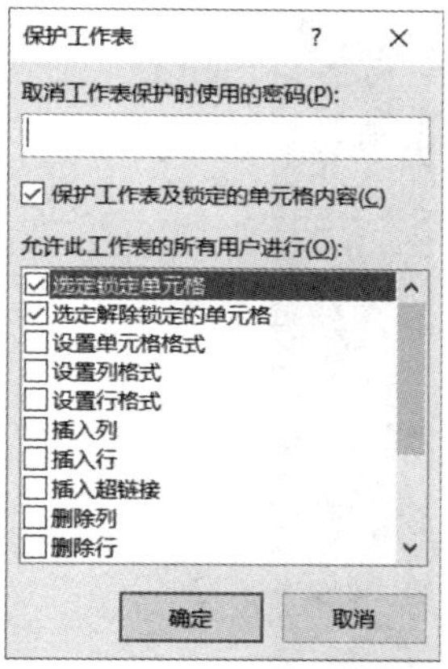

图 10-5 “保护工作表”对话框

若只对工作表中的部分数据设置保护,则应先取消勾选“锁定”复选框(因为整张工作表的默认方式为“锁定”),再将需要保护的数据重新设置为“锁定”状态,最后设置保护工作表。

在 Excel 工作表中进行公式计算后,当单击包含公式的单元格时,公式就会出现在编辑栏中。只要将包含公式的单元格设置为“隐藏”状态,并进行工作表的保护设置后,单击该单元格时,公式就不会出现在编辑栏中。设置方法为:在“设置单元格格式”对话框的“保护”选项卡中勾选“隐藏”复选框。

取消工作表保护的方法是:单击“审阅”选项卡“保护”组中的“撤销工作表保护”按钮,如果在设置工作表保护时设置了密码,则必须输入正确的密码才能撤销保护。

10.3.5 打印工作表

为了打印出令人满意的工作表效果,在打印表格前需对其进行页面布局设置。

页面设置可通过单击“页面布局”选项卡“页面设置”组中的对话框启动器按钮,打开“页面

图 10-6 “页面设置”对话框

设置”对话框，如图 10-6 所示。

• “页面”选项卡：确定打印方向（横向或纵向）、缩放比例、纸张大小、打印质量等。

• “页边距”选项卡：设置工作表与纸张边界之间的距离。

• “页眉/页脚”选项卡：添加表格出处（公司的名称、企业标志）及每页下方的页码、页数等信息。

• “工作表”选项卡：设置工作表的打印区域、顶端标题行、左端标题列、打印方式等。

对工作表的纸张方向和大小、页边距、页眉和页脚及打印区域等进行设置，并通过打印预览感觉打印效果满意后，就可以开始打印了。在“打印预览”窗口中单击“打印”按钮实现打印；也可以选择“文件”→“打印”命令，弹出如图 10-7 所示的“打印”窗口，可以设置打印的份数、打印的页码、打印机的属性等，单击“打印”窗口中的“打印”按钮，打印机就将当前的工作表打印出来了。

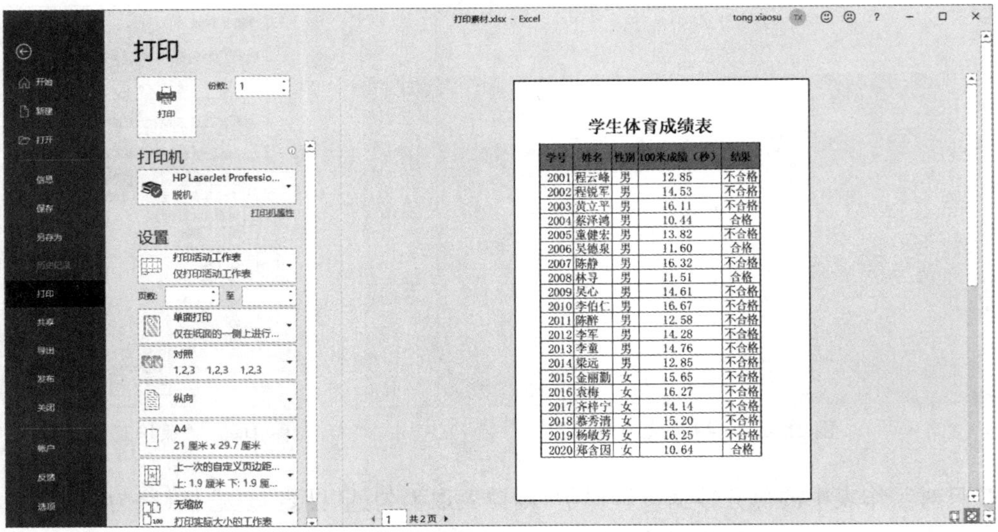

图 10-7 “打印”窗口

10.3.6 操作与练习

打开在“实验 9”中建立的 qmcj. xlsx 工作簿，在“计算机期末成绩统计表”工作表中完成以下操作。

（1）在“选择题”列前插入一列，列标题为“考试时间”，并利用公式计算出考试所用时间。

（2）在“网页题”列后增加一列“总分”，总分的计算规则为：各个题型分数之和，其中 POWERPOINT 题和网页题以二选一的方式记录，两题当中分数高者记入总分。

（3）在“总分”列后增加一列“名次”，并计算出每个学生的名次。

（4）在“名次”列后增加一列“总评”，其值的填入规则为：总分大于或等于 90 分的为“优秀”；总分大于或等于 80 分且小于 90 分的为“良好”；总分大于或等于 70 分且小于 80 分的为

“中等”；总分大于或等于 60 分且小于 70 分的为“合格”；其余为“不合格”，操作结果如图 10-8 所示。

图 10-8 练习(1)～(4)的操作结果

(5)分别计算每种题型得分和总分的最大值与最小值，将计算结果放于 G18:N19 区域相应的单元格中。

(6)根据表 10-1 所示的题型及分数分配表，利用公式完成各种题型平均失分率的计算，并将计算结果保留 2 位小数填入“计算机期末考试成绩统计表”工作表的 G20:M20 区域相应的单元格中，并以百分比的形式显示，操作结果如图 10-9 所示。

表 10-1 题型及分数分配表

题型	选择题	WIN 操作题	打字题	WORD 题	EXCEL 题	POWERPOINT 题	网页题
分数	25	5	5	25	25	15	15

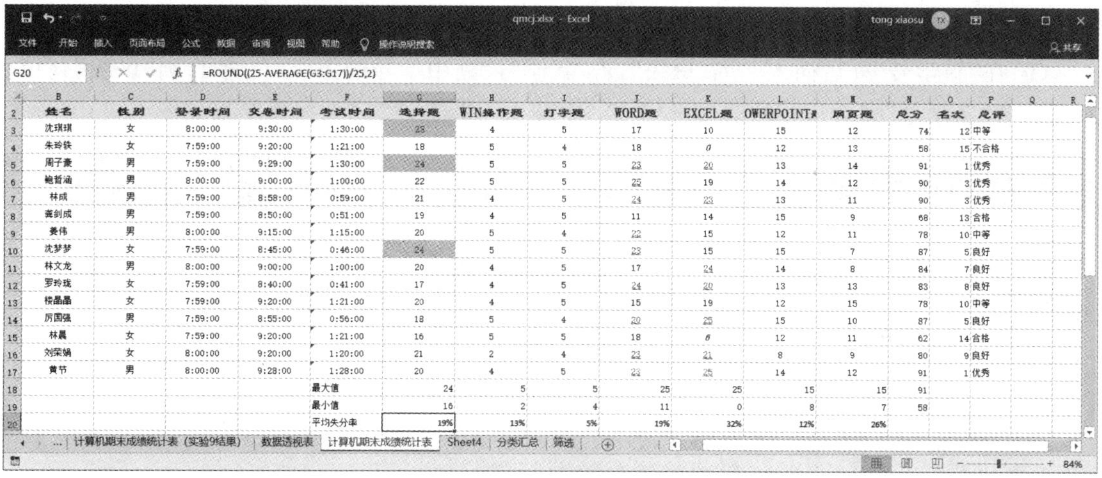

图 10-9 练习(5)～(6)的操作结果

(7)利用函数完成成绩分布统计的计算，如表 10-2 所示，并将计算结果填入“计算机期末考试成绩统计表”相应的位置(建议将此统计区域放置在 F22 单元格开始的区域中)，操作结果如图 10-10 所示。

表 10-2　各分数段的人数统计表

分数区间	人数	考试时间在 1 个小时之内的男生人数
90 以上		
80～89		
70～79		
60～69		
60 以下		

图 10-10　练习(7)的操作结果

(8)在“学号”列后插入一列“新学号”，对原学号中最后两位大于 08 的学号，将其第 10 位改为“2”，并重新开始编号；其余学号不变，并将结果填入“新学号”列。例如，学号 201959173101 填入“新学号”列时其值不变，学号 201959173109 填入“新学号”列时其值变为 201959173201，学号 201959173110 填入“新学号”列时其值变为 201959173202，以此类推。

(9)在“新学号”列后插入一列“班级”，若“新学号”列中学号的第 10 位为 1，则“班级”列填入“1 班”；若“新学号”列中学号的第 10 位为 2，则“班级”列填入“2 班”，操作结果如图 10-11 所示。

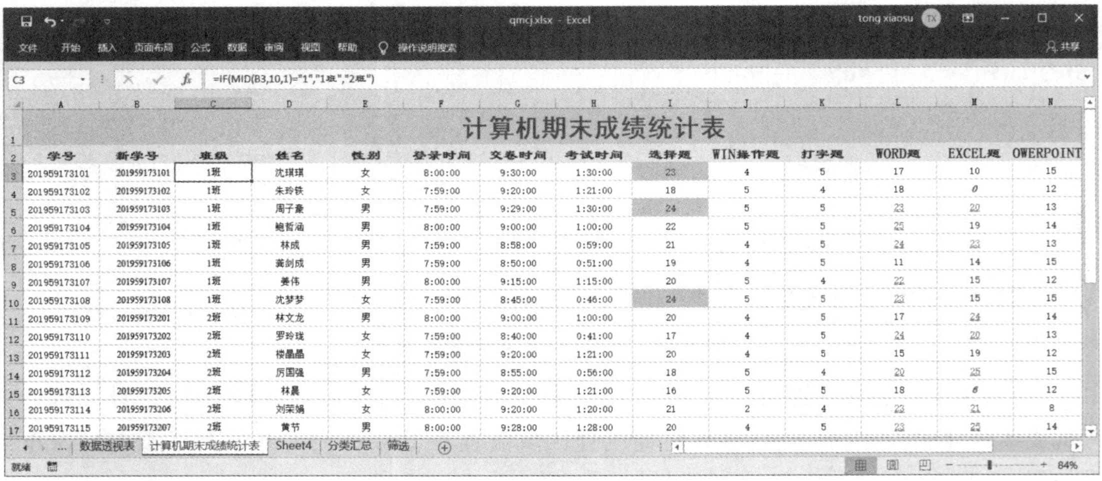

图 10-11　练习(8)～(9)的操作结果

(10)利用公式和函数完成各班级考试成绩的计算,如表 10-3 所示,其中班级平均分保留一位小数,合格率保留 3 位小数并用百分比表示,并将计算结果填入“计算机期末考试成绩统计表”相应的位置(建议将此统计区域放置于 H30 单元格开始的区域中),操作结果如图 10-12 所示。

表 10-3 各班级考试成绩统计表

班级	班级平均分	不合格人数	优秀人数(>=90)	合格率
1 班				
2 班				

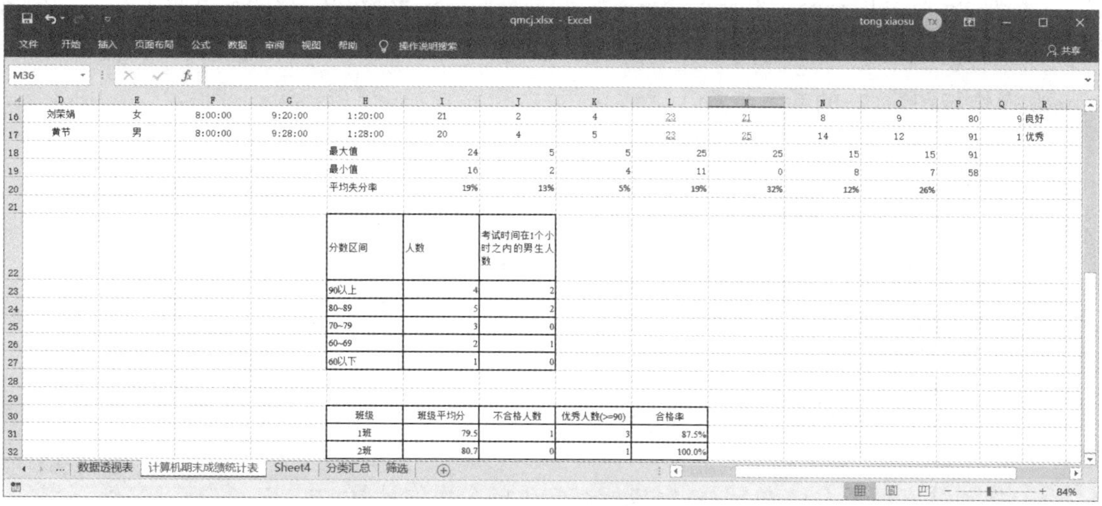

图 10-12 练习(10)的操作结果

(11)将表格标题栏重新调整,将单元格合并区域扩展至 R1 单元格。将“计算机期末成绩统计表”工作表的外边框设置为粗实线,内表格线设置为细实线,再通过打印预览查看打印效果,并将打印方向设置为“横向”,将缩放设置为“将工作表调整为一页”,打印预览结果如图 10-13 所示。

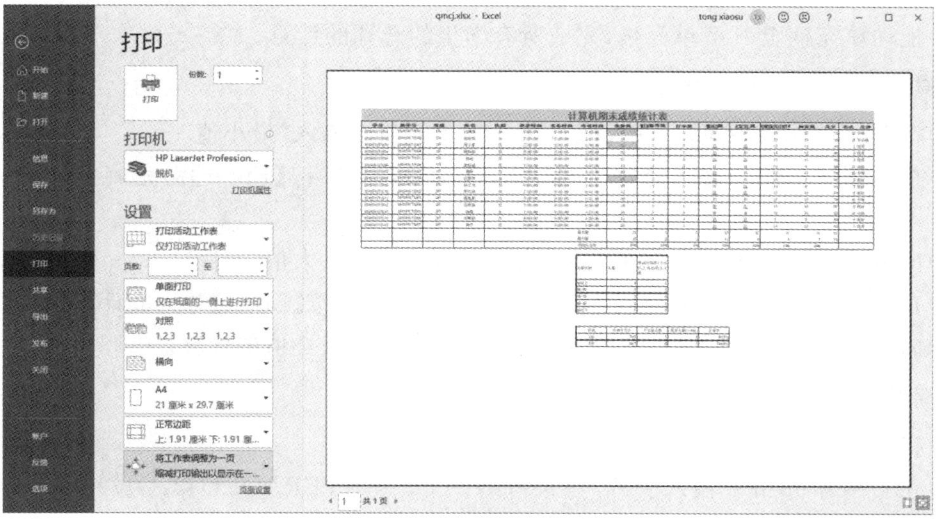

图 10-13 打印预览效果

(12)将各个题型的得分锁定，然后进行工作表保护。

(13)将工作簿以文件名 qmcj. xlsx 保存到 D:\MYDIR 文件夹中。

10.3.7 操作与练习的参考步骤

操作与练习（1）～（4）

1. 操作与练习(1)的参考步骤

(1)选中 F 列，右击，在弹出的快捷菜单中选择“插入”，即在 F 列之前插入一空列。

(2)输入列的名称“考试时间”。

(3)在 F3 单元格中输入公式“＝E3－D3”，并按【Enter】键确认，接着拖动填充柄至 F17 单元格，完成所有学生的考试时间的计算。

2. 操作与练习(2)的参考步骤

(1)在 N2 单元格中输入列名称“总分”。

(2)在 N3 单元格中输入公式“＝SUM(G3:K3)＋IF(L3＞M3,L3,M3)”或“＝G3＋H3＋I3＋J3＋K3＋IF(L3＞M3,L3,M3)”，并按【Enter】键完成计算。

(3)拖动填充柄至 N17 单元格，完成所有学生的总分的计算。

3. 操作与练习(3)的参考步骤

(1)在 O2 单元格中输入列名称“名次”。

(2)在 O3 单元格中输入公式“＝RANK. EQ(N3, ＄N＄3: ＄N＄17)”，并按【Enter】键完成计算。

(3)拖动填充柄至 O17 单元格，完成所有学生的名次的计算。

4. 操作与练习(4)的参考步骤

(1)在 P2 单元格中输入列名称“总评”。

(2)在 P3 单元格中输入公式“＝IFS(N3＞＝90,"优秀",N3＞＝80,"良好",N3＞＝70,"中等",N3＞＝60,"合格",TRUE,"不合格")”或“＝IF(N3＞＝90,"优秀",IF(N3＞＝80,"良好",IF(N3＞＝70,"中等",IF(N3＞＝60,"合格","不合格"))))”，并按【Enter】键完成计算。

(3)拖动填充柄至 P17 单元格，完成所有学生的总评的计算。

操作与练习（5）～（6）

5. 操作与练习(5)的参考步骤

(1)在 F18 单元格中输入“最大值”，在 F19 单元格中输入“最小值”。

(2)在 G18 单元格中输入公式“＝MAX(G3:G17)”，并按【Enter】键完成计算。

(3)向右拖动填充柄至 N18 单元格，完成所有成绩的最大值的计算。

(4)在 G19 单元格中输入公式“＝MIN(G3:G17)”，并按【Enter】键完成计算。

(5)向右拖动填充柄至 N19 单元格，完成所有成绩的最小值的计算。

6. 操作与练习(6)的参考步骤

(1)在 F20 单元格中输入“平均失分率”。

(2)在 G20 单元格中输入公式“＝ROUND((25－AVERAGE(G3:G17))/25,2)”，并按【Enter】键完成计算，复制 G20 单元格的公式至 J20 和 K20 单元格，完成 WORD 题和 EXCEL 题失分率的计算。

(3)在 H20 单元格中输入公式“＝ROUND((5－AVERAGE(H3:H17))/5,2)”,并按【Enter】键完成计算,并向右拖动填充柄至 I20 单元格,完成打字题失分率的计算。

(4)在 L20 单元格中输入公式“＝ROUND((15－AVERAGE(L3:L17))/15,2)”,并按【Enter】键完成计算,并向右拖动填充柄至 M20 单元格,完成网页题的失分率计算。

(5)选中 G20:M20 单元格区域,单击“开始”→“数字”→“百分比样式”按钮,完成百分比样式的显示。

7. 操作与练习(7)的参考步骤

(1)在 F22:H27 单元格区域中输入表 10-2 的内容,然后选择 F22:H27 单元格区域,单击“开始”选项卡“字体”组中的“下框线”下拉按钮,在弹出的下拉菜单中选择“所有框线”命令,为 F22:H27 单元格区域添加边框线。

(2)在 G23 单元格中输入以下公式:＝COUNTIF(N3:N17,"＞＝90"),并按【Enter】键确定。

(3)在 G24 单元格中输入以下公式:＝COUNTIFS(N3:N17,"＞＝80",N3:N17,"＜90"),并按【Enter】键确定。

操作与练习(7)～(8)

(4)在 G25 单元格中输入以下公式:＝COUNTIFS(N3:N17,"＞＝70",N3:N17,"＜80"),并按【Enter】键确定。

(5)在 G26 单元格中输入以下公式:＝COUNTIFS(N3:N17,"＞＝60",N3:N17,"＜70"),并按【Enter】键确定。

(6)在 G27 单元格中输入以下公式:＝COUNTIF(N3:N17,"＜60"),并按【Enter】键确定。

(7)在 H23 单元格中输入以下公式:＝COUNTIFS(N3:N17,"＞＝90",C3:C17,$C$5,F3:F17,"＜＝1:00:00"),并按【Enter】键确定。

(8)在 H24 单元格中输入以下公式:＝COUNTIFS(N3:N17,"＞＝80",N3:N17,"＜90",C3:C17,$C$5,F3:F17,"＜＝1:00:00"),并按【Enter】键确定。

(9)在 H25 单元格中输入以下公式:＝COUNTIFS(N3:N17,"＞＝70",N3:N17,"＜80",C3:C17,$C$5,F3:F17,"＜＝1:00:00"),并按【Enter】键确定。

(10)在 H26 单元格中输入以下公式:＝COUNTIFS(N3:N17,"＞＝60",N3:N17,"＜70",C3:C17,$C$5,F3:F17,"＜＝1:00:00"),并按【Enter】键确定。

(11)在 H27 单元格中输入以下公式:＝COUNTIFS(N3:N17,"＜60",C3:C17,$C$5,F3:F17,"＜＝1:00:00"),并按【Enter】键确定。

8. 操作与练习(8)的参考步骤

(1)选中 B 列,右击,在弹出的快捷菜单中选择“插入”命令,即在 B 列之前插入一空列。

(2)输入列的名称“新学号”。

(3)在 B3 单元格中输入公式“＝IF(MID(A3,11,2)＞"08",REPLACE(A3,10,1,"2")－8,A3)”,并按【Enter】键确认,设置 B3 单元格格式为数值,小数位数为 0,接着拖动填充柄至 B17 单元格,完成所有记录新学号的计算。

9. 操作与练习(9)的参考步骤

(1)选中 C 列,右击,在弹出的快捷菜单中选择“插入”命令,即在 C 列之前插入一空列。

(2)输入列的名称“班级”。

(3)在 C3 单元格中输入公式“=IF(MID(B3,10,1)="1","1 班","2 班")”,并按【Enter】键确认,接着拖动填充柄至 C17 单元格,完成所有记录班级的计算。

10. 操作与练习(10)的参考步骤

(1)在 H30:L32 单元格区域中输入表 10-3 的内容,然后选择 H30:L32 单元格区域,单击“开始”选项卡“字体”组中的“下框线”下拉按钮,在弹出的下拉菜单中选择“所有框线”命令,为 H30:L32 单元格区域添加边框线。

(2)在 I31 单元格中输入以下公式:=ROUND(AVERAGEIF($C$3:$C$17,H31,$P$3:$P$17),1),并按【Enter】键确定,接着拖动填充柄至 I32 单元格,完成 2 班平均分的计算。

操作与练习(9)～(10)

(3)在 J31 单元格中输入以下公式:=COUNTIFS($P$3:$P$17,"＜60",$C$3:$C$17,H31),并按【Enter】键确定,接着拖动填充柄至 J32 单元格,完成 2 班不合格人数的计算。

(4)在 K31 单元格中输入以下公式:=COUNTIFS($P$3:$P$17,"＞=90",$C$3:$C$17,H31),并按【Enter】键确定,接着拖动填充柄至 K32 单元格,完成 2 班优秀人数的计算。

(5)在 L31 单元格中输入以下公式:=ROUND(COUNTIFS($P$3:$P$17,"＞=60",$C$3:$C$17,H31)/COUNTIF($C$3:$C$17,H31),3),并按【Enter】键确定,接着拖动填充柄至 L32 单元格,完成 2 班合格率的计算。

(6)选中 L31:L32 单元格区域,单击“开始”→“数字”→“百分比样式”按钮,并设置小数位数为 3 位,完成百分比样式的显示。

11. 操作与练习(11)的参考步骤

操作与练习(11)～(13)

(1)选择 A1:O1 单元格区域,单击“开始”选项卡“对齐方式”组中的“合并后居中”下拉按钮,在弹出的下拉菜单中选择“取消单元格合并”命令,接着选择 A1:R1 单元格区域,单击“开始”选项卡“对齐方式”组中的“合并后居中”按钮,重新合并后居中。

(2)选择 A2:R20 单元格区域,单击“开始”→“字体”→“下框线”→“其他边框”命令,弹出“设置单元格格式”对话框,为 A2:R20 单元格区域添加外粗内细的边框线。

(3)选择“文件”选项卡的“打印”命令,打开“打印”窗口,预览打印效果,并将打印方向设置为“横向”,将缩放设置为“将工作表调整为一页”。

12. 操作与练习(12)的参考步骤

(1)选定所有单元格,单击“开始”选项卡“数字”组右侧的对话框启动器按钮,打开“设置单元格格式”对话框,选择“保护”选项卡,取消勾选“锁定”复选框,单击“确定”按钮。

(2)按住【Ctrl】键,拖动鼠标选定需要保护的数据(I3:O17 单元格区域),重新打开“设置单元格格式”对话框中的“保护”选项卡,勾选“锁定”复选框。

(3)单击“审阅”选项卡“保护”组中的“保护工作表”按钮,打开“保护工作表”对话框,在“取消工作表保护时使用的密码”文本框中输入密码,单击“确定”按钮,完成对所选数据的保护。

13. 操作与练习(13)的参考步骤

单击标题栏左侧的“保存”按钮即可保存工作簿。

实验 11 数据分析与管理

11.1 实验目的

(1)熟练掌握数据的排序操作。
(2)掌握数据的分类汇总操作。
(3)熟练掌握数据的筛选操作。
(4)熟练掌握数据透视表和数据透视图的创建方法。

11.2 实验内容

(1)数据的排序。
(2)数据的分类汇总。
(3)数据的筛选。
(4)数据透视表和数据透视图的制作。

11.3 实验操作步骤

11.3.1 数据排序

1. 单关键字排序

(1)在数据表中单击某一字段名。例如,在如图 11-1 所示的工作表中对“水质类别”降序排列,则单击 M1 单元格。

(2)单击“数据”选项卡“排序和筛选”组中的“降序”按钮,排序结果如图 11-1 所示。

2. 多关键字排序

例如,要对图 11-1 所示的工作表的数据排序,先按“省份”升序排列,如果“省份”相同,则按“水质类别”降序排列,具体操作步骤如下。

(1)在数据表中选定要排序的任意一个单元格。

(2)单击“数据”选项卡“排序和筛选”组中的“排序”按钮，弹出如图 11-2 所示的“排序”对话框。

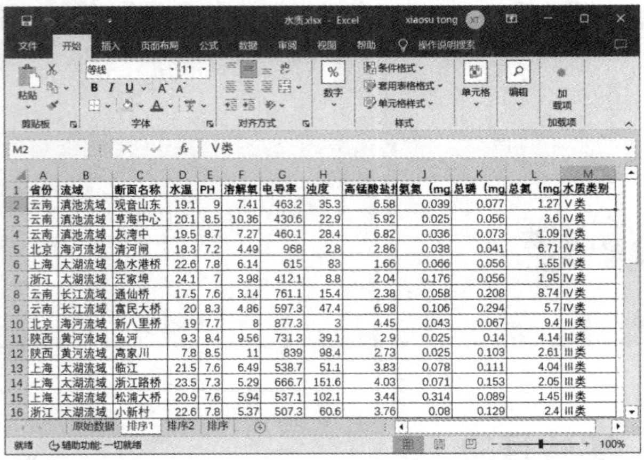

图 11-1　按“水质类别”排序的结果

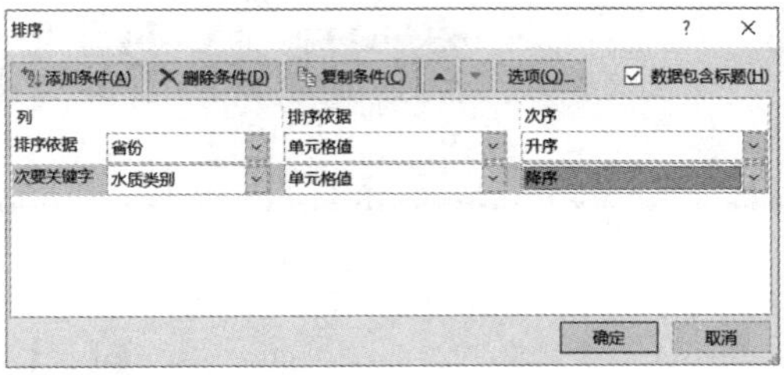

图 11-2　“排序”对话框

(3)单击“添加条件”按钮，在“主要关键字”和“次要关键字”下拉列表中分别选择排序的主要关键字和次要关键字。

(4)在“排序依据”下拉列表中选择“单元格值”，在“次序”下拉列表中选择“升序”或“降序”。

(5)如果要防止数据表的标题被加入排序数据区，则在“排序”对话框中勾选“数据包含标题”复选框，本题需要勾选该复选框。

(6)如果要改变排序方式，则单击“排序”对话框中的“选项”按钮，选择需要的排序方式。

(7)单击“确定”按钮，完成对数据的排序。

11.3.2　数据分类汇总

1. 创建分类汇总

创建分类汇总的前提：先按分类字段排序，使同类数据集中在一起。创建分类汇总的具体操作步骤如下。

(1)先按分类字段排序，从而使同类数据集中在一起。如图 11-3 所示，把相同流域的记录排在一起。

(2)先单击数据表的任意一个单元格，再单击“数据”选项卡“分级显示”组中的“分类汇总”按钮，打开如图 11-4 所示的“分类汇总”对话框。

(3)在“分类字段”下拉列表中，选择分类字段[步骤(1)中的排序字段]。

(4)在“汇总方式”下拉列表中，选择汇总的计算方式。“汇总方式”下拉列表中包括“求和”“计数”“平均值”“最大值”“最小值”“乘积”“数值计算”“标准偏差”等 11 个选项。

(5)在“选定汇总项”列表框中，选择需要计算的列(只能选择数值型字段)，即“水温”“PH”“溶解氧”“电导率”“浊度”等字段。若在步骤(4)中汇总方式选择“平均值”，则表示对“水温”“PH”“溶解氧”“电导率”“浊度”等字段的值分别求平均值。

(6)单击“确定”按钮，完成分类汇总。按图 11-4 中的选项选择，分类汇总结果如图 11-5 所示。

	A	B	C	D	E	F	G	H	I	J	K	L	M
1	省份	流域	断面名称	水温	PH	溶解氧	电导率	浊度	高锰酸盐指	氨氮（mg	总磷（mg	总氮（mg	水质类别
2	云南	滇池流域	牛恋乡	18.7	7.91	7.6	398.5	2.2	1.73	0.025	0.024	3.13	Ⅱ类
3	云南	滇池流域	草海中心	20.1	8.54	10.36	430.6	22.9	5.92	0.025	0.056	3.6	Ⅳ类
4	云南	滇池流域	灰湾中	19.5	8.69	7.27	460.1	28.4	6.82	0.036	0.073	1.09	Ⅳ类
5	云南	滇池流域	观音山东	19.1	9.04	7.41	463.2	35.3	6.58	0.039	0.077	1.27	Ⅴ类
6	北京	海河流域	白石桥	17.6	7.44	10.08	915.7	1.3	1.38	0.1	0.018	7.84	Ⅰ类
7	北京	海河流域	辛庄桥	12.4	8.05	9.15	634.2	1.9	0.81	0.025	0.005	4.02	Ⅰ类
8	北京	海河流域	鼓楼外大街	15.9	7.69	9.05	897.2	6.5	1.77	0.025	0.025	6.27	Ⅱ类
9	北京	海河流域	广北滨河路	15.4	8.16	8.45	1005.6	9.5	2.99	0.025	0.024	3	Ⅱ类
10	北京	海河流域	沙窝	18.6	7.37	9.5	921.3	10.5	3	0.091	0.065	7.02	Ⅱ类
11	北京	海河流域	花园路	16.6	7.58	7.37	1031.8	1.5	1.79	0.048	0.041	7.52	Ⅱ类
12	北京	海河流域	八间房漫水	15.2	8.27	7.56	1149.5	23	3.63	0.497	0.095	7.57	Ⅱ类
13	北京	海河流域	码头	15.9	7.68	7.99	1029.8	60.2	1.8	0.368	0.075	7.89	Ⅱ类
14	北京	海河流域	新八里桥	19	7.72	8	877.3	3	4.45	0.043	0.067	9.4	Ⅲ类
15	北京	海河流域	清河闸	18.3	7.24	4.49	968	2.8	2.86	0.038	0.041	6.71	Ⅳ类
16	陕西	黄河流域	柏树坪	13.9	8.46	8.75	855.6	129.5	1.7	0.025	0.045	3.12	Ⅱ类
17	陕西	黄河流域	温家川	8.8	8.5	9.46	1294.5	9.1	2.02	0.025	0.005	3.36	Ⅱ类
18	陕西	黄河流域	鱼河	9.3	8.42	9.56	731.3	39.1	2.9	0.025	0.14	4.14	Ⅲ类
19	陕西	黄河流域	高家川	7.8	8.51	11	839	98.4	2.73	0.025	0.103	2.61	Ⅲ类
20	上海	太湖流域	明星路桥	22.7	7.77	6.17	462	78.5	3.06	0.086	0.096	2.2	Ⅱ类
21	浙江	太湖流域	顾家桥	22.6	7.7	7.42	239.1	37.8	1.76	0.025	0.044	1.13	Ⅱ类

图 11-3　按“流域”排序后的结果

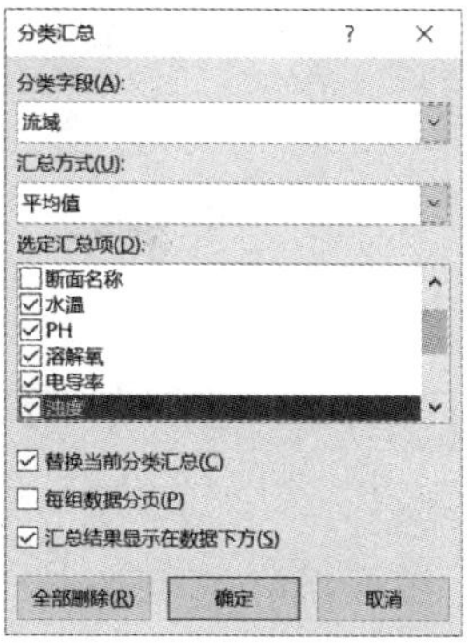

图 11-4　“分类汇总”对话框

	A	B	C	D	E	F	G	H	I	J	K	L	M
1	省份	流域	断面名称	水温	PH	溶解氧	电导率	浊度	高锰酸盐指	氨氮（mg	总磷（mg	总氮（mg	水质类别
2	云南	滇池流域	牛恋乡	18.7	7.91	7.6	398.5	2.2	1.73	0.025	0.024	3.13	Ⅱ类
3	云南	滇池流域	草海中心	20.1	8.54	10.36	430.6	22.9	5.92	0.025	0.056	3.6	Ⅳ类
4	云南	滇池流域	灰湾中	19.5	8.69	7.27	460.1	28.4	6.82	0.036	0.073	1.09	Ⅳ类
5	云南	滇池流域	观音山东	19.1	9.04	7.41	463.2	35.3	6.58	0.039	0.077	1.27	Ⅴ类
6		**滇池流域 平均值**		19.35	8.545	8.16	438.1	22.2	5.2625	0.03125	0.0575	2.2725	
7	北京	海河流域	白石桥	17.6	7.44	10.08	915.7	1.3	1.38	0.1	0.018	7.84	Ⅰ类
8	北京	海河流域	辛庄桥	12.4	8.05	9.15	634.2	1.9	0.81	0.025	0.005	4.02	Ⅰ类
9	北京	海河流域	鼓楼外大街	15.9	7.69	9.05	897.2	6.5	1.77	0.025	0.025	6.27	Ⅱ类
10	北京	海河流域	广北滨河路	15.4	8.16	8.45	1005.6	9.5	2.99	0.025	0.024	3	Ⅱ类
11	北京	海河流域	沙窝	18.6	7.37	9.5	921.3	10.5	3	0.091	0.065	7.02	Ⅱ类
12	北京	海河流域	花园路	16.6	7.58	7.37	1031.8	1.5	1.79	0.048	0.041	7.52	Ⅱ类
13	北京	海河流域	八间房漫水	15.2	8.27	7.56	1149.5	23	3.63	0.497	0.095	7.57	Ⅱ类
14	北京	海河流域	码头	15.9	7.68	7.99	1029.8	60.2	1.8	0.368	0.075	7.89	Ⅱ类
15	北京	海河流域	新八里桥	19	7.72	8	877.3	3	4.45	0.043	0.067	9.4	Ⅲ类
16	北京	海河流域	清河闸	18.3	7.24	4.49	968	2.8	2.86	0.038	0.041	6.71	Ⅳ类
17		**海河流域 平均值**		16.49	7.72	8.164	943.04	12.02	2.448	0.126	0.0456	6.724	
18	陕西	黄河流域	柏树坪	13.9	8.46	8.75	855.6	129.5	1.7	0.025	0.045	3.12	Ⅱ类
19	陕西	黄河流域	温家川	8.8	8.5	9.46	1294.5	9.1	2.02	0.025	0.005	3.36	Ⅱ类
20	陕西	黄河流域	鱼河	9.3	8.42	9.56	731.3	39.1	2.9	0.025	0.14	4.14	Ⅲ类
21	陕西	黄河流域	高家川	7.8	8.51	11	839	98.4	2.73	0.025	0.103	2.61	Ⅲ类
22		**黄河流域 平均值**		9.95	8.4725	9.6925	930.1	69.025	2.3375	0.025	0.07325	3.3075	

图 11-5　分类汇总结果

2. 删除分类汇总

（1）单击分类汇总数据表中的任意一个单元格。

（2）单击“数据”选项卡“分级显示”组中的“分类汇总”按钮，在弹出的“分类汇总”对话框中单击“全部删除”按钮，便能撤销分类汇总。

3. 汇总结果分级显示

在如图 11-5 所示的分类汇总结果中，左边有几个标有“－”“1”“2”“3”的小按钮，利用这些按钮可以实现数据的分级显示。单击外括号下的“－”按钮，则将数据折叠，仅显示汇总的总计，单击“＋”按钮还原；单击内括号中的“－”按钮，则将对应数据折叠，同样单击“＋”按钮还原；若单击左上方的“1”按钮，则表示一级显示，即仅显示汇总总计；单击“2”按钮，则表示二级显示，即显示各类别的汇总数据；单击“3”按钮，则表示三级显示，即显示汇总的全部明细信息。

11.3.3　数据筛选

1. 自动筛选

（1）单击数据表中的任意一个单元格。

（2）单击“数据”选项卡“排序和筛选”组中的“筛选”按钮，在每个字段的右侧出现一个下拉按钮，自动筛选示意图如图 11-6 所示。

（3）单击“浊度”列的下拉按钮，弹出一个下拉菜单，如图 11-7 所示，其中提供了“排序”和“筛选”的详细选项。

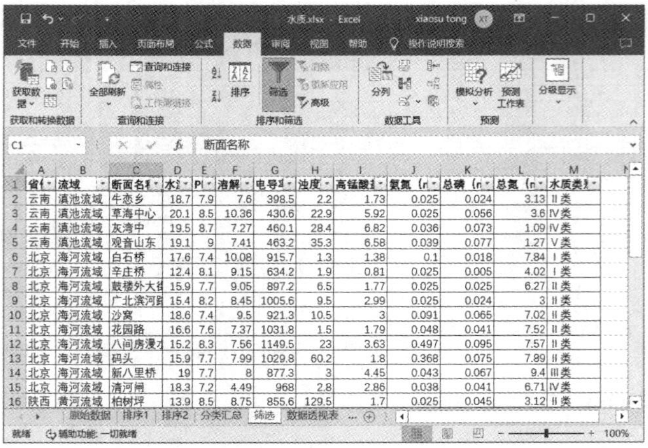

图 11-6　自动筛选示意图

图 11-7　“浊度”列的下拉菜单

(4)从图 11-7 的下拉菜单中选择需要显示的项目。如果其中列出的筛选条件不能满足用户的要求，则单击“数据筛选”子菜单的“自定义筛选”命令，打开“自定义自动筛选”对话框，输入条件表达式，例如筛选水质表中浊度小于 10 或浊度大于 100 的记录，如图 11-8 所示，单击“确定”按钮。筛选后，被筛选字段的下拉按钮由“向下箭头”形状，变成“向下箭头＋漏斗”形状，自动筛选结果如图 11-9 所示。

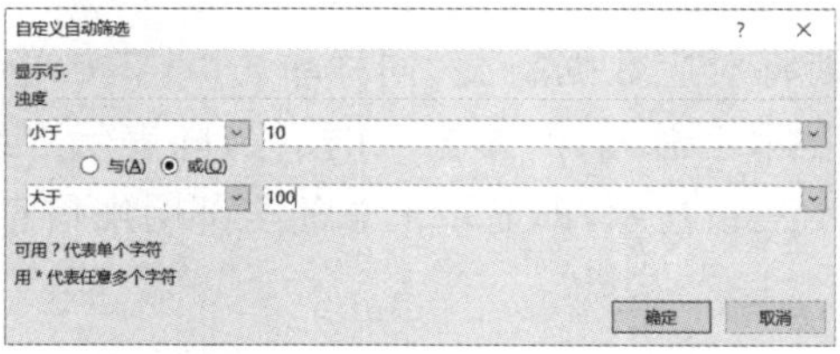

图 11-8　“自定义自动筛选”对话框 1

图 11-9　自动筛选结果

2. 高级筛选

高级筛选的关键是建立一个条件区域，用来指定筛选条件。条件区域的第一行是所有作为筛选条件的字段名，这些字段名与数据列表中的字段名必须一致。

条件区域的构造规则：不同行的条件之间是“或”关系，同一行中的条件之间是“与”关系。

例如，筛选出水质表中溶解氧大于 10 或水质类别为Ⅰ类的记录，并复制到 O1 单元格开始的区域中。在高级筛选时，应先在数据表下方的空白处创建条件区域，具体操作步骤如下。

（1）将条件中涉及的字段名“溶解氧”和“水质类别”复制到数据表下方的空白处，然后输入条件表达式，如图 11-10 所示。

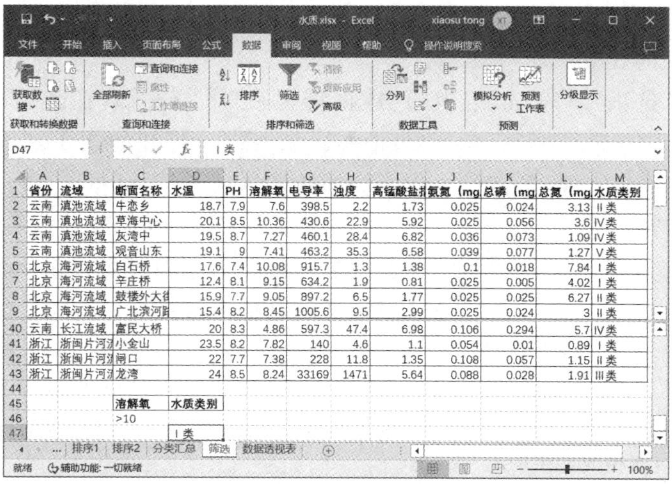

图 11-10 逻辑“或”条件区域的构造

（2）单击数据表中的任意一个单元格。

（3）单击“数据”选项卡“排序和筛选”组中的“高级”按钮，弹出“高级筛选”对话框，如图 11-11(a)所示。

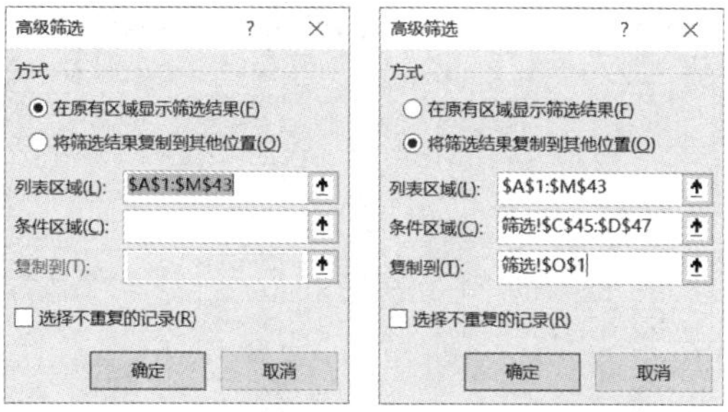

(a) (b)

图 11-11 “高级筛选”对话框

（4）如果只需将筛选结果在原数据区域显示，则选中“在原有区域显示筛选结果”单选按钮；若要将筛选结果复制到其他位置，则选中“将筛选结果复制到其他位置”单选按钮，并在“复制到”下拉列表中指定筛选后复制到的起始单元格，本例中选择 O1 单元格。

（5）在“列表区域”文本框中已经指出了数据表的范围。单击“列表区域”文本框右侧的区域数据选择按钮，可以修改或重新选择数据区域。

（6）单击“条件区域”文本框右侧的区域数据选择按钮，选择已经定义好条件的区域（本例为 C45:D47 单元格区域），如图 11-11(b)所示。

（7）单击“确定”按钮，其筛选结果被复制到 O1 单元格开始的数据区域中，如图 11-12 所示。

	O	P	Q	R	S	T	U	V	W	X	Y	Z	AA
1	省份	流域	断面名称	水温	PH	溶解氧	电导率	浊度	高锰酸盐扌	氨氮（mg	总磷（mg	总氮（mg	水质类别
2	云南	滇池流域	草海中心	20.1	8.54	10.36	430.6	22.9	5.92	0.025	0.056	3.6	Ⅳ类
3	北京	海河流域	白石桥	17.6	7.44	10.08	915.7	1.3	1.38	0.1	0.018	7.84	Ⅰ类
4	北京	海河流域	辛庄桥	12.4	8.05	9.15	634.2	1.9	0.81	0.025	0.005	4.02	Ⅰ类
5	陕西	黄河流域	高家川	7.8	8.51	11	839	98.4	2.73	0.025	0.103	2.61	Ⅲ类
6	陕西	长江流域	白水江	15.6	8.34	9.23	355	11.6	0.98	0.025	0.019	1.39	Ⅰ类
7	浙江	浙闽片河涉	小金山	23.5	8.23	7.82	140	4.6	1.1	0.054	0.01	0.89	Ⅰ类

图 11-12 高级筛选结果

11.3.4 数据透视表和数据透视图的制作

1. 创建数据透视表

(1)单击数据表的任意一个单元格。

(2)单击“插入”选项卡“表格”组中的“数据透视表”下拉按钮，在弹出的下拉菜单中选择“表格和区域”命令，打开如图11-13所示的“来自表格或区域的数据透视表”对话框。

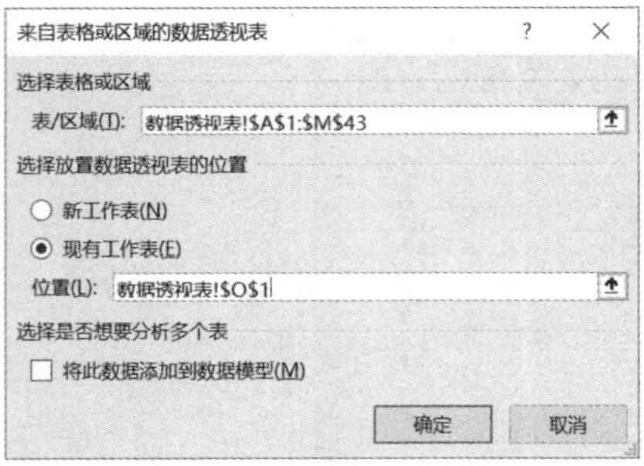

图11-13 “来自表格或区域的数据透视表”对话框

(3)Excel会自动确定数据透视表的区域(插入点所在的数据区域)，用户也可以输入不同的区域或用该区域定义的名称来替换它。

(4)若要将数据透视表放置在新工作表中，则选中“新工作表”单选按钮。若要将数据透视表放在现有工作表中的特定位置，则选中“现有工作表”单选按钮，然后在“位置”文本框中指定放置数据透视表的单元格区域的第一个单元格。

(5)单击“确定”按钮，Excel会将空的数据透视表添加至指定位置并显示“数据透视表字段”任务窗格，如图11-14所示，以便添加字段、创建布局及自定义数据透视表。

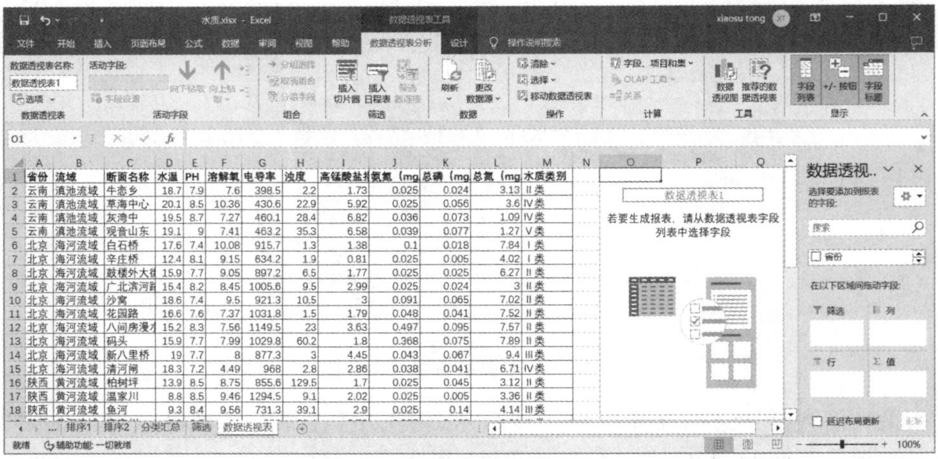

图11-14 数据透视表布局窗口

(6)将“选择要添加到报表的字段”列表框中的字段分别拖动到对应的“筛选”“列”“行”“值”框中。例如，将“省份”拖入“筛选”框，将“水质类别”拖入“列”框，将“流域”拖入“行”框，将“浊度”拖入“值”框中，便能得到不同省份各流域的不同水质类别的浊度汇总情况，如图11-15所示。

2. 修改数据透视表

1)修改数据透视表的布局

对已创建的数据透视表，如果要改变行标签、列标签或值标签中的字段，则单击标签编辑框右端的下拉按钮，在弹出的下拉菜单中选择“删除字段”命令，再重新到字段列表中去拖动需要的字段到相应的标签框中。如果一个标签内添加了多个字段，只需选中字段后向上拖动或向下拖动就可以调整字段的顺序，字段的顺序变了，数据透视表的外观随之变化。

图 11-15　按要求创建的数据透视表

2)修改数据透视表的样式

单击“数据透视表工具”→“设计”选项卡“数据透视表样式”组中任意一个样式,将 Excel 内置的数据透视表样式应用于选中的数据透视表。

3)更改数据透视表中数据的汇总方式

在“数据透视表字段”任务窗格中单击“值”框右端的下拉按钮,在弹出的下拉菜单中选择“值字段设置”命令,弹出如图 11-16 所示的“值字段设置”对话框,在“计算类型”列表框中选择需要的计算类型,单击“确定”按钮完成修改。

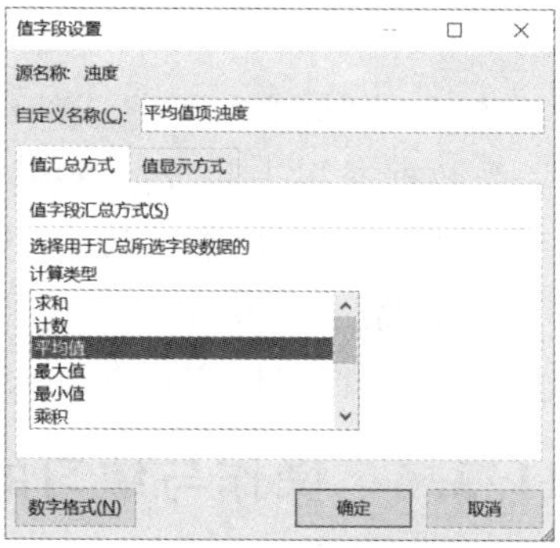

图 11-16　设置值字段汇总方式

3. 创建数据透视图

要建立数据透视图,只需在“插入”选项卡“图表”组中单击“数据透视图”下拉按钮,在弹出的下拉菜单中选择“数据透视图”命令即可,其他操作步骤与创建数据透视表类似,只是在生成数据透视表的同时多生成了一张以数据透视表为数据源的图表。

11.3.5　操作与练习

(1)将 qmcj.xlsx 工作簿中的“计算机期末成绩统计表”工作表的 A2:P17 单元格区域的数据复制到新工作表中,在新工作表中将数据表按班级升序排列,班级相同时,按性别降序排列。

(2)将 Sheet3 工作表中的数据先按班级进行分类汇总,汇总方式是对各类题型和总分求平均值,结果显示在数据下方,接着将 Sheet3 工作表中的数据按性别进行分类汇总,汇总方式是对各类题型和总分求平均值。分类汇总结果如图 11-17 所示,并把工作表重命名为“分类汇总”。

(3)将“计算机期末成绩统计表”工作表的 A2:P17 单元格区域的数据复制到新工作表中,并把工作表重命名为“筛选”,使用自动筛选功能,将“筛选”工作表中总分大于或等于 90 分且班级是 1 班的记录复制到从 R1 单元格开始的单元格区域中。

(4)在“筛选”工作表中使用高级筛选功能,将工作表中总分大于或等于 90 分或性别为“女”的记录复制到从 R8 单元格开始的单元格区域中。

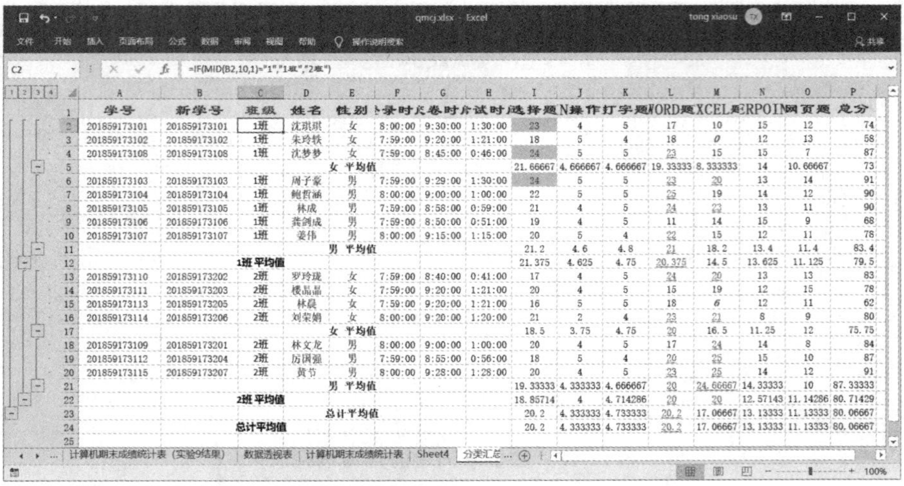

	A	B	C	D	E	F	G	H	I	J	K	L	M	N	O	P
1	学号	新学号	班级	姓名	性别	录时	卷时	试时	选择题	N操作	打字题	ORD题	XCEL题	RPOIN	网页题	总分
2	201859173101	201859173101	1班	沈琪琪	女	8:00:00	9:30:00	1:30:00	23	4	5	17	10	15	12	74
3	201859173102	201859173102	1班	朱玲轶	女	7:59:00	9:20:00	1:21:00	18	5	4	18	0	12	13	58
4	201859173108	201859173108	1班	沈梦梦	女	7:59:00	8:45:00	0:46:00	24	5	5	23	15	15	7	87
5					女 平均值				21.66667	4.666667	4.666667	19.33333	8.333333	14	10.66667	73
6	201859173103	201859173103	1班	周子豪	男	7:59:00	9:29:00	1:30:00	24	5	5	23	20	13	14	91
7	201859173104	201859173104	1班	鲍哲涵	男	8:00:00	9:00:00	1:00:00	22	5	5	25	19	14	12	90
8	201859173105	201859173105	1班	林成	男	7:59:00	8:58:00	0:59:00	21	4	5	24	23	13	11	90
9	201859173106	201859173106	1班	龚剑成	男	7:59:00	8:50:00	0:51:00	19	4	5	11	14	15	9	68
10	201859173107	201859173107	1班	姜伟	男	8:00:00	9:15:00	1:15:00	20	5	4	22	15	12	11	78
11					男 平均值				21.2	4.6	4.8	21	18.2	13.4	11.4	83.4
12			1班 平均值						21.375	4.625	4.75	20.375	14.5	13.625	11.125	79.5
13	201859173110	201859173202	2班	罗玲珑	女	7:59:00	8:40:00	0:41:00	17	4	5	24	20	13	13	83
14	201859173111	201859173203	2班	楼晶晶	女	7:59:00	9:20:00	1:21:00	20	4	5	15	19	12	15	78
15	201859173113	201859173205	2班	林晨	女	7:59:00	9:20:00	1:21:00	16	5	5	18	6	12	11	62
16	201859173114	201859173206	2班	刘荣娟	女	8:00:00	9:20:00	1:20:00	21	2	4	23	21	8	9	80
17					女 平均值				18.5	3.75	4.75	20	16.5	11.25	12	75.75
18	201859173109	201859173201	2班	林文龙	男	8:00:00	9:00:00	1:00:00	20	4	5	17	24	14	8	84
19	201859173112	201859173204	2班	厉国强	男	7:59:00	8:55:00	0:56:00	18	5	4	20	25	15	10	87
20	201859173115	201859173207	2班	黄节	男	8:00:00	9:28:00	1:28:00	20	4	5	23	25	14	12	91
21					男 平均值				19.33333	4.333333	4.666667	20	24.66667	14.33333	10	87.33333
22			2班 平均值						18.85714	4	4.714286	20	20	12.57143	11.14286	80.71429
23					总计平均值				20.2	4.333333	4.733333	20.2	17.06667	13.13333	11.13333	80.06667
24			总计平均值						20.2	4.333333	4.733333	20.2	17.06667	13.13333	11.13333	80.06667
25																

图 11-17 练习(1)～(2)的操作结果

(5)根据“计算机期末成绩统计表”工作表的 A2:P17 单元格区域的数据，在新工作表中创建一张数据透视表和数据透视图，分别显示各班级男、女同学计算机的平均分，要求“性别”在轴字段，“班级”在图例字段，总分在数值区，汇总方式为求平均值，并将透视表所在的工作表重命名为“数据透视表”。

(6)将工作簿以文件名 qmcj. xlsx 保存到 D:\MYDIR 文件夹中。

11.3.6 操作与练习的参考步骤

1. 操作与练习(1)的参考步骤

(1)选择“计算机期末成绩统计表”工作表的 A2:P17 单元格区域的数据，右击，在弹出的快捷菜单中选择“复制”命令，单击 Excel 窗口底部的“插入工作表”按钮⊕，新增一张工作表，在新工作表的 A1 单元格中进行“粘贴”操作。

操作与练习(1)～(2)

(2)选择新工作表的 A1:P16 单元格区域，单击“数据”选项卡“排序和筛选”组中的“排序”按钮，弹出如图 11-18 所示的对话框。

(3)在“主要关键字”下拉列表中选择“班级”，在“排序依据”下拉列表中选择“单元格值”，在“次序”下拉列表中选择“升序”，单击“添加条件”按钮，在“次要关键字”下拉列表中选择“性别”，在“排序依据”下拉列表中选择“单元格值”，在“次序”下拉列表中选择“降序”，最后单击“确定”按钮。

2. 操作与练习(2)的参考步骤

(1)对新工作表中的数据建立按主要关键字“班级”、次要关键字“性别”的排序[此操作在练习(1)中做过，此处不再赘述]。

(2)单击数据表中的任意一个单元格，再单击“数据”选项卡“分级显示”组中的“分类汇总”按钮，打开如图 11-19 所示的“分类汇总”对话框。

(3)在“分类字段”下拉列表中选择“班级”。

(4)在“汇总方式”下拉列表中选择“平均值”。

(5)在“选定汇总项”列表框中选择需要计算的列(选择题、WIN 操作题、打字题、WORD 题、EXCEL 题、POWERPOINT 题、网页题、总分)。

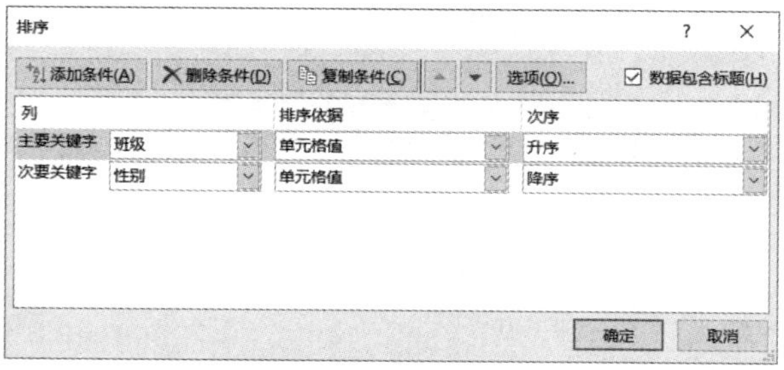

图 11-18 “排序”对话框

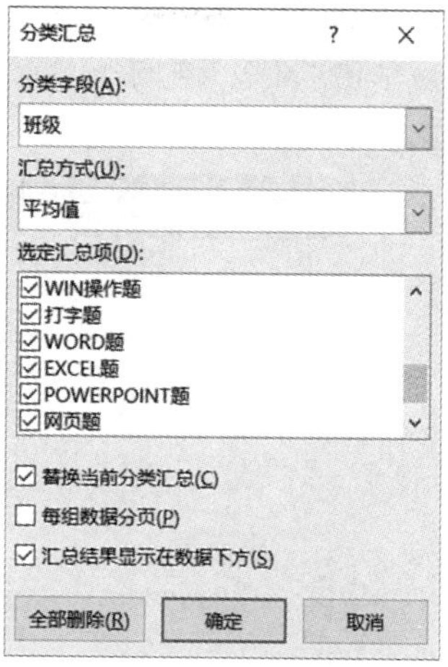

图 11-19 “分类汇总”对话框

(6)单击“确定”按钮,完成分类汇总,操作结果如图 11-20 所示。

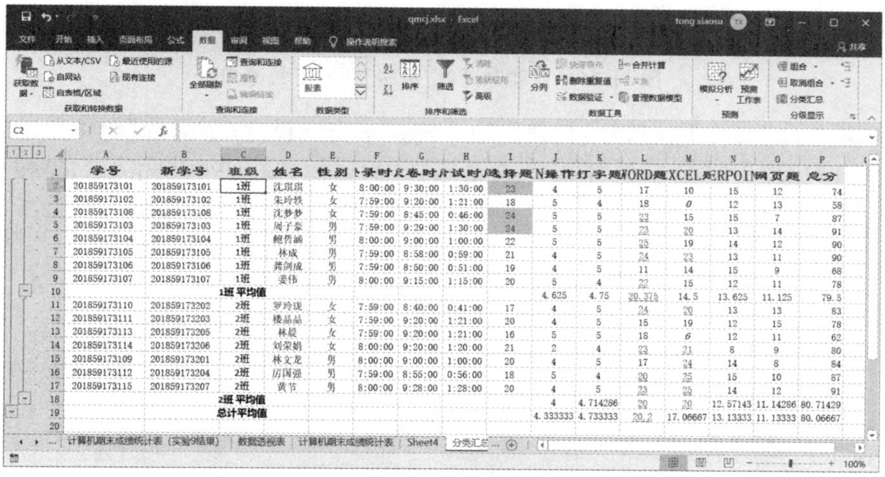

图 11-20 按班级分类汇总的操作结果

(7)重复步骤(2)。

(8)在“分类字段”下拉列表中,选择“性别”。

(9)重复步骤(4)和(5)。

(10)取消勾选图 11-19 中的“替换当前分类汇总”复选框,单击“确定”按钮完成操作,得到如图 11-17 所示的操作结果。

(11)右击新工作表标签,在弹出的快捷菜单中选择“重命名”命令,将工作表命名为“分类汇总”。

操作与练习(3)~(4)

3. 操作与练习(3)的参考步骤

(1)在 Excel 窗口底部单击“插入工作表”按钮⊕,插入一张新的工作表,并把工作表重命名为“筛选”。

(2)将“计算机期末成绩统计表”工作表的 A2:P17 单元格区域的数据复制到“筛选”工作表中。

(3)在“筛选”工作表中选择 A1:P16 单元格区域的数据,单击“数据”选项卡“排序和筛选”

组中的“筛选”按钮，在每个字段的右边出现一个下拉按钮。

(4)单击“班级”列的下拉按钮，弹出一个下拉菜单，如图 11-21 所示，在其中取消勾选“2班”复选框。

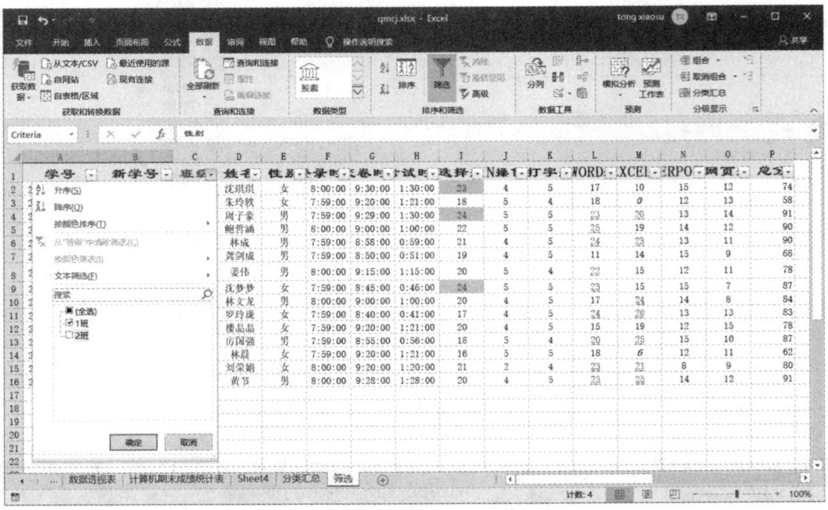

图 11-21　自动筛选时“班级”列的下拉菜单

(5)单击“总分”列的下拉按钮，在弹出的下拉菜单中选择“数字筛选”子菜单的“大于或等于”命令，弹出如图 11-22 所示的“自定义自动筛选”对话框，输入 90，单击“确定”按钮，自动筛选结果如图 11-23 所示。

图 11-22　“自定义自动筛选”对话框 2

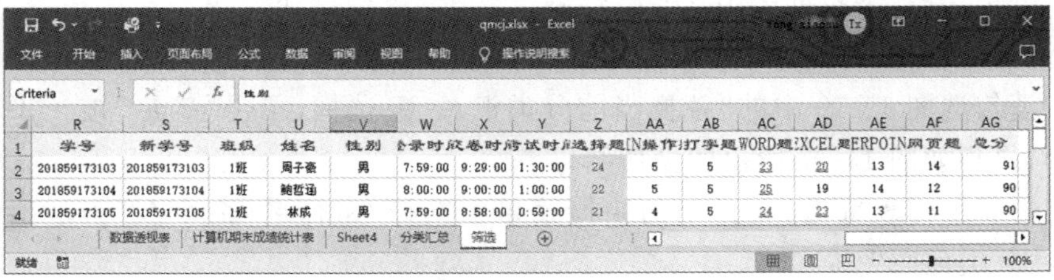

图 11-23　自动筛选结果

(6)将筛选结果复制到 R1 单元格开始的区域中，并单击“数据”选项卡“排序和筛选”组中的“筛选”按钮，将数据恢复原状。

4. 操作与练习(4)的参考步骤

(1)创建条件区域。将条件中涉及的字段名“性别”和“总分”复制到数据表下方的 A19 单元格开始的区域中，然后不同字段隔行输入条件表达式，如图 11-24 所示。

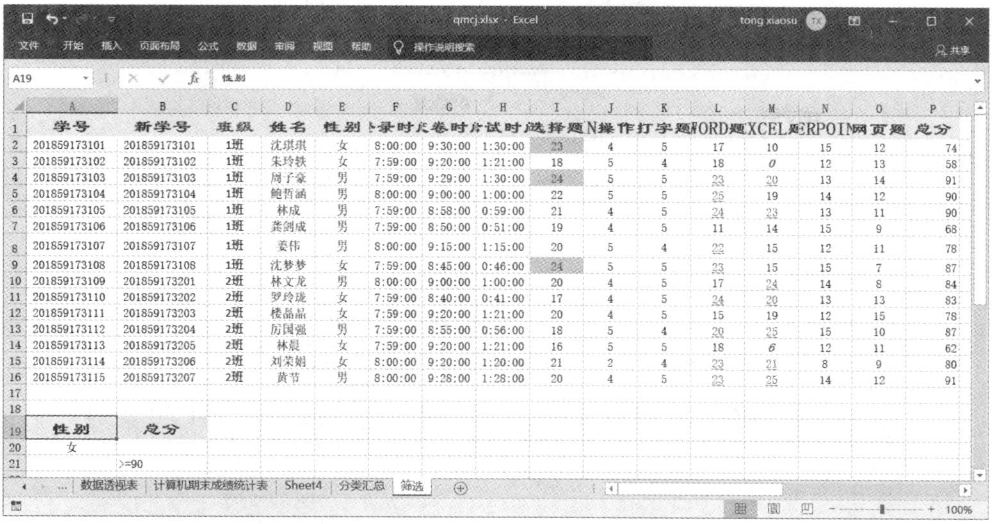

图 11-24　创建条件区域

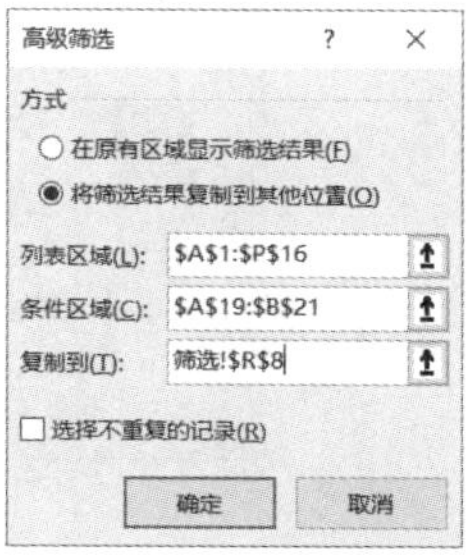

图 11-25　“高级筛选”对话框

(2)单击数据表中的任意一个单元格。

(3)单击“数据”选项卡“排序和筛选”组中的“高级”按钮，弹出“高级筛选”对话框。

(4)选中“将筛选结果复制到其他位置”单选按钮，“列表区域”选择 A1:P16 单元格区域，“条件区域”选择 A19:B21 单元格区域，“复制到”选择 R8 单元格，如图 11-25 所示，单击“确定”按钮，高级筛选结果如图 11-26 所示。

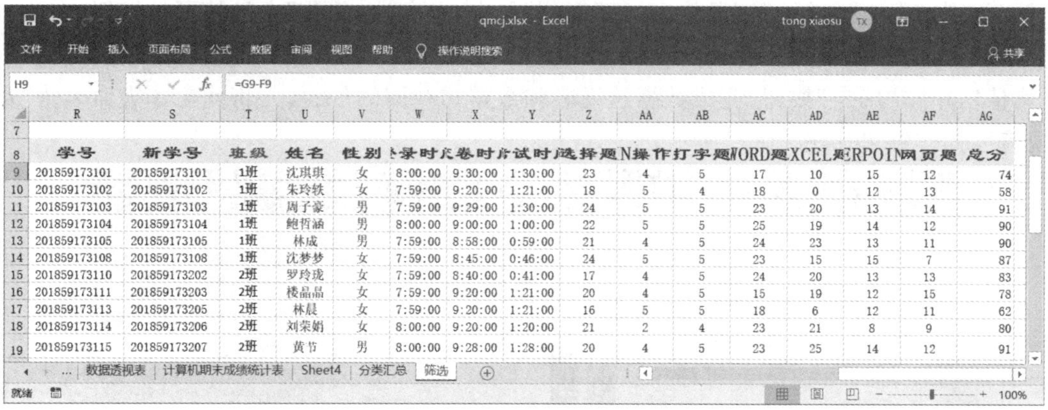

图 11-26　高级筛选结果

5. 操作与练习(5)的参考步骤

操作与练习(5)～(6)

(1)选中“计算机期末成绩统计表”工作表的 A2:R17 单元格区域，单击“插入”选项卡“图表”组中的“数据透视图”下拉按钮，在弹出的下拉菜单中选择“数据透视图和数据透视表”命令，弹出如图 11-27 所示的对话框，放置数据透视表和数据透视图的位置选择“新工作表”，单击“确定”按钮，产生一张新的工作表，数据透视表和数据透视图布局窗口如图 11-28 所示。

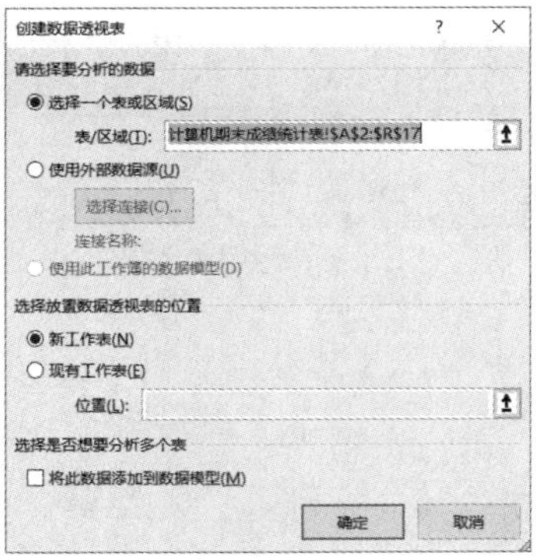

图 11-27 “创建数据透视表”对话框

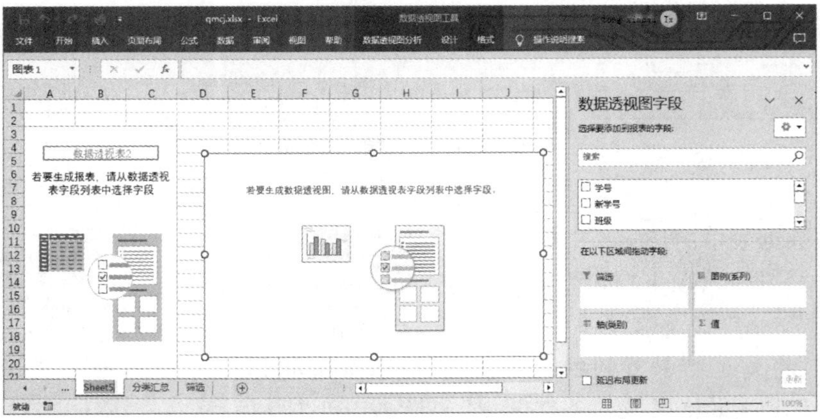

图 11-28 数据透视表和数据透视图布局窗口

（2）在“数据透视表字段”任务窗格中将“班级”字段拖入“图例（系列）”框，将“性别”字段拖入“轴（类别）”框，将“总分”字段拖入“值”框，并单击“求和项：总分”右端的下拉按钮，在弹出的下拉菜单中选择“值字段设置”命令，弹出“值字段设置”对话框，在“计算类型”列表框中选择“平均值”，单击“确定”按钮，完成数据透视表和数据透视图的创建，并将此工作表命名为“数据透视表”，操作结果如图 11-29 所示。

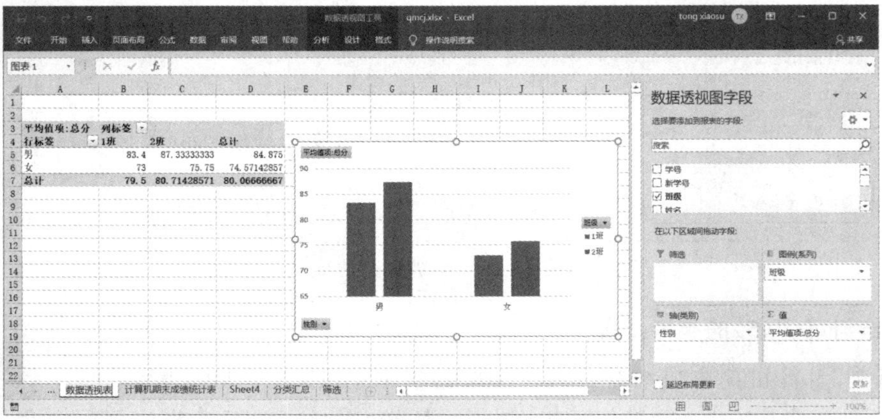

图 11-29 生成的数据透视表和数据透视图

6. 操作与练习（6）的参考步骤

单击标题栏左侧的“保存”按钮即可保存工作簿。

实验 12
图表的应用

12.1 实验目的

(1)熟练掌握创建数据图表的步骤。

(2)掌握编辑数据图表的方法。

(3)掌握图表格式和图表选项的设置方法。

12.2 实验内容

(1)创建数据图表。

(2)对图表和图表数据进行编辑。

(3)对图表区和绘图区的内容进行格式设置。

12.3 实验操作步骤

12.3.1 创建数据图表

在 Excel 2019 中可以轻松地创建具有专业外观的图表。例如,要为如图 12-1 所示的“学生成绩表”创建一张柱形图,具体操作如下。

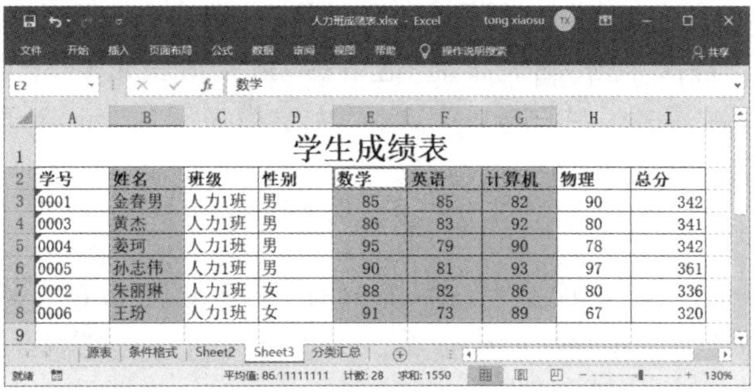

学生成绩表

学号	姓名	班级	性别	数学	英语	计算机	物理	总分
0001	金春男	人力1班	男	85	85	82	90	342
0003	黄杰	人力1班	男	86	83	92	80	341
0004	姜珂	人力1班	男	95	79	90	78	342
0005	孙志伟	人力1班	男	90	81	93	97	361
0002	朱丽琳	人力1班	女	88	82	86	80	336
0006	王玢	人力1班	女	91	73	89	67	320

图 12-1 学生成绩表

(1)在工作表中选定创建图表所需的数据(选定连续的或不连续的数据区域)。例如,在图12-1 中选择“姓名”“数学”“英语”“计算机”列的数据为创建图表的源数据。

(2)在“插入”选项卡的“图表”组中,单击“插入柱形图或条形图”下拉按钮,在弹出的下拉菜单中选择一种图表类型,便在当前工作表中建立了一张柱形图,如图 12-2 所示。

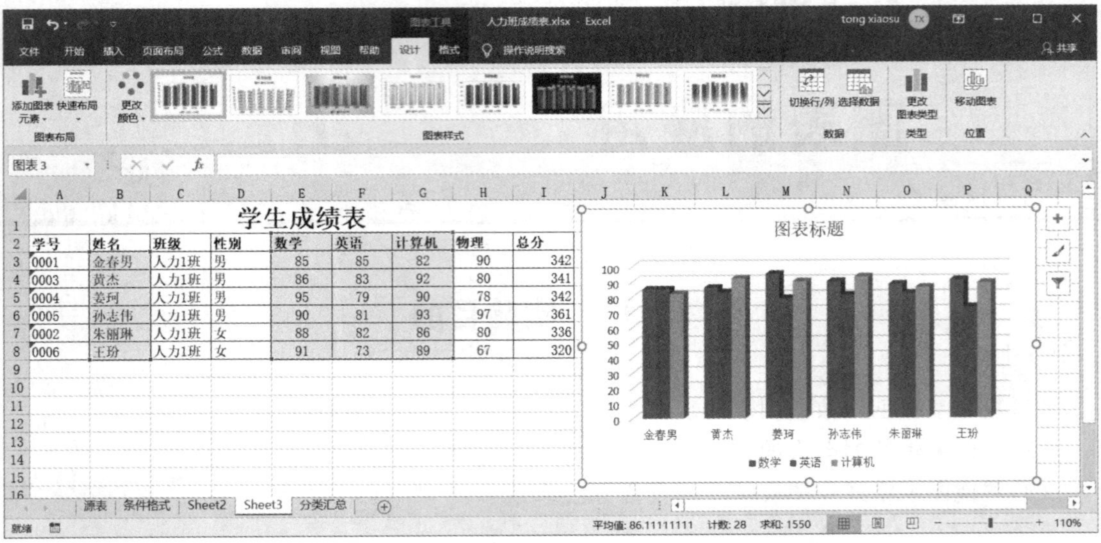

图 12-2 按所选择的数据创建的柱形图

12.3.2 编辑数据图表

1. 移动和调整图表的位置及大小

移动图表的操作方法:将鼠标指针放在图表中的任意位置,当指针变为十字箭头形状时,按住鼠标左键拖动便能移动图表。同样,也可移动图表中各组成部分的位置,移动范围始终在图表区域内。

调整图表大小的操作方法:选定图表,将鼠标指针放在控制手柄(图表 4 条边的中点和 4 个角出现小圆点的地方),当指针形状改变为⇔、⇕、⤡或⤢形状时,按住鼠标左键拖动图表至所需大小。

2. 为图表添加标题

单击“图表工具”→“设计”选项卡“图表布局”组中的“添加图表元素”下拉按钮,在弹出的下拉菜单中选择“图表标题”命令,在子菜单中选择位于“图表上方”命令,并在“图表标题”文本框中输入图表的标题。再次单击“图表布局”组中的“添加图表元素”下拉按钮,在弹出的下拉菜单中选择“坐标轴标题”命令,在子菜单中选择“主要横坐标轴”和“主要纵坐标轴”命令,分别设置主要横坐标轴标题和主要纵坐标轴标题。

3. 修改图表数据

单击“图表工具”→“设计”选项卡“数据”组中的“选择数据”按钮,可以进行数据源的修改,也可右击图表中的数据系列,在弹出的快捷菜单中选择“选择数据”命令,打开“选择数据源”对话框进行修改。如果要删除数据系列,则在“选择数据源”对话框中,选择要删除的字段名,单击“删除”按钮即可。

4. 添加数据标签

如果要添加数据标签，则可以选择“图表工具”→“设计”选项卡“图表布局”组中的“添加图表元素”→“数据标签”命令进行添加；也可以右击图表中的数据系列，在弹出的快捷菜单中选择“添加数据标签”命令，便能为选定的数据系列添加数据标签。再次选定数据系列，右击，在弹出的快捷菜单中选择“删除”命令，便能删除添加的数据标签。选定数据标签，右击，在弹出的快捷菜单中选择“设置数据标签格式”命令，可以对选定的数据设置格式。

5. 更改图表类型

更改图表类型不需要重新插入图表，可以单击“图表工具”→“设计”选项卡“类型”组中的“更改图表类型”按钮进行更改；也可以右击图表空白处，在弹出的快捷菜单中选择“更改图表类型”命令，打开“更改类型”对话框，选择需要的图表类型。

12.3.3 图表的格式设置

1. 设置图表区格式

图表区格式的设置包括对图表背景、边框颜色、边框样式、图表大小等格式的设置，具体方法是：双击图表区，打开“设置图表区格式”任务窗格，该任务窗格中包含“图表选项”和“文本选项”，在“图表选项”中可以设置图表的“填充”和“边框”；在“文本选项”中可以设置“文本填充”和“文本轮廓”。也可以直接在图表区的任意空白处右击，在弹出的快捷菜单中选择“设置图表区域格式”命令，打开“设置图表区格式”任务窗格进行设置，如图 12-3 所示。

2. 设置绘图区格式

绘图区格式的设置只限于边框和背景，具体设置方法是：双击绘图区（或右击绘图区，在弹出的快捷菜单中选择“设置绘图区格式”命令），打开“设置绘图区格式”任务窗格，如图 12-4 所示。在“填充”栏中可以设置绘图区的背景，在“边框颜色”和“边框样式”栏中可以设置绘图区的边框样式。

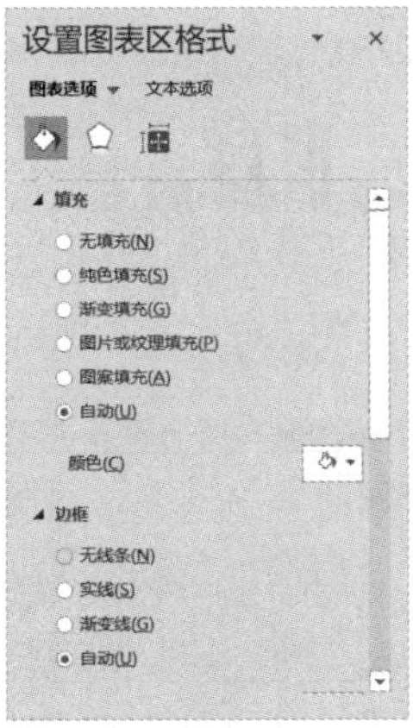

图 12-3 “设置图表区格式”任务窗格

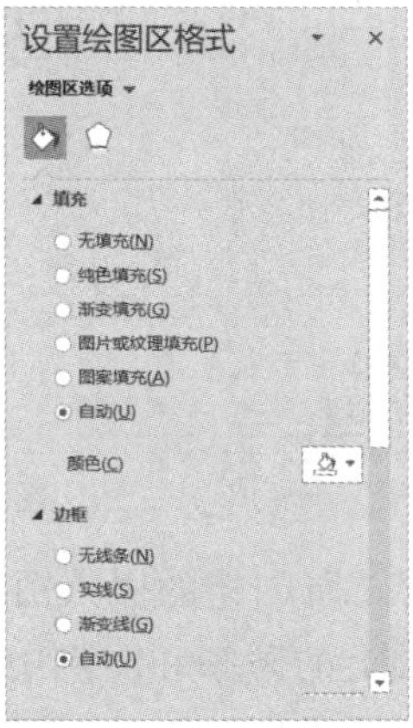

图 12-4 “设置绘图区格式”任务窗格

3. 其他图表元素格式的设置

其他图表元素（如坐标轴、图例、源数据、趋势线、网格线等）格式的设置，只要将鼠标指针放在图表中要设置格式的某个元素上右击，便能弹出与该元素相关的快捷菜单，按要求选择菜单中的命令即可。

12.3.4 操作与练习

(1)在空白工作表中输入表 12-1 中的数据，并以 YYH. xlsx 为文件名保存在 D 盘的 MYDIR 文件夹中。

表 12-1　近 5 届亚运会奖牌数统计表

国家	2006 年	2010 年	2014 年	2018 年	2023 年
中国	316	416	342	289	392
印度	54	65	57	69	107
伊朗	48	59	57	62	54
乌兹别克斯坦	39	56	44	70	71
泰国	54	52	47	73	58
日本	199	216	200	205	188
韩国	193	232	234	177	190
哈萨克斯坦	85	79	84	76	80
朝鲜	31	36	36	37	39
巴林	21	9	19	26	20

(2)取表格中“国家”“2006 年”“2010 年”“2014 年”“2018 年”5 列数据，在当前工作表中创建嵌入式的二维簇状柱形图，图表标题为“亚运会奖牌数统计图”，横坐标轴标题为“国家”，纵坐标轴标题为“奖牌数”，并将图表放置到 G1:P15 单元格区域中，如图 12-5 所示。

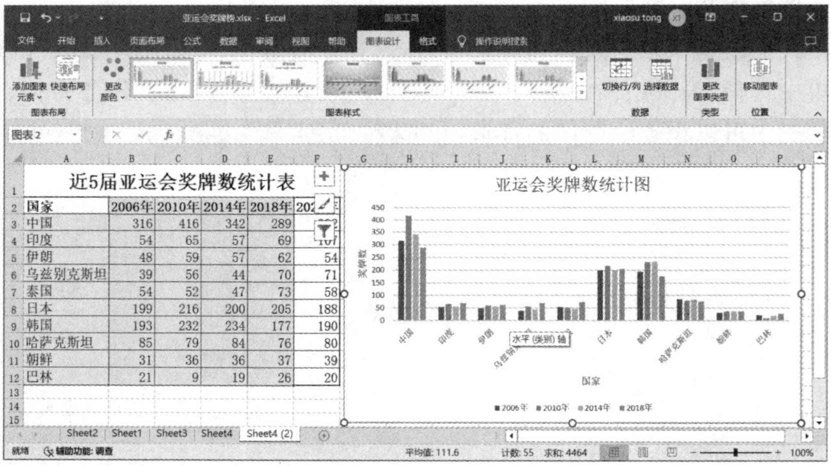

图 12-5　创建的二维簇状柱形图

(3)对图 12-5 所创建的嵌入图表进行以下编辑操作。

①将分类轴上的国家和图例中的文字设置为黑体、10 号。

②将图表标题设置为微软雅黑、加粗、20 号，将横坐标轴标题和纵坐标值轴标题都设置为黑体、加粗、14 号。

③将图表的边框设置为圆角、红色、3 磅线宽。

④将纵坐标轴刻度的最大值设置为 450，最小值设置为 0，最大刻度单位设置为 60。

⑤将图表中“2018 年”的数据系列删除。

⑥将“2023 年”的数据系列添加到图表中，如图 12-6 所示。

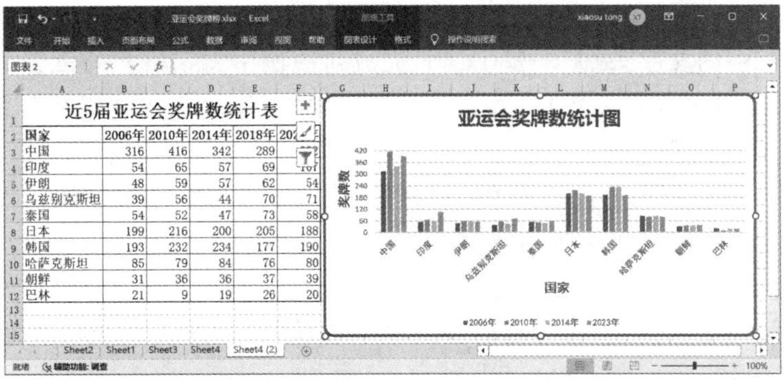

国家	2006年	2010年	2014年	2018年	202
中国	316	416	342	289	[illegible]
印度	54	65	57	69	107
伊朗	48	59	57	62	54
乌兹别克斯坦	39	56	44	70	71
泰国	54	52	47	73	58
日本	199	216	200	205	188
韩国	193	232	234	177	190
哈萨克斯坦	85	79	84	76	80
朝鲜	31	36	36	37	39
巴林	21	9	19	26	20

图 12-6　添加“2023 年”的数据系列的操作结果

⑦为图表中“2023 年”的数据系列添加以值显示的数据标签，并添加红色多项式趋势线，如图 12-7 所示。

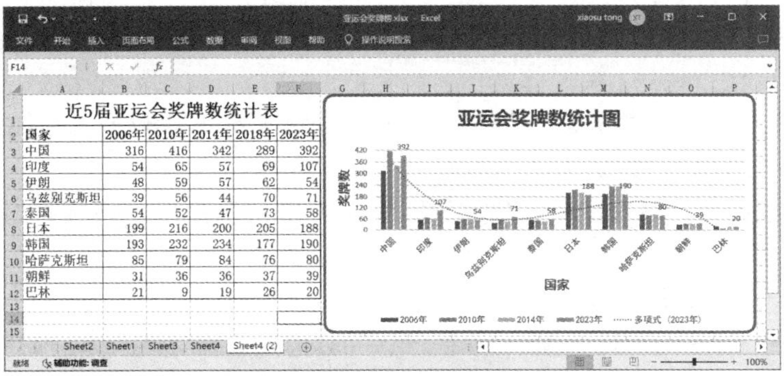

国家	2006年	2010年	2014年	2018年	2023年
中国	316	416	342	289	392
印度	54	65	57	69	107
伊朗	48	59	57	62	54
乌兹别克斯坦	39	56	44	70	71
泰国	54	52	47	73	58
日本	199	216	200	205	188
韩国	193	232	234	177	190
哈萨克斯坦	85	79	84	76	80
朝鲜	31	36	36	37	39
巴林	21	9	19	26	20

图 12-7　添加的数据标签及趋势线

12.3.5　操作与练习的参考步骤

1. 操作与练习(1)的参考步骤

略。

2. 操作与练习(2)的参考步骤

(1)选择表格中“国家”“2006 年”“2010 年”“2014 年”“2018 年”5 列数据。

(2)单击“插入”选项卡“图表”组中的“插入柱形图或条形图”下拉按钮，在弹出的下拉菜单中选择“二维柱形图”→“簇状柱形图”图表类型，便在工作表中创建了一张数据图表。

操作与练习(1)～(2)

(3)在“图表标题”文本框中双击，输入图表标题“亚运会奖牌数统计图”。

(4)在“图表工具”→“设计”选项卡的“图表布局”组中单击“添加图表元素”下拉按钮，在弹出的下拉菜单中选择“坐标轴标题”→“主要横坐标轴”和“主要纵坐标轴”命令，分别设置主要横坐标轴标题为“国家”、主要纵坐标轴标题为“奖牌数”。

(5)移动图表和拖动图表边框，将图形放置到 G1:P15 单元格区域中。

3. 操作与练习(3)的参考步骤

(1)将分类轴上的国家和图例中的文字设置为黑体、10 磅。

①右击分类轴上的国家，在弹出的快捷菜单中选择“字体”命令，打开“字体”对话框。

操作与练习(3)

②选择“黑体”“10”号，单击“确定”按钮完成设置。

③右击“图例”中的文字，重复步骤①、②，完成对图例中文字格式的设置。

(2)将图表标题设置为微软雅黑、加粗、20 号，将横坐标轴标题和纵坐标值轴标题都设置为黑体、加粗、14 号。

①右击图表标题，在弹出的快捷菜单中选择“字体”命令，在弹出的“字体”对话框中进行设置。

②用同样的方法完成对坐标轴标题格式的设置。

(3)将图表的边框设置为圆角、红色、3 磅线宽。

①右击图表区任意空白处，在弹出的快捷菜中选择“设置图表区域格式”命令，打开“设置图表区格式”任务窗格。

②单击“边框颜色”，选择实线、红色。

③单击“边框样式”，宽度选择 3 磅，联接类型选择“圆形”，并勾选“圆角”复选框。

(4)将纵坐标轴刻度的最大值设置为 450，最小值设置为 0，最大刻度单位设置为 60。

①右击数值轴刻度数据，在弹出的快捷菜中选择“设置坐标轴格式”命令，打开“设置坐标轴格式”任务窗格。

②在“坐标轴选项”中，边界最小值输入 0，最大值输入 450，单位最大值输入 60。

(5)将图表中“2018 年”的数据系列删除。

右击图表中数据系列里“2018 年”数据系列，在弹出的快捷菜单中选择“删除”命令，即可删除“2018 年”数据系列。

(6)将“2023 年”的数据系列添加到图表中。

①单击“图表工具”→“设计”选项卡“数据”组中的“选择数据”按钮，弹出如图 12-8 所示的对话框。

②在“选择数据源”对话框中，单击“添加”按钮，弹出如图 12-9 所示的对话框。在“系列名称”文本框中输入“2023 年”或单击选中 F2 单元格；单击“系列值”文本框中的数据选择按钮，在工作表中选定 2023 年的奖牌数(F3:F12 单元格区域)，再单击数据选择按钮，返回“选择数据源”对话框，单击“确定”按钮。

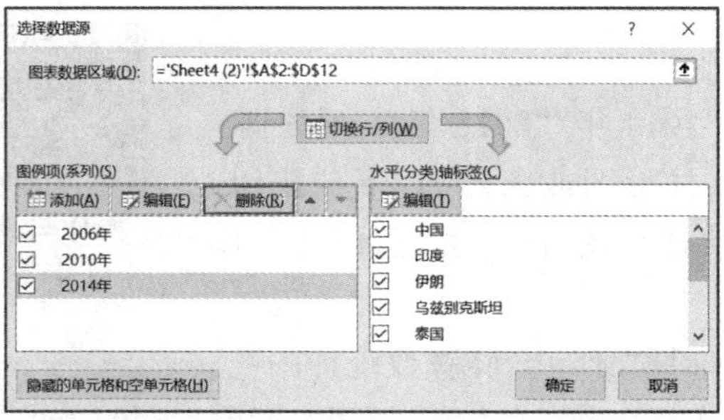

图 12-8 “选择数据源”对话框

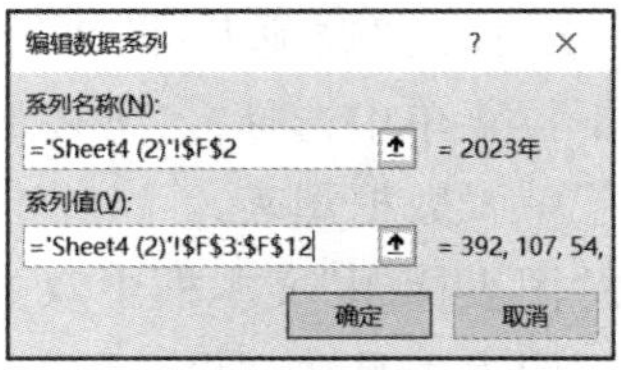

图 12-9 “编辑数据系列”对话框

(7)为图表中“2023 年”的数据系列添加以值显示的数据标签，并添加红色多项式趋势线。

①右击图表中的“2023 年”数据系列，在弹出的快捷菜单中选择“添加数据标签”命令，便在“2023 年”系列柱形图上方添加了数据标签。

②右击图表中的“2023 年”数据系列，在弹出的快捷菜单中选择“添加趋势线”命令，打开“设置趋势线格式”任务窗格，在“趋势线选项”中选中“多项式”单选按钮，阶数输入 3；在“填充与线条”中选择线条颜色为“红色”，完成设置。

实验 13

Excel 2019 综合练习

13.1 实验目的

熟练掌握 Excel 2019 中的常用操作。

13.2 实验内容

(1)Excel 2019 基本操作。

(2)公式和函数的应用。

(3)条件格式的应用。

(4)高级筛选的应用。

(5)数据透视表的应用。

13.3 实验操作步骤

13.3.1 操作与练习

在一张空白的工作表中输入如图 13-1 所示的数据,并以 zhlx.xlsx 为文件名保存在 D 盘的 MYDIR 文件夹中,按要求完成以下操作。

(1)将 Sheet1 工作表的标题行的格式设为黑体、15 号。

(2)使用 IF 函数,对 Sheet1 工作表中的商品折扣率进行自动填充,要求:采购数量小于 80 的商品折扣率为 0,大于或等于 80 且小于 150 的商品折扣率为 0.08,大于或等于 150 的商品折扣率为 0.1。

(3)利用公式计算 Sheet1 工作表中“合计”列的结果(结果用 INT 函数取整保存)。计算公式为:合计=单价×采购数量×(1−折扣率)。

(4)在 Sheet1 工作表中,用函数统计出采购数量大于 300 的记录条数,将结果保存在 H1 单元格中,并且把采购数量大于 300 的数据以红色加粗显示。

(5)对 Sheet1 工作表中的采购表进行高级筛选,要求满足以下 3 个条件。

项目	采购数量	采购时间	单价	折扣率	合计
衣服	20	2019/1/9	120		
裤子	45	2019/1/9	80		
鞋子	70	2019/1/9	150		
衣服	125	2019/2/2	120		
裤子	185	2019/2/2	80		
鞋子	140	2019/2/2	150		
衣服	225	2019/3/12	120		
裤子	210	2019/3/12	80		
鞋子	260	2019/3/12	150		
衣服	385	2019/4/28	120		
裤子	350	2019/4/28	80		
鞋子	315	2019/4/28	150		
衣服	25	2019/5/13	120		
裤子	120	2019/5/13	80		
鞋子	340	2019/5/13	150		
衣服	265	2019/6/22	120		
裤子	125	2019/6/22	80		
鞋子	100	2019/6/22	150		

图 13-1 服装采购表

①筛选条件为：采购数量≥200 且单价≥120。

②条件区域放置于 A21 单元格开始的单元格区域中。

③将筛选结果保存在 Sheet1 工作表的 I1 单元格开始的单元格区域中。

(6)根据 Sheet1 工作表中的采购表，创建一张显示每个采购时间点所采购的所有项目数量汇总情况的数据透视表，要求满足以下 4 个条件。

①行标签设置为“采购时间”。

②数值设置为“采购数量”，汇总方式为“求和”。

③列标签设置为“项目”。

④将数据透视表保存在 Sheet1 工作表中 P1 单元格开始的单元格区域中。

13.3.2 操作与练习的参考步骤

1. 操作与练习(1)的参考步骤

(1)选择 A1:F1 单元格区域。

(2)在“开始”选项卡“字体”组中单击“字体”下拉按钮，在弹出的下拉列表中选择“黑体”，字号输入“15”，并按【Enter】键确认。

操作与练习(1)～(3)

2. 操作与练习(2)的参考步骤

在 E2 单元格中输入以下公式：=IF(B2<80,0,IF(B2<150,0.08,0.1))或=IFS(B2<80,0,B2<150,0.08,TRUE,0.1)，并按【Enter】键确定，接着拖动填充柄至 E19 单元格，完成商品折扣率的计算。

3. 操作与练习(3)的参考步骤

在 F2 单元格中输入以下公式：=INT(B2 * D2 * (1-E2))，并按【Enter】键确定，接着拖动填充柄至 F19 单元格，完成合计的计算。

4. 操作与练习(4)的参考步骤

(1)在 H1 单元格输入以下公式：=COUNTIF(B2:B19,">300")，并确定，完成计算。

(2)选择 B2:B19 单元格区域。

(3)单击“开始”选项卡“样式”组中的“条件格式”下拉按钮，弹出下拉菜单，选择“突出显示单元格规则”子菜单中的“大于”命令，弹出如图 13-2 所示的对话框。在“设置为”下拉列表中选择“自定义格式”选项，弹出“单元格格式设置”对话框，在该对话框中设置字形为“加粗”，颜色为“红色”，操作结果如图 13-3 所示。

操作与练习(4)～(6)

5. 操作与练习(5)的参考步骤

(1)制作条件区域。将条件中涉及的字段名“采购数量”和“单价”复制到数据表下方的 A21 单元格开始的单元格区域，然后在同一行中输入条件表达式，如图 13-4 所示。

图 13-2 突出显示单元格规则——“大于“对话框

图 13-3 练习(1)～(4)的操作结果

图 13-4 条件区域的制作

(2)单击数据表中的任意一个单元格。

(3)单击“数据”选项卡“排序和筛选”组中的“高级”按钮,弹出“高级筛选”对话框。

(4)在“高级筛选”对话框中,选中“将筛选结果复制到其他位置”单选按钮,“列表区域”选择 A1:F19 单元格区域,“条件区域”选择 A21:B22 单元格区域,“复制到”选择 I1 单元格,如图 13-5 所示,单击“确定”按钮,高级筛选结果如图 13-6 所示。

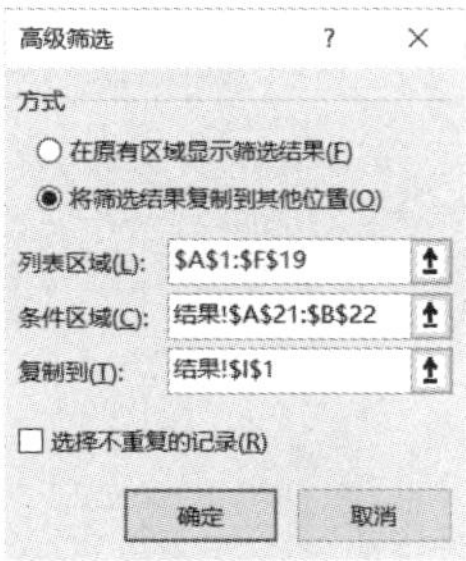

图 13-5 “高级筛选”对话框

图 13-6 高级筛选结果

6. 操作与练习(6)操作步骤

(1)选中 A1:F19 数据区域,单击“插入”选项卡下的“表格”组中的“数据透视表”按钮,弹出如图 13-7 所示的对话框,数据透视表放置的位置选择“现有工作表”,位置选择 P1 单元格,单击“确定”后,产生一个“数据透视表字段列表”任务窗格,如图 13-8 所示。

(2)在“数据透视表字段”任务窗格中,将“采购时间”字段拖入“行”框;将“项目”字段拖入“列”框;将“采购数量”字段拖入“值”框中,默认的汇总方式为求和,单击“确定”按钮,创建的数据透视表如图 13-9 所示。

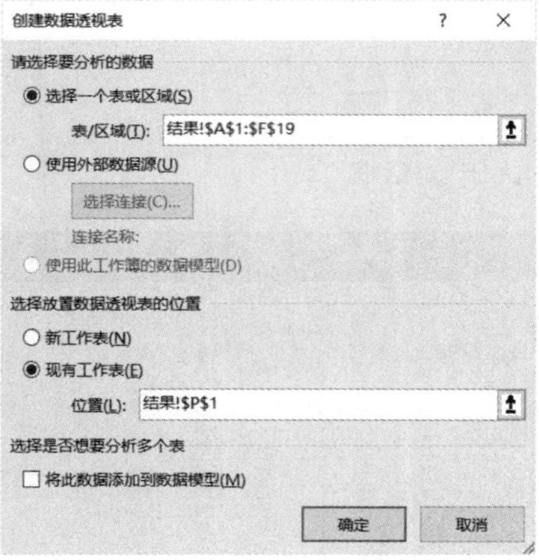

图 13-7 “创建数据透视表”对话框

图 13-8 数据透视表布局窗口

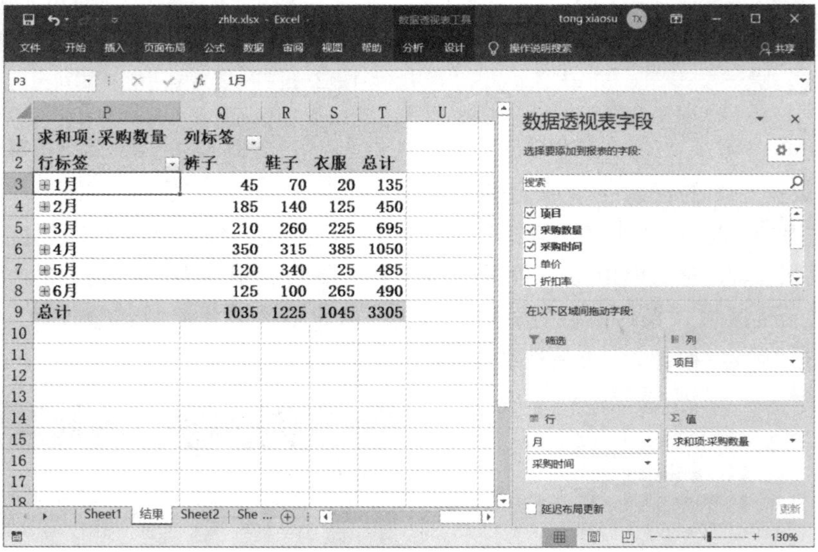

图 13-9 创建的数据透视表

实验 14
PowerPoint 2019 基本操作

14.1 实验目的

(1)掌握演示文稿的建立、编辑与格式化的基本操作。
(2)掌握在幻灯片中插入图片、表格、图表、声音和视频的方法。
(3)掌握更改幻灯片的母版、版式、主题、背景和导出文件的方法。

14.2 实验内容

(1)演示文稿的建立、编辑与格式化。
(2)在幻灯片中插入图片、表格、图表、声音和视频。
(3)更改幻灯片的主题、母版、版式和背景。

14.3 实验操作步骤

14.3.1 PowerPoint 2019 的启动与退出

1. PowerPoint 2019 的启动

单击"开始"按钮,在"开始"菜单中选择 PowerPoint 命令,启动 PowerPoint 2019。还可以在 Windows 桌面上双击 PowerPoint 快捷方式,启动 PowerPoint 2019。双击已经存在的演示文稿,系统将启动 PowerPoint 2019,同时打开选定的演示文稿。

PPT 基础操作(1)

2. PowerPoint 2019 的退出

若想退出 PowerPoint 2019,可以选用以下几种方法中的一种:单击 PowerPoint 2019 窗口右上角的"关闭"按钮,或按【Alt+F4】组合键,或双击 PowerPoint 2019 标题栏左上角的控制菜单按钮。

14.3.2 新建演示文稿

选择“文件”选项卡的“新建”命令，打开如图 14-1 所示的“新建”窗口。在该窗口中可以选择“空白演示文稿”、“样本模板”、“主题”和“根据现有内容新建”等选项。

图 14-1 “新建”窗口

14.3.3 编辑幻灯片

1. 在幻灯片中输入文本

在空白演示文稿的幻灯片中，只有占位符而没有其他内容，用户可以在占位符中输入文本，也可以在占位符之外的任何位置输入文本。如果要在占位符之外的其他位置输入文本，则需要在幻灯片中插入文本框，可以单击“插入”选项卡“文本”组中的“文本框”下拉按钮，在弹出的下拉菜单中选择“绘制横排文本框”或“竖排文本框”命令。

2. 幻灯片的选择

在编辑幻灯片之前，首先选择需要编辑的幻灯片。在不同的视图中，选择幻灯片的方式也不尽相同。在普通视图和备注页视图中，当前显示的幻灯片就是被选中的，不必单击它。在幻灯片浏览视图中，单击幻灯片就可以选择整张幻灯片。若要选择不连续的几张幻灯片，则在按住【Ctrl】键的同时，单击其他要选择的幻灯片；若要选择连续的几张幻灯片，可以先单击第一张幻灯片，再按住【Shift】键单击最后一张幻灯片。

3. 幻灯片的插入

在 PowerPoint 2019 的普通视图、备注页视图和幻灯片浏览视图中，都可以创建新的幻灯片。在普通视图中创建的新幻灯片将排列在当前正在编辑的幻灯片的后面。在幻灯片浏览视图中增加新的幻灯片时，其位置将在当前幻灯片或当前所选幻灯片的后面。要新建幻灯片，可以单击“开始”选项卡“幻灯片”组中的“新建幻灯片”按钮。

4. 幻灯片的复制

如果用户要新建的幻灯片与已有幻灯片的风格基本一致，则采用复制幻灯片的方法更方便，只需在幻灯片原有基础上做必要的修改即可。先选择要复制的幻灯片，然后单击“开始”选项卡“剪贴板”组中的“复制”按钮，移动插入点至目标位置，再单击“开始”选项卡“剪贴板”组中的“粘贴”按钮，幻灯片将被复制到插入点所在幻灯片的后面。单击“开始”选项卡“剪贴板”组中的“复制"下拉按钮,在弹出的下拉菜单中选择"复制(I)"命令,可在当前位置插入前一张幻灯片的副本。在"粘贴"下拉菜单中可以选择粘贴的幻灯片是采用目标主题还是保留源格式或图片格式。

5. 幻灯片的删除

在制作演示文稿的过程中,若有些幻灯片编辑错误或不合适,则需要删除幻灯片。一般在幻灯片浏览视图中执行删除幻灯片操作比较简单。其操作方法如下:在幻灯片浏览视图中,选定要被删除的幻灯片,按【Delete】键删除该幻灯片;也可以在普通视图的幻灯片缩略图窗格中右击需要删除的幻灯片,在弹出的快捷菜单中选择"删除幻灯片"命令。

14.3.4 添加项目符号与编号

项目符号和编号用于对一些重要条目进行标注或编号,用户可以为选定的文本或占位符添加项目符号或编号,还可以使用图形项目符号。可以在 PowerPoint 2019 的大纲、幻灯片或备注页窗格将编号应用到文本。

1. 项目符号

添加项目符号的方法如下:将插入点移动到需要设置项目符号的段落中,单击"开始"选项卡"段落"组中的"项目符号"下拉按钮,打开如图 14-2 所示的"项目符号"下拉菜单,选择一种项目符号;或者选择其中的"项目符号和编号"命令,打开"项目符号和编号"对话框,如图 14-3 所示。

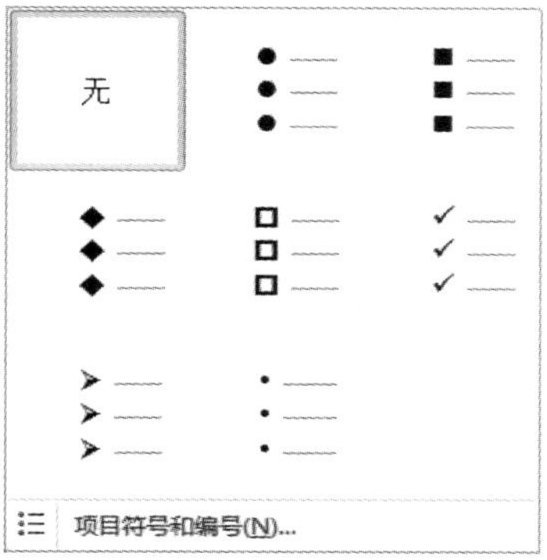

图 14-2 "项目符号"下拉菜单

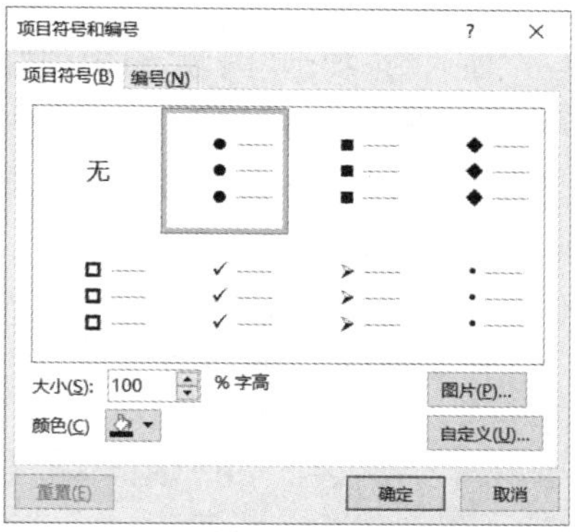

图 14-3 "项目符号和编号"对话框

系统提供了几种默认的项目符号,如果用户不喜欢原有的项目符号,可以重新设置,方法如下:在"项目符号和编号"对话框中,选择一种项目符号后,单击"自定义"按钮,打开"符号"对话框,在其中选择一种符号作为项目符号。

为了达到特殊效果,用户还可以选择图片作为项目符号,方法如下:在"项目符号和编号"对话框中,单击"图片"按钮,打开"插入图片"对话框,单击"来自文件"按钮,在打开的对话框中选择某张图片作为项目符号。

如果用户想删除项目符号,可以采用以下几种方法。

(1)将插入点放到要删除项目符号的段落最前面,按【Backspace】键。

(2)将插入点放到要删除项目符号的段落中,单击"开始"选项卡"段落"组中的"项目符号"按钮。

(3)在图 14-2 所示的"项目符号"下拉菜单中选择"无"。

2. 编号

在 PowerPoint 2019 中,向文本中添加编号的过程与在 Word 2019 中添加编号的过程相似。要在列表中快速添加编号，首先选择文本或占位符，然后单击“开始”选项卡“段落”组中的“编号”下拉按钮，在弹出的下拉菜单的多种编号样式中选择一种编号。要更改列表的颜色、大小或起始编号，则在“编号”下拉菜单中选择“项目符号和编号”命令，打开“项目符号和编号”对话框，在“编号”选项卡中进行设置。

PPT 操作基础(2)

14.3.5 添加可视化项目

1. 插入图片

(1)从联机图库中插入图片。具体的操作步骤如下。

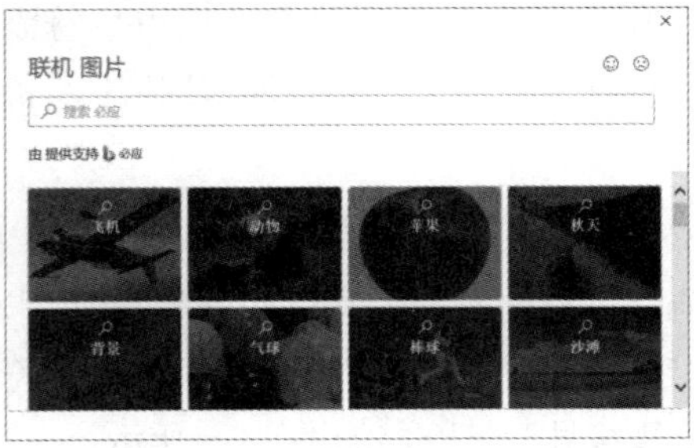

图 14-4 “联机图片”对话框

①单击“插入”选项卡“图像”组中的“图片”下拉按钮，在弹出的下拉菜单中选择“联机图片”命令，打开“联机 图片”对话框，如图 14-4 所示。

②在图片列表中选择一个类别，在搜索出的结果中选中需要的图片，单击“插入”按钮。

(2)从图形文件中插入图片。PowerPoint 2019 提供了从其他图形文件中插入图片的功能。从图形文件中插入图片的步骤如下。

①单击“插入”选项卡“图像”组中的“图片”下拉按钮，在弹出的下拉菜单中选择“此设备”命令，打开“插入图片”对话框。

②在“插入图片”对话框中选择一张图片，单击“打开”按钮。

(3)编辑图片。选中要编辑的图片后，显示“图片工具”→“图片格式”选项卡，如图 14-5 所示，或者右击图片，在弹出的快捷菜单中选择“设置图片格式”命令，打开如图 14-6 所示的“设置图片格式”任务窗格，用户可以对图片的格式进行设置。

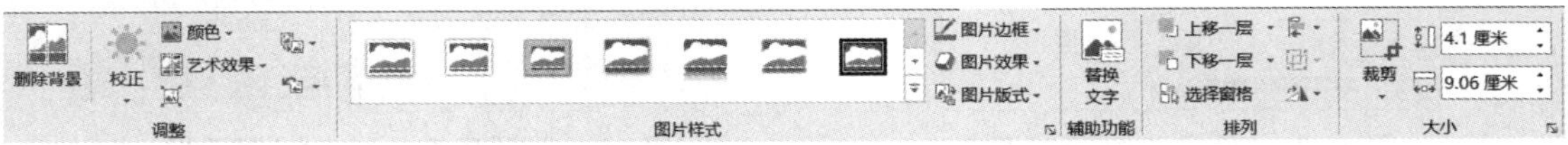

图 14-5 “图片工具”→“图片格式”选项卡

2. 绘制图形

要在幻灯片中绘制一些圆形、矩形等简单的图形，可以使用 PowerPoint 2019 提供的绘图功能。单击“开始”选项卡“绘图”组(见图 14-7)中的按钮，可以在幻灯片中画出各种图形，如线条、箭头、矩形和椭圆等。

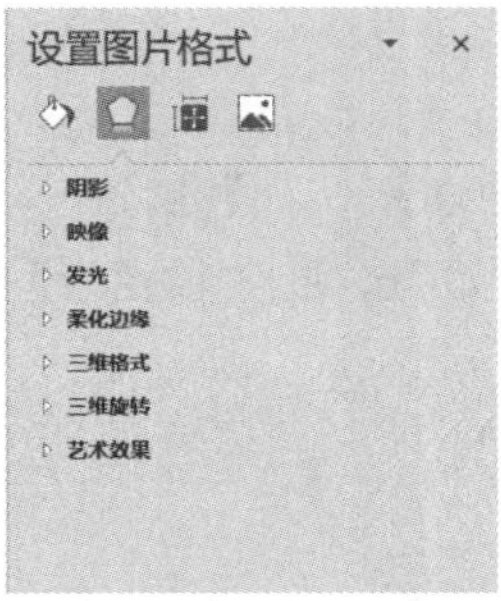

图 14-6 “设置图片格式”任务窗格

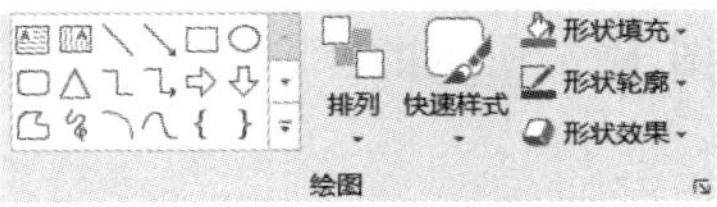

图 14-7 “绘图”组

14.3.6 设置主题

主题是一组预定义的颜色、字体和视觉效果，其中包含颜色设置、字体设置和对象效果设置，主题可应用于幻灯片以创建统一专业的外观。用户可以修改任意主题以适应需要，或者在已创建的演示文稿的基础上新建主题。

1. 应用 PowerPoint 2019 提供的主题

要应用 PowerPoint 2019 提供的主题，操作步骤如下。

(1)打开要修改的演示文稿，选择要应用主题的幻灯片，可在幻灯片浏览视图下完成此任务。

(2)单击“设计”选项卡，“主题”组如图 14-8 所示，选择要使用的主题。将鼠标指针放到某个主题上就会出现该主题的名称。如果没有找到所需主题，则单击“主题”列表框右侧的下拉按钮，打开“主题”库，如图 14-9 所示。

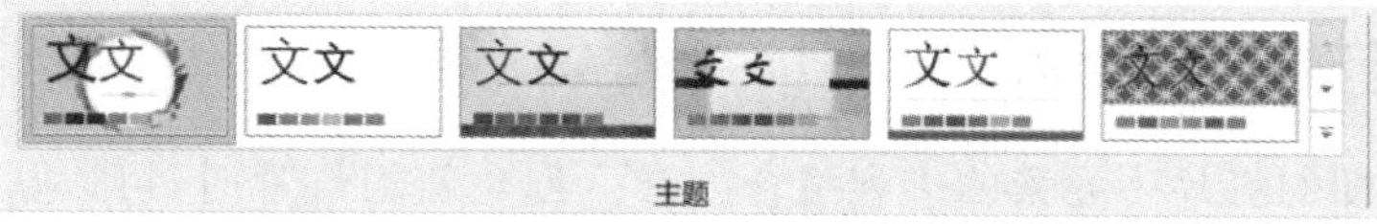

图 14-8 “主题”组

2. 创建自定义主题

如果 PowerPoint 2019 提供的主题不能满足用户的要求，则可以创建自定义主题。首先单击希望应用的主题，如果在第一步中选择了一张幻灯片，则将主题应用到整个演示文稿；如果选择了几张幻灯片，则仅为这几张幻灯片应用该主题。

根据需求设置幻灯片母版的格式，包括幻灯片版式、背景、主题颜色和主题字体，然后将幻灯片主题保存为新主题，操作步骤如下。

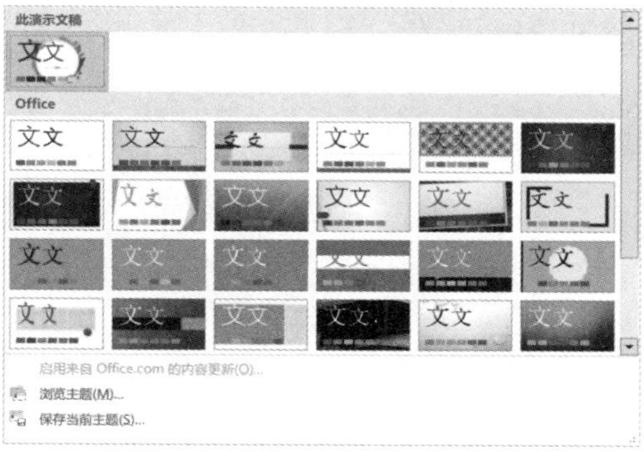

图 14-9 “主题”库

(1)在如图 14-9 所示的“主题”库中选择“保存当前主题”命令，打开“保存当前主题”对话框。

(2)在“文件名”文本框中输入新主题的名称。

(3)单击“保存”按钮，新主题即保存在用户选择的位置。

14.3.7 更改母版

幻灯片母版控制幻灯片上所输入的标题和文本的格式与类型。PowerPoint 2019 中的母版有幻灯片母版、备注母版和讲义母版。幻灯片母版包含文本占位符和页脚(如日期、时间和幻灯片编号)占位符。

单击“视图”选项卡“母版视图”组中的“幻灯片母版”按钮，打开“幻灯片母版”视图，如图 14-10 所示。如果要修改多张幻灯片的外观，不必一张张地修改，只需在幻灯片母版上做一次修改即可，PowerPoint 2019 将自动更新已有的幻灯片，并对以后新添加的幻灯片应用这些更改。如果要更改文本格式，则选择占位符中的文本并修改设置。母版还包含背景项目，例如放在每张幻灯片上的图形。如果要使个别幻灯片的外观与母版不同，则应直接修改该幻灯片，而不用修改母版。

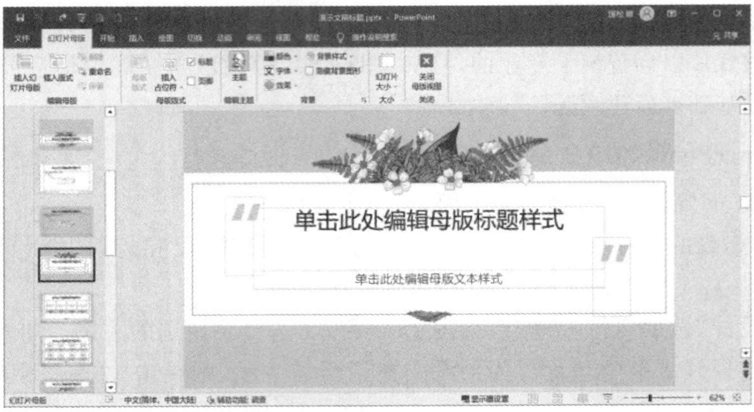

图 14-10 “幻灯片母版”视图

14.3.8 更改幻灯片版式

幻灯片版式即幻灯片中元素的排列组合方式。创建新幻灯片时，可以从预先设计好的幻灯片版式中进行选择。确定一种幻灯片版式后，有时还可能对其进行更改。更改幻灯片版式的操作方法如下。

(1)单击“开始”选项卡“幻灯片”组中的“版式”下拉按钮，打开“幻灯片版式”下拉菜单，如图 14-11 所示。

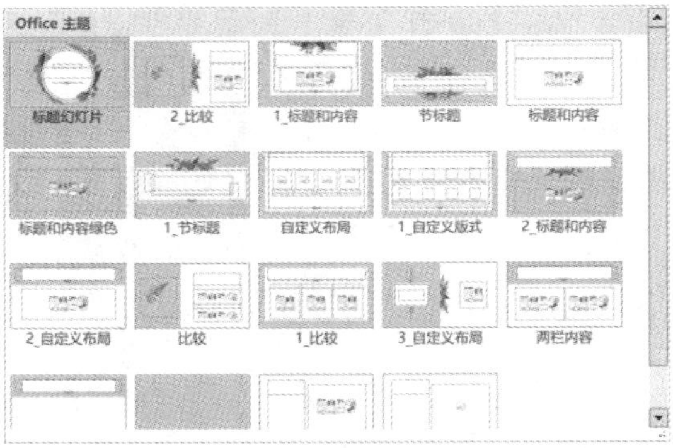

图 14-11 “幻灯片版式”下拉菜单

(2)在 PowerPoint 2019 版本中，幻灯片的版式是与主题联系在一起的，所以在图 14-11 中会看到基于两个主题的所有幻灯片版式。选择一种幻灯片版式后将其应用到幻灯片上。

14.3.9 设置幻灯片背景

用户可以为幻灯片设置不同的颜色、图案或纹理等背景，不仅可以为单张幻灯片设置背景，而且可以为母版设置背景，从而快速改变演示文稿中所有幻灯片的背景。

1. 改变幻灯片的背景色

改变幻灯片的背景色的操作方法如下。

(1)若要改变单张幻灯片的背景，可以在普通视图或幻灯片浏览视图中选择该幻灯片。如果要改变所有幻灯片的背景，可以进入幻灯片母版修改。

(2)单击“设计”选项卡“变体”组右下角的下拉按钮,在弹出的下拉菜单中选择“背景样式”命令,弹出如图 14-12 所示的背景样式选择框。

(3)选择相应的背景样式应用到幻灯片中。

2. 改变幻灯片的填充效果

改变幻灯片的填充效果的操作方法如下。

(1)若要改变单张幻灯片的背景,可以在普通视图或幻灯片浏览视图中选择该幻灯片。

(2)在图 14-12 中选择“设置背景格式”命令,弹出“设置背景格式”任务窗格,如图 14-13 所示。

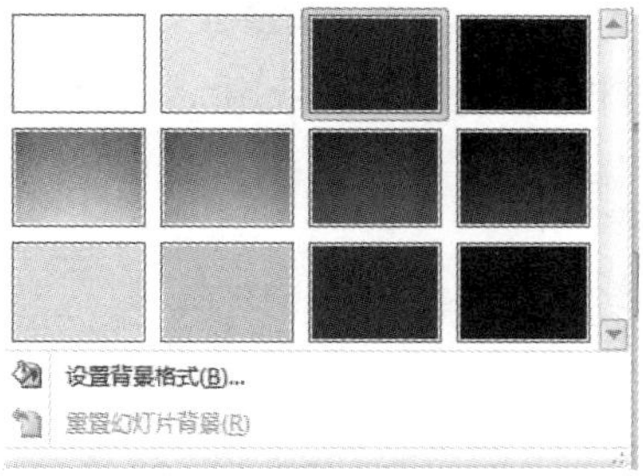

图 14-12　背景样式选择框

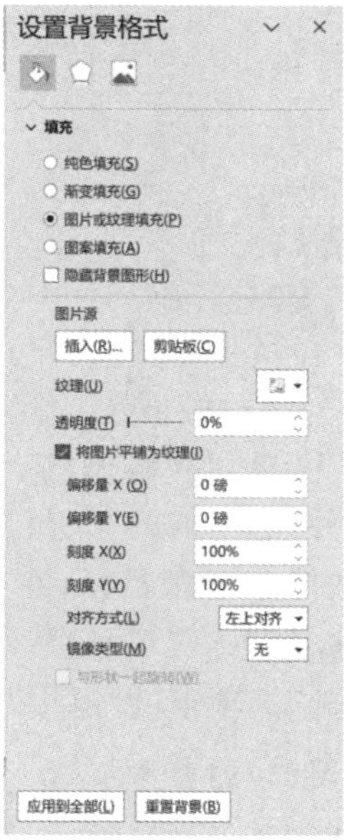

图 14-13　“设置背景格式”任务窗格

(3)在“填充”栏中设置相应的填充效果。

(4)若选中“渐变填充”单选按钮,则可以选择填充颜色的过渡效果,可以设置一种颜色的浓淡效果,或者设置从一种颜色逐渐变化到另一种颜色。若选中“图片或纹理填充”单选按钮,则可以选择填充纹理。若选中“图案填充”单选按钮,则可以选择填充图案。

(5)若要将更改应用到当前幻灯片,则单击任务窗格的“关闭”按钮;若要将更改应用到所有幻灯片和幻灯片母版,则单击“应用到全部”按钮,单击“重置背景”按钮可撤销背景设置。

14.3.10　操作与练习

操作与练习

(1)利用 PowerPoint 提供的模板“了解你的教师”创建一个演示文稿,以“了解你的教师”为文件名保存在 D 盘根目录下,退出 PowerPoint 2019。

(2)浏览播放“了解你的教师.pptx”演示文稿。

(3)将第 1 张幻灯片的副标题改为自己的名字,并给第 2 张幻灯片加上备注,内容是“这是第二张幻灯片”。

(4)将第 4 张幻灯片复制到演示文稿的最后;将此时的第 5 张幻灯片移动到演示文稿的最后;删除演示文稿的倒数第 3 张幻灯片。

(5)修改第 3 张幻灯片中 3 个段落的项目符号为空心方框。

（6）修改母版，给第 3 张幻灯片的母版幻灯片添加文字“我的老师”，置于右上角，文字颜色为蓝色，大小为 20 号，加粗，修改后保存为“我的老师. pptx”。

14.3.11 操作与练习的参考步骤

1. 操作与练习(1)的参考步骤

（1）选择“文件”选项卡的“新建”命令，打开“新建”窗口，如图 14-14 所示。

（2）在“新建”窗口中选择“了解你的教师”模板，在弹出的对话框中单击“创建”按钮，完成演示文稿的创建，如图 14-15 所示。

图 14-14 “新建”窗口

图 14-15 创建的演示文稿

（3）选择“文件”选项卡的“保存”命令，打开“保存”窗口，单击“浏览”按钮，弹出“另存为”对话框，保存位置选择 D 盘根目录，在“文件名”文本框中输入“了解你的教师”，单击“保存”按钮，完成文件的保存。

（4）选择“文件”选项卡的“退出”命令，退出 PowerPoint 2019。

2. 操作与练习(2)的参考步骤

（1）在本地计算机中打开 D 盘，双击“了解你的教师. pptx”，打开该演示文稿。

（2）PowerPoint 默认处于普通视图中，单击幻灯片编辑区的垂直滚动条，逐张浏览幻灯片。

（3）单击 PowerPoint 状态栏的“视图切换”区的“幻灯片放映”按钮，或按【F5】功能键从头放映幻灯片，按【Space】键或单击则放映下一张幻灯片。

3. 操作与练习(3)的参考步骤

（1）在普通视图左侧的幻灯片缩略图窗格中单击选择第 1 张幻灯片。

（2）单击幻灯片的副标题，将其改为自己的名字。

（3）选择第 2 张幻灯片，单击状态栏的“备注”按钮，在备注区中输入“这是第二张幻灯片”。

4. 操作与练习(4)的参考步骤

（1）单击幻灯片右下角的“幻灯片浏览”按钮，切换到幻灯片浏览视图，单击选择第 4 张幻灯片（被选中的幻灯片周围有边框），按【Ctrl+C】组合键。

（2）单击最后一张幻灯片后面的位置（出现一条酱红色的竖直线，即插入点），按【Ctrl+V】组合键，观察视图的变化情况。

（3）选择第 5 张幻灯片，按【Ctrl+X】组合键，再单击最后一张幻灯片后面的位置，按【Ctrl+V】组合键，观察视图的变化情况。

（4）单击倒数第 3 张幻灯片，选中它（对于连续的幻灯片可按【Shift】键进行选择），右击，在弹出的快捷菜单中选择“删除幻灯片”命令(或按【Delete】键),观察视图的变化情况。

5. 操作与练习(5)的参考步骤

(1)单击第 3 张幻灯片,选中 3 个段落所在的文本框。

(2)单击“开始”选项卡“段落”组中的“项目符号”下拉按钮,弹出如图 14-2 所示的“项目符号”下拉菜单,选择“加粗空心方形项目符号”选项。修改项目符号后的幻灯片效果如图 14-16 所示。

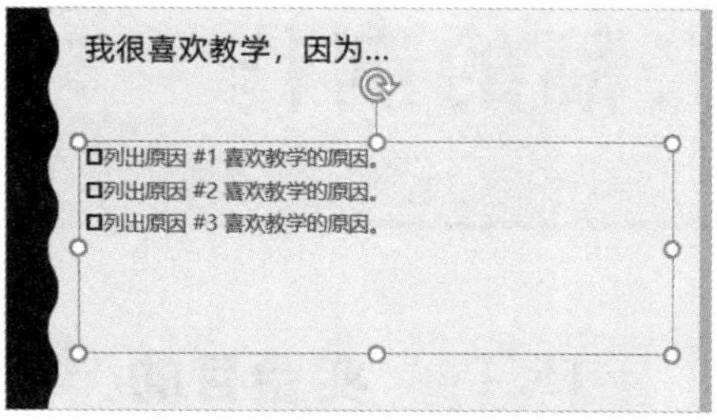

图 14-16 修改项目符号后的幻灯片效果

6. 操作与练习(6)的参考步骤

(1)打开“视图”选项卡,单击“母版视图”组中的“幻灯片母版”按钮,打开幻灯片母版视图。

(2)在左侧窗格中选中第 3 张母版幻灯片。单击“插入”选项卡“文本”组中的“文本框”下拉按钮,在弹出的下拉菜单中选择“绘制横排文本框”命令,在幻灯片的右上角拖动绘制一个适度大小的矩形,输入文字“我的老师”。

(3)选中刚插入的文本框,单击“开始”选项卡,在“字体”组(见图 14-17)中单击“加粗”按钮,将文字大小设置为 20 号,字体颜色选择“蓝色”。修改母版后的幻灯片效果如图 14-18 所示。

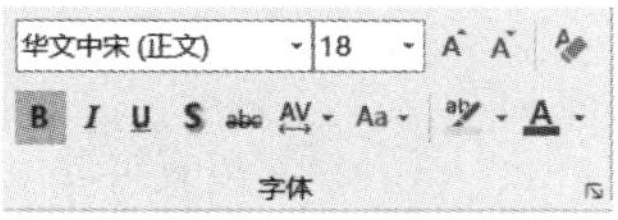

图 14-17 “字体”组

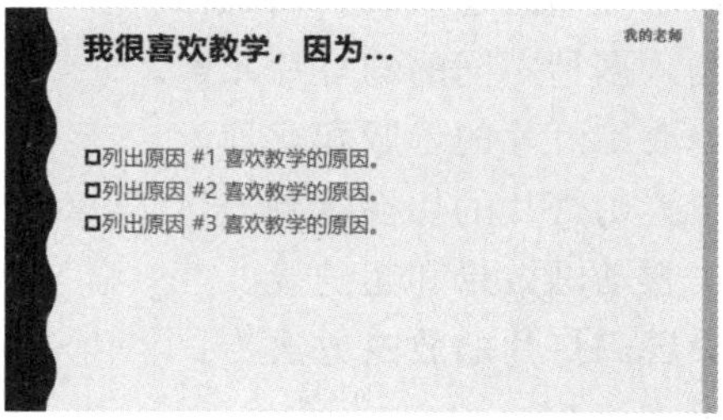

图 14-18 修改母版后的幻灯片效果

(4)单击“幻灯片母版”选项卡“关闭”组中的“关闭母版视图”按钮。查看演示文稿中幻灯片的右上角,有些幻灯片有“我的老师”4 个字,有些幻灯片没有,思考原因。

(5)选择“文件”选项卡的“另存为”命令,将编辑后的演示文稿以“我的老师”为文件名保存在 D 盘,保存类型为“PowerPoint 演示文稿(* . pptx)”。

实验 15
演示文稿的制作

15.1 实验目的

(1)掌握演示文稿的建立、编辑与格式化等操作。
(2)掌握幻灯片元素的制作、插入及动画设计方法。
(3)掌握幻灯片母版、版式和背景的修改方法。
(4)掌握超链接的设置方法。
(5)掌握幻灯片的切换和放映方法。

15.2 实验内容

(1)演示文稿的建立、编辑和格式化。
(2)插入多种不同的幻灯片元素。
(3)修改幻灯片的母版和背景。
(4)设置幻灯片的切换效果。
(5)设置动画效果和超链接。
(6)设置幻灯片的放映方法。

15.3 实验操作步骤

本实验将介绍一个完整的演示文稿的制作过程,包括两个阶段:静态设计阶段和动态设计阶段。对于演示文稿中插入的图片对象,用户可以根据自己的审美进行修改或替换。

15.3.1 设计演示文稿

设计一个介绍嘉兴南湖的演示文稿,具体内容包括介绍嘉兴南湖的地理位置和湖景风貌等,演示文稿的整体效果如图 15-1 所示,要求如下。

(1)演示文稿的名称为“嘉兴南湖. pptx”,通过网络收集(或拍摄)需要的图片资料。
(2)设计原则:文字突出重点,多用图片,直观显示和表达内容。

图 15-1 演示文稿的整体效果

(3)演示文稿共设计 6 张幻灯片，所有幻灯片的页面大小为“全屏显示 16∶9”。

15.3.2 建立演示文稿

建立文件和静态设计幻灯片 1 和 2

1. 建立文件

右击桌面空白处，在弹出的快捷菜单中选择“新建”→“Microsoft PowerPoint 演示文稿”命令，修改演示文稿的文件名为“嘉兴南湖.pptx”。

2. 新建幻灯片

打开演示文稿“嘉兴南湖.pptx”。单击“开始”选项卡“幻灯片”组中的“新建幻灯片”下拉按钮，在弹出的下拉菜单中选择“Office 主题”→“空白”版式。单击左侧窗格的空白幻灯片，按 5 次【Enter】键，生成 5 张空白幻灯片。

3. 设置背景格式

右击第 1 张幻灯片，在弹出的快捷菜单中选择“设置背景格式”命令，弹出“设置背景格式”任务窗格，如图 15-2 所示。填充颜色选择“白色，背景 1，深色 5%”，单击“应用到全部”按钮。

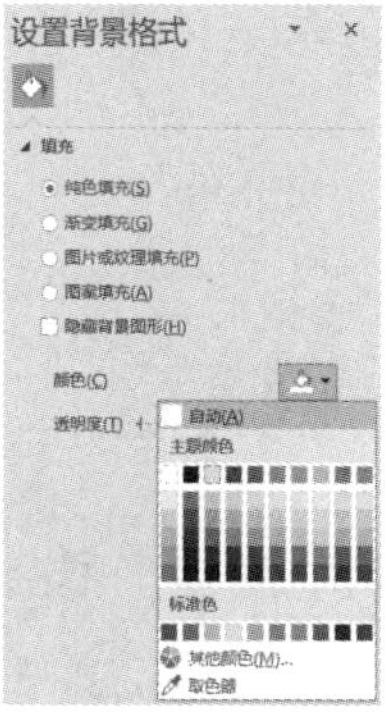

图 15-2 “设置背景格式”任务窗格

4. 页面设置

单击“设计”选项卡“自定义”组中的“幻灯片大小”下拉按钮，在弹出的下拉菜单中选择“全屏显示 16∶9”命令。

15.3.3 设计首页幻灯片

本节设计首页幻灯片，并将其作为封面，要求内容简洁、形式大方，具体的操作步骤如下。

1. 插入封面图片

单击“插入”选项卡“图像”组中的“图片”下拉按钮，在弹出的“插入图片来自”下拉菜单中选择“此设备”命令，弹出“插入图片”对话框，如图 15-3 所示，选择前期收集好的图片文件“南湖南大门广场 1.png”，单击“插入”按钮。

2. 调整图片

当将图片插入幻灯片后，图片的位置和大小不满足要求，因此，需要用鼠标或键盘方向键调整。如图 15-4 所示，用鼠标拖动图片上的锚点（图片边缘的 8 个白色的圆点，带箭头的圆形是旋转点）调整其大小，使图片与幻灯片重合或覆盖幻灯片。

图 15-3 “插入图片”对话框

图 15-4 图片与幻灯片重合

15.3.4 设计第 2 张幻灯片

第 2 张幻灯片的效果如图 15-5 所示，可以看到所有对象和名称。将整张幻灯片看作两个区域的结合，将这两个区域称为左部区域和右部区域。左部区域为一张南湖景区壕股塔的图片，右部区域由 5 个图形对象、5 个文本框组成，对象名称可以在“选择”任务窗格中查看和修改，具体的操作步骤如下。

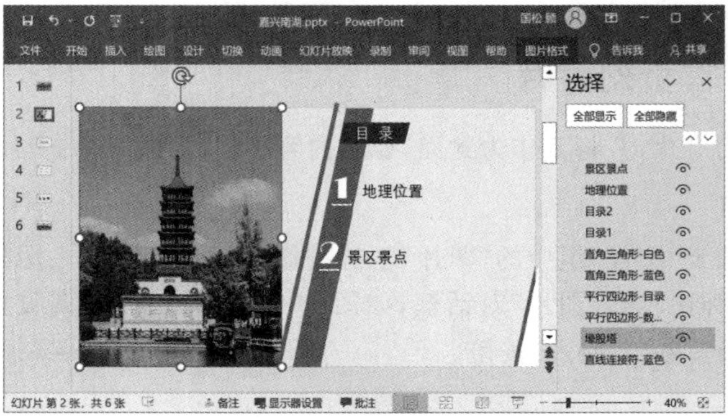

图 15-5 第 2 张幻灯片的效果

1. 图片的设计

(1)插入图片。按照在首页幻灯片中插入封面图片的步骤,完成图片的插入。

(2)调整图片位置和大小。与首页幻灯片中图片的调整方法一样,将图片的左边、上边和下边调整到与幻灯片对应的边重合。右击该图形对象,在弹出的快捷菜单中选择“设置图片格式”命令(此时也可以直接修改图片宽度为 15 厘米,图片高度会根据宽度自动调整),打开“设置图片格式”任务窗格,如图 15-6 所示,单击“大小与属性”选项卡,展开“大小”栏,取消勾选“锁定纵横比”复选框,然后设置宽度值为 15 厘米。

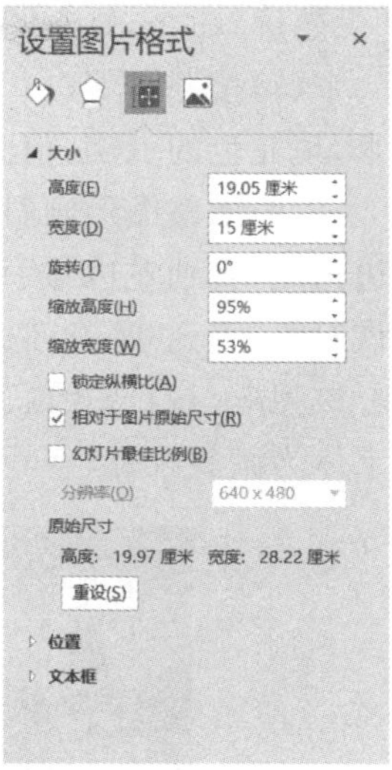

图 15-6 “设置图片格式”任务窗格

2. 平行四边形对象的设计

(1)插入图形。单击“插入”选项卡“插图”组中的“形状”下拉按钮,在弹出的下拉菜单的“基本形状”栏中选择“平行四边形”。在幻灯片右部空白区域中,用鼠标拖动图形锚点绘制一个平行四边形。选中该平行四边形,单击“开始”选项卡“编辑”组中的“选择”下拉按钮,在弹出的下拉菜单中选择“选择窗格”命令,弹出“选择”任务窗格,将该平行四边形命名为“平行四边形-数字背景”。

(2)设置图形大小。选中该平行四边形,拖动上边或下边的中间锚点,改变图形的高度,使图形的上、下边缘与幻灯片的上、下边缘重合。设置图形的宽度值为 4.9 厘米。

(3)调整图形倾斜度。单击该平行四边形,向右拖动旋转点到与中间点距离约 1/8 上边长度处。

(4)设置图形填充色。选中该平行四边形,单击“绘图工具”→“形状格式”选项卡“形状样式”组中的“形状填充”下拉按钮,在弹出的下拉菜单中选择“其他填充颜色”命令,在弹出的“颜色”对话框中选择“自定义”选项卡,如图 15-7 所示,设置“红色”“绿色”“蓝色”的数值分别为 25,136,152(RGB 值为 25,136,152),单击“确定”按钮。得到如图 15-8 所示的青绿色的平行四边形。

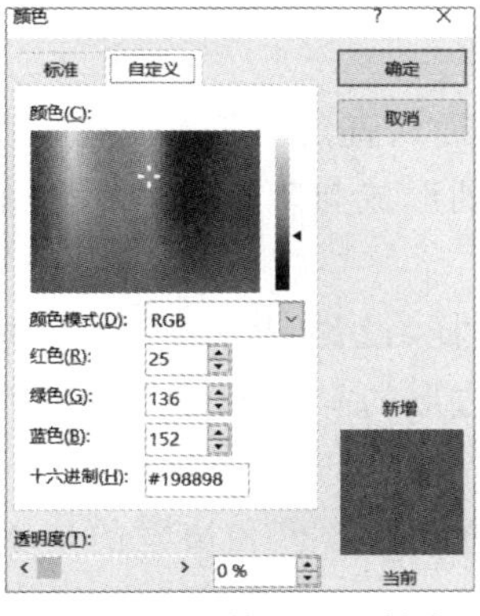

图 15-7 调整图形倾斜度

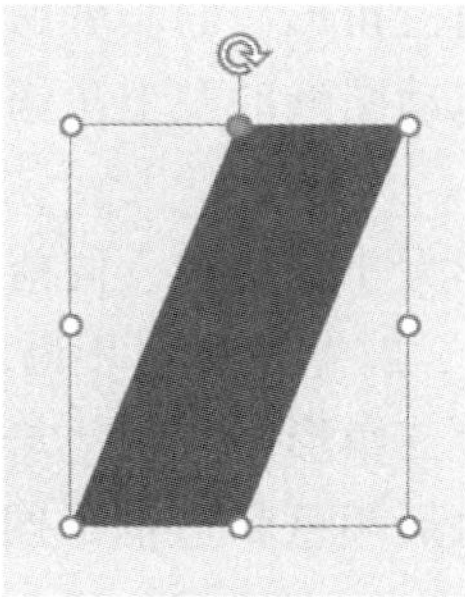

图 15-8 青绿色的平行四边形

(5)设置图形位置。选中该平行四边形,按键盘上的【←】键将其向左移动,水平靠近前期插入的图片,直到两个对象的底边相距 4~6 毫米。

(6)设置图形边框。同步骤(4),选中该平行四边形,在“形状样式”组中选择“形状轮廓”→

“无轮廓”命令，修改图形边框后的“平行四边形-数字背景”对象如图 15-9 所示。

(7)按照步骤(1)～(6)，插入第 2 个平行四边形，设置图形大小为高 1.4 厘米、宽 5.5 厘米，填充色的 RGB 值为 85，60，67，边框为“无轮廓”，取名为“平行四边形-目录”。

(8)调整图形倾斜度和位置。单击该对象，拖动图形左上角的黄色锚点，左右拖动，调整底边角度，直到左边与“平行四边形-数字背景”图形的左边平行为止。利用键盘上的方向键移动该对象，直到“平行四边形-目录”的左边与“平行四边形-数字背景”的左边重合。在垂直方向上该图形与幻灯片顶边的距离为 3～4 毫米。在“平行四边形-目录”对象内输入文字“目录”，字体为微软雅黑，字号为 30，在两个字之间添加 3 个空格，如图 15-10 所示。

图 15-9　修改图形边框后的“平行四边形-数字背景”对象

图 15-10　插入“平行四边形-目录”

3. 直线和三角形的设计

(1)插入直线。插入直线的步骤与前述插入平行四边形的步骤一致，在“线条”栏中选择“直线”。在幻灯片空白处沿垂直方向拖动鼠标，绘制一条直线。

(2)设置直线大小。双击该直线，在“绘图工具”→“形状格式”选项卡“大小”组中设置其高度和宽度(直线高度与幻灯片高度一致，直线宽度可以不断地在“形状格式”选项卡的“大小”组中微调，直到直线与平行四边形的斜边平行)。

(3)设置直线宽度和颜色。右击该直线，在弹出的快捷菜单中选择“设置形状格式”命令，打开“设置形状格式”任务窗格，选择“填充与线条”选项卡，设置线条宽度为 10 磅。单击“颜色”下拉按钮，在弹出的下拉菜单中选择“其他颜色”命令，打开如图 15-7 所示的对话框，设置 RGB 值为 25，136，152。

(4)设置直线的位置。选中直线，用键盘上的方向键对直线进行水平调整，直到直线的底端与图片的右下角重合，如图 15-11 所示。

(5)插入直角三角形。同步骤(1)的插入直线的方法，插入直角三角形。选择直角三角形，按住鼠标左键，拖动图形的左上角锚点水平向右移动，直到形成与现有三角形对称的图形，松开鼠标。

(6)设置图形大小和位置。同前述图形的设置方法一样，设置三角形高度和宽度(高度约为幻灯片高度的 1/2，宽度可以不断微调，直到与平行四边形的斜边平行)。将该图形放置在幻灯片右下角，使三角形的直角边与幻灯片右下直角边重合。

(7)设置三角形颜色和边框。同设置青绿色平行四边形的颜色和边框的步骤(4)和步骤(6)，颜色也一致(RGB 值为 25，136，152)。

(8)选择该三角形，按【Ctrl＋D】组合键生成一个新的三角形，将新的三角形的填充色设置为白色。并用键盘上的方向键调整两个三角形重合。然后，选择白色三角形，按住【Ctrl】键，按键盘上的【→】键，直到两个三角形错开的距离与前述直线的线型宽度相等(约 10 磅)，此时三角形的效果如图 15-12 所示。

图 15-11 插入“直线”的效果

图 15-12 插入“三角形”的效果

4. 插入数字内容的文本框

(1)插入文本框。单击“插入”选项卡“文本”组中的“文本框”下拉按钮,在弹出的下拉菜单中选择绘制“横排文本框”命令,在幻灯片空白处拖动鼠标绘制矩形文本框。

(2)设置文字。在文本框中输入数字“1”,设置字体为 Broadway,字号为 72,倾斜,加下划线,字体颜色为“白色,背景 1,深色 5%”。

(3)设置文本框位置。拖动该文本框,将它放置在“平行四边形-数字背景”对象之上,水平方向在平行四边形中间,文本框底部在垂直方向离幻灯片顶端约 1/3 幻灯片的高度,如图 15-13 所示。

(4)选中数字 1 的文本框并按住鼠标左键,按【Ctrl】键,沿着“平行四边形-数字背景”的斜边,向下拖动到离幻灯片顶端约 2/3 幻灯片高度处,释放鼠标后再释放【Ctrl】键。将新的文本框内容修改为数字“2”,如图 15-14 所示。

5. 插入文本内容的文本框

(1)插入文本框。其操作同前述数字内容文本框的插入步骤(1)。

(2)设置文字。在文本框中输入文字“地理位置”,设置字体“微软雅黑”,字号为 28。

(3)复制对象。选中“地理位置”文本框,执行“复制”和“粘贴”命令,生成一个新的文本框,将内容修改为“景区景点”。

(4)设置文本框位置。在水平方向上将文字“地理位置”和“景区景点”所在的文本框分别与数字“1”和“2”所在的文本框对齐;在垂直方向上文字文本框与“平行四边形-数字背景”的斜边大致平行,如图 15-15 所示。

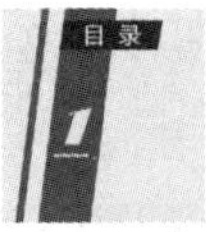

图 15-13 插入数字 1 文本框

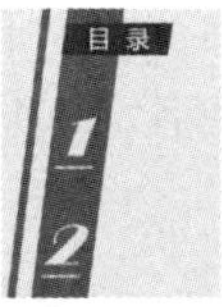

图 15-14 插入数字 2 文本框

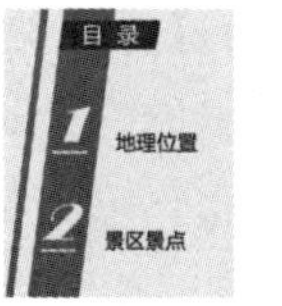

图 15-15 插入文字文本框

15.3.5 设计演示文稿母版

从第 3 张幻灯片开始需要设计统一的风格来显示介绍南湖的内容,因此,考虑使用幻灯片母版来设计统一的外观。

设计演示文稿母版和静态设计幻灯片 3

1. 修改和设计母版

(1)打开母版视图。单击“视图”选项卡“母版视图”组中的“幻灯片母版”按钮,打开如图 15-16 所示的幻灯片母版视图。

(2)修改母版幻灯片。在左侧的幻灯片版式窗格中,将多余的版式删除,仅剩下“空白”和“仅标题”版式。

(3)选择“仅标题”版式,在幻灯片编辑区中,删除原来的占位符。插入“直角三角形”形状,拖动锚点调整，使其直角与幻灯片左上角重合。设置形状的宽度为 10 厘米，高度为 3 厘米。设置形状的填充色为“主题颜色”的“白色，背景 1，深色 15%”。形状轮廓为“无轮廓”。

(4)插入直线。插入直线的步骤如前述步骤。拖动直线的两端锚点，使其与三角形的斜边平行，与斜边的距离约 4 毫米，并且穿过三角形。

(5)设置直线格式。设置线条颜色为“主题颜色”的“白色，背景 1，深色 15%”，线条宽度为 5 磅。

(6)重复步骤(1)～(5)(或复制以上制作的图形)，在幻灯片的右下角设计对称的图形，如图 15-17 所示。

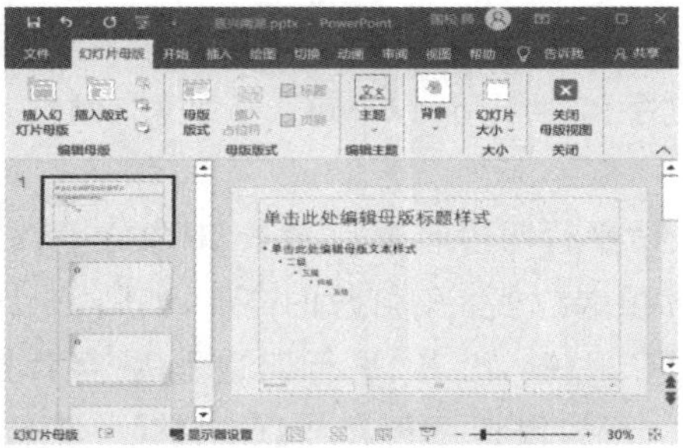

图 15-16　幻灯片母版视图

图 15-17　插入三角形和直线

(7)插入椭圆形状。插入一个椭圆图形，设置其高度和宽度都是 2.3 厘米，填充颜色的 RGB 值为 25，136，152，轮廓线条宽度为 3 磅，轮廓颜色为“白色，背景 1，深色 5%”。

(8)插入数字编号。选中该椭圆图形，输入数字“1”，将字体设置为 Broadway，将字号设置为 54，将颜色设置为白色。

(9)在左侧的幻灯片版式窗格中，复制由步骤(3)～(8)设计好的“仅标题”版式，将其粘贴在该版式下方，并将数字“1”修改为数字“2”，如图 15-18 所示。单击“关闭母版视图”按钮，关闭幻灯片母版视图。

2. 应用设计的“仅标题”母版

在幻灯片缩略图窗格中，选中幻灯片 3，单击“开始”选项卡“幻灯片”组中的“版式”下拉按钮，在弹出的“Office 主题”窗口中选择数字“1”所在的版式，如图 15-19 所示，应用设计的母版。

图 15-18　修改后的母版

图 15-19　应用设计的母版

按照同样的步骤，将数字“1”所在的幻灯片版式应用到幻灯片 4 中。将数字“2”所在的幻灯片版式应用到幻灯片 5 中。

15.3.6 设计第 3 张幻灯片

1. 插入标题文字框

(1)单击选中幻灯片 3,插入一个文本框,输入标题文字“地理位置”,字体为“微软雅黑”,字号为 30,颜色为“青绿”,即颜色的 RGB 值为 25,136,152。

(2)设置标题文字文本框的位置。将该文本框放置在数字“1”右侧,水平方向上与数字对齐。

2. 插入内容文本框

(1)插入一个新的文本框,输入文字内容:嘉兴南湖中共“一大”会址位于长三角中心城市——嘉兴市,毗邻上海、杭州、苏州。2001 年 6 月 25 日,该市被公布为第五批全国重点文物保护单位,并归入中国共产党第一次全国代表大会会址。选中该文本框,设置字体为“微软雅黑”,字号为 33,颜色为黑色。

(2)选中该文本框,单击“开始”→“绘图”→“排列”下拉按钮,在弹出的下拉菜单中选择“对齐”→“水平居中”命令,重复以上步骤,最后选择“垂直居中”命令。

3. 插入直线

(1)同第 2 张幻灯片中插入直线的步骤一样,插入直线。右击该直线,在弹出的快捷菜单中选择“设置形状格式”命令,打开如图 15-20 所示的“设置形状格式”任务窗格。

(2)单击“填充与线条”选项卡,设置直线的颜色为“青绿”色(RGB 值为 25,136,152)。单击“线条”,设置直线的宽度为 5 磅,复合类型为“从粗到细”。单击“大小与属性”选项卡,设置直线的宽度为 17.05 厘米。

(3)设置直线位置。将该直线放置在第 2 个文本框之上,垂直方向上与文本框居中对齐,距离文本框顶端 5~6 毫米。

(4)复制以上插入的直线,拖动直线的端点,将该直线翻转(复合直线的细线条在上)。将其放置在文本框下面,垂直方向上与文本框居中对齐,与文本框间隔 5~6 毫米。

(5)将内容文本框和两条直线同时选中,单击“开始”→“绘图”→“排列”下拉按钮,在弹出的下拉菜单中选择“对齐”→“纵向分布”命令,效果如图 15-21 所示。

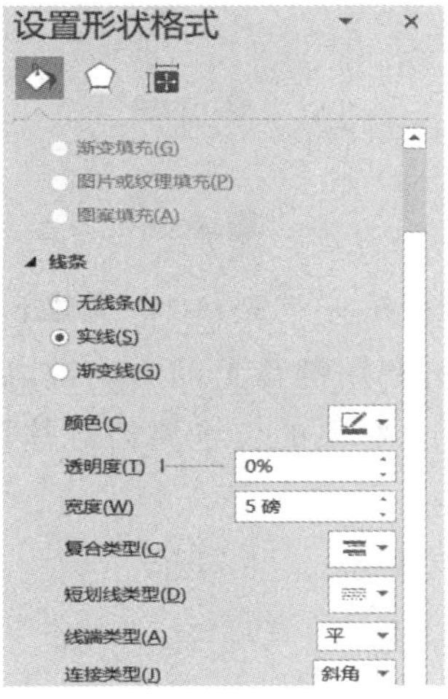

图 15-20 “设置形状格式”任务窗格

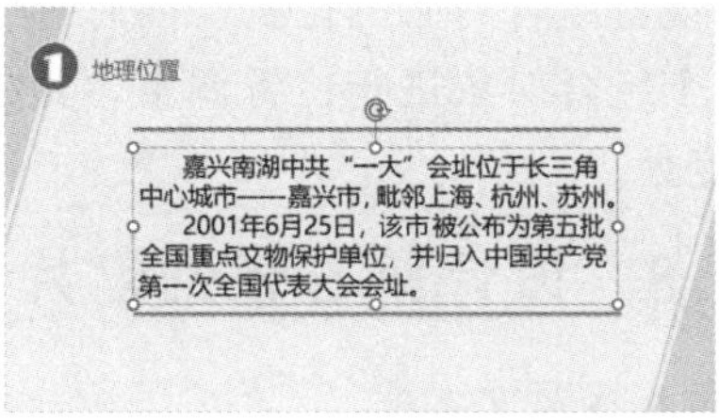

图 15-21 第 3 张幻灯片的效果

15.3.7 设计第 4 张幻灯片

1. 插入标题文本框

(1)复制第 3 张幻灯片的标题文本框，将其粘贴到幻灯片 4 中，修改粘贴过来的幻灯片的文字为“南湖景点”。

(2)设置文本框位置。将该文本框放置在数字“1”的右侧，水平方向上与数字对齐。

静态设计幻灯片 4 和 5

2. 插入 4 个椭圆和 4 个文本框

(1)插入椭圆。插入一个椭圆形状，设置其高度和宽度都是 1.6 厘米，填充色为“青绿”色(RGB 值为 25，136，152)，轮廓线条宽度为 3 磅，轮廓颜色为“白色，背景 1，深色 15%”。

(2)输入数字。选中椭圆，输入数字“1”，将其字体设置为华文隶书，字号为 32，颜色为白色。

(3)插入文本框。在文本框中输入文字“一大红船”，设置其字体为华文隶书，字号为 32。将椭圆与文本框水平对齐，间距 7 毫米左右，同时选中这两个对象，右击其中任意一个对象，在弹出的快捷菜单中选择“组合”→“组合”命令，组合效果如图 15-22 所示。

(4)复制组合对象。选择步骤(3)中的组合对象并按住鼠标左键，按住【Ctrl】键，拖动复制对象到正下方离幻灯片底部约 1/3 幻灯片高度处释放，将数字修改为“3”，将文字修改为“湖心岛”。按照同样的操作，继续产生新的 2 个组合对象，分别将数字改为“2”和“4”，将对应的文字修改为“烟雨楼”和“观音阁”。4 个组合对象的相对位置如图 15-23 所示。注意调整相应组合对象在水平方向和垂直方向对齐。

(5)插入十字线并组合。插入一条直线，设置直线宽度为 3 磅，直线高度为 1.67 厘米，其颜色为“白色，背景 1，深色 35%”。复制一条同样的直线，将两条直线垂直交叉，中心点为交叉点，并将两条直线组合在一起。

(6)设置十字线的位置。同时选中这两条直线，在“开始”选项卡中选择“绘图”→“排列”→“对齐”→“水平居中”命令，再次选择“垂直居中”命令，使十字线处于幻灯片中心位置，如图 15-24 所示。

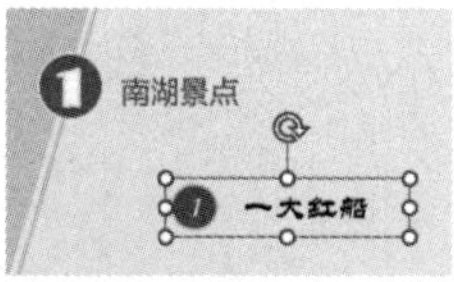

图 15-22 组合对象的效果

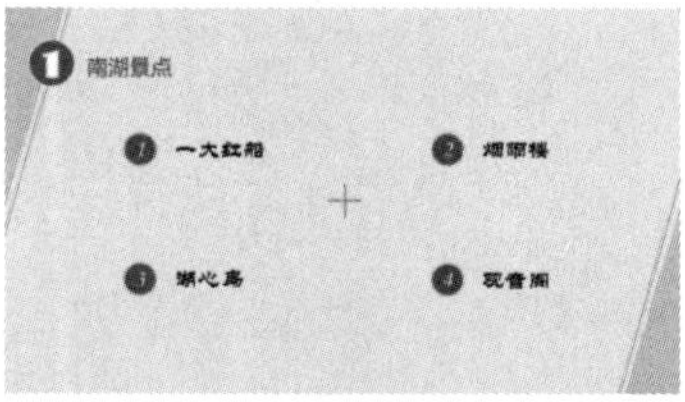

图 15-23 4 个组合对象的相对位置

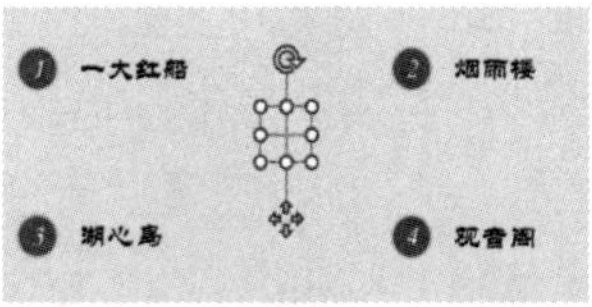

图 15-24 设置十字线的位置

(7)设置组合对象的位置。同时选中 4 个组合对象，利用键盘上的方向键，以十字线为中心，对 4 个组合对象进行位置调整。其中“一大红船”组合对象的位置离幻灯片顶端约 1/3 幻灯片高度处。

15.3.8 设计第 5 张幻灯片

1. 插入标题文本框

(1)复制第 4 张幻灯片的标题文本框，并将其粘贴到幻灯片 5 中，修改其文本内容为“南湖随景”。

(2)设置文本框的位置。将该文本框放置在数字“2”的右侧,水平方向上与数字对齐。

2. 插入3张图片和3个平行四边形

(1)插入图片。同在首页幻灯片中插入图片的步骤,插入一张准备好的图片。

(2)设置图片。右击该图片,在弹出的快捷菜单中选择“设置图片格式”命令,打开“设置图片格式”任务窗格。在“大小与属性”选项卡中,取消勾选“锁定纵横比”复选框,然后设置图片高度为5厘米,宽度为6厘米,单击任务窗格的“关闭”按钮。双击该图片,在“图片工具”→“图片格式”选项卡的“图片样式”组中选择“柔化边缘椭圆”样式,效果如图15-25所示。

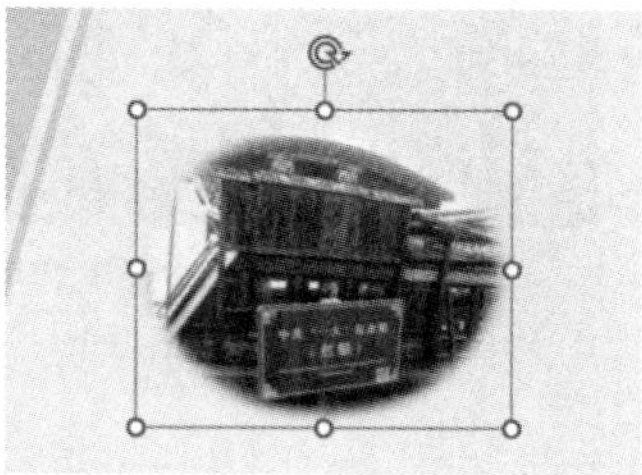

图15-25 “柔化边缘椭圆”效果

(3)重复以上两个步骤,插入设计好的两张图片,其他设置都和第1张图片一致。

(4)插入3个平行四边形。设置3个平行四边形的高度为1厘米,宽度为6厘米,形状轮廓为“无轮廓”,填充色为“青绿”色(RGB值为25,136,152),在其中输入文字,分别为“红船”“烟雨楼”“湖心岛”,字体格式为“华文隶书”,字号为24,字体颜色为“白色”。

(5)将第1张“红船”图片与“红船”平行四边形在垂直方向上对齐(用鼠标拖动,中心线互相对齐),如图15-26所示。同时选中这两个对象进行组合操作。

(6)按照同样的操作,将另外两张图片和两个平行四边形分别根据相同的内容对齐和组合。

(7)设置组合对象位置。将“红船”组合对象置于幻灯片中心(对齐方法参考第4张幻灯片中“十字线”对象的步骤),将“红船”组合对象置于“烟雨楼”组合对象的左侧;将“湖心岛”组合对象置于右侧;3个组合对象以各自的平行四边形底边为基准水平对齐,如图15-27所示。在组合对象之间设置适当的间距,以不拥挤为原则(可考虑间距约为组合对象宽度的1/4)。

(8)将前面3个组合对象取消组合。

图15-26 对齐图片和平行四边形

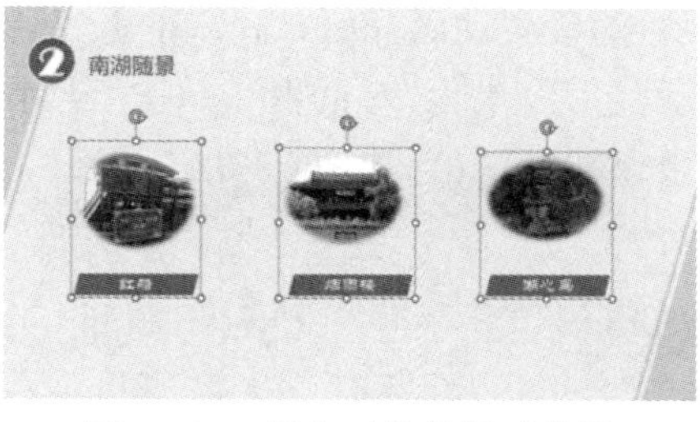

图15-27 组合对象的相对位置

15.3.9 设计第6张幻灯片

1. 插入封面图片

单击选中幻灯片6,单击“插入”选项卡“图像”组中的“图片”下拉按钮,在弹出的“插入图片来自”下拉菜单中选择“此设备”命令,选择前期收集好的图片文件“南湖湖景俯视.png”,单击“插入”按钮。

2. 调整图片

用鼠标拖动图片上的锚点调整其大小,从而使图片与幻灯片重合或覆盖幻灯片。

图 15-28 设置文字和背景后的幻灯片效果

3. 插入文本框

插入一个文本框，输入文字“谢谢”。设置文字的字体为微软雅黑，字号为 86，颜色为蓝色，添加下划线。选中该文本框，单击“开始”选项卡“绘图”组中的“排列”下拉按钮，在弹出的下拉菜单中选择“对齐”→“水平居中”命令，设置文字和背景后的幻灯片效果如图 15-28 所示。

至此，该静态演示文稿设计完毕。

15.3.10 首页幻灯片的动画设计

动态设计幻灯片 1～3

1. 设计所有幻灯片的切换动画

(1)设定切换效果。在幻灯片普通视图的左侧窗格中，按【Ctrl＋A】组合键全选所有幻灯片。

(2)单击“切换”选项卡“切换到此幻灯片”组(见图 15-29)中的“擦除”按钮，再单击“效果选项”下拉按钮，在弹出的下拉菜单中选择“自右侧”命令。

图 15-29 “切换到此幻灯片”组

2. 设计首页图片的动画

(1)添加进入效果。选定“南湖南大门广场 1. png”图片，单击“动画”选项卡“高级动画”组中的“添加动画”下拉按钮，在弹出的下拉菜单中选择“进入”中的“淡化”命令，如图 15-30 所示。

(2)设置动画开始时间。单击“动画”组中“效果选项”右侧的对话框启动器按钮，如图 15-31 所示，打开“淡化”对话框。单击“计时”选项卡，在“开始”下拉列表中选择“与上一动画同时”，其余保持默认值，如图 15-32 所示。

图 15-30 图片添加进入动画“淡化”

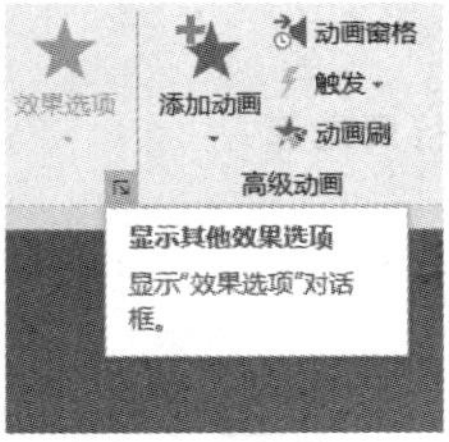

图 15-31 “效果选项”右侧的对话框启动器按钮

图 15-32 设置动画开始时间

15.3.11 第 2 张幻灯片的动画设计

第 2 张幻灯片中的对象如图 15-33 所示，首先打开“选择”任务窗格，以便根据对象的名称来阐述对象的动作，以及精准选择需要设计动画的对象。

图 15-33　第 2 张幻灯片中的对象

打开“选择”任务窗格的方法:单击“开始”选项卡“绘图”组中的“排列”下拉按钮,在弹出的下拉菜单中选择“选择窗格”命令,如图 15-34 所示。显示如图 15-35 所示的“选择”任务窗格,在其中双击每个对象的名称并根据内容进行相应的修改。

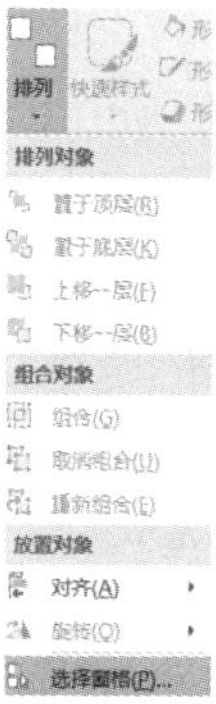

图 15-34　“选择窗格”命令

图 15-35　显示“选择”任务窗格

1. 为图片添加动画

(1)选中对象。在“选择”任务窗格中选择“壕股塔”对象(或直接在幻灯片中选中左边的“壕股塔”图片)。

(2)添加动画。单击“动画”选项卡“动画”组中的“擦除”按钮,再单击“效果选项”下拉按钮,在弹出的下拉菜单中选择“自左侧”命令。

2. 为直接连接符、平行四边形、三角形添加动画

(1)选中对象。在“选择”任务窗格中单击对象右边的“眼睛”按钮,可以实现隐藏和显示对象的功能。如图 15-36 所示,隐藏当前不需要的对象。按住【Ctrl】键,单击 4 个对象,将显示的 4 个对象(直接连接符-蓝色、直角三角形-白色、直角三角形-蓝色和平行四边形-数字背景)全部选中。

(2)添加动画。单击“动画”选项卡“动画”组中的“擦除”按钮,再单击“效果选项”下拉按钮,在弹出的下拉菜单中选择“自左侧”命令。

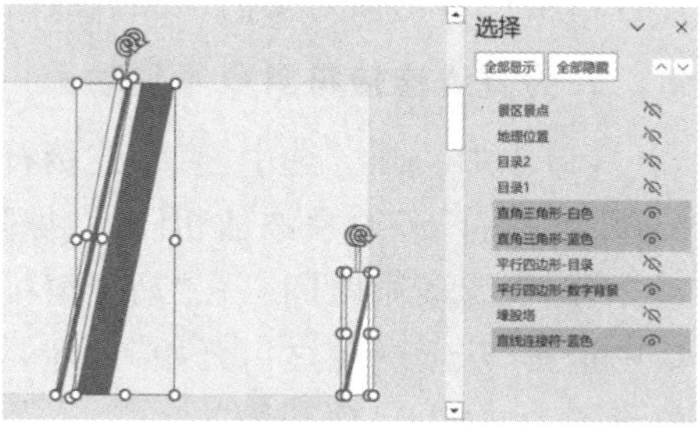

图 15-36　隐藏多余对象并选择目标对象

(3)设置动画效果为“与上一动画同时”。

3. 为数字添加动画

(1)选中对象。与前述步骤类似,在“选择”任务窗格中,依次选中两个对象“目录 1”和“目录 2”。

(2)添加动画。与前述步骤类似,单击“动画”选项卡“动画”组中的“随机线条”按钮。

(3)动画设置。打开“目录 1”的“效果选项”对话框的“计时”选项卡，在“开始”下拉列表中选择“上一动画之后”，给“目录 2”设置动画效果为“与上一动画同时”。

4. 为带文字的文本框添加动画

(1)选中对象。在“选择”任务窗格中，按住【Ctrl】键，单击选中两个对象“景区景点”和“地理位置”(实现同时选中)。

(2)添加动画。在“动画”选项卡的“动画”分组中单击“飞入”按钮。

(3)设置动画效果。同时选中两个对象，在“动画”选项卡的“动画”组中单击“效果选项”下拉按钮，在弹出的下拉菜单中选择“自右侧”命令，在“效果选项”对话框的“计时”选项卡中，设置“开始”为“与上一动画同时”。

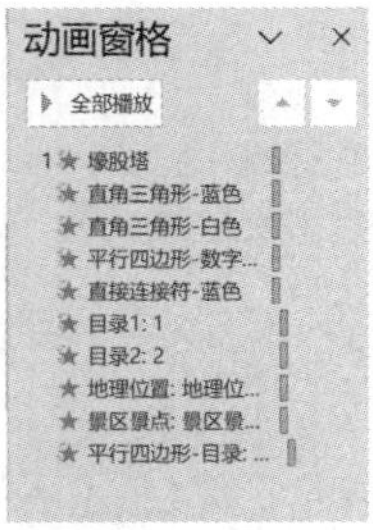

图 15-37 所有动画的顺序

5. 为“目录”文本框添加动画

(1)选中对象。在幻灯片中直接选中文字“目录”所在的文本框。

(2)添加动画。在“动画”选项卡的“动画”组中单击“劈裂”按钮。

(3)设置动画效果。单击“动画”选项卡的“动画”组中的“效果选项”下拉按钮，在弹出的下拉菜单中选择“左右向中央收缩”命令，再单击“动画”组的对话框启动器按钮，在“劈裂”对话框的“计时”选项卡内，设置“开始”为“上一动画之后”。

(4)所有动画的顺序如图 15-37 所示。

15.3.12 第 3 张幻灯片的动画设计

第 3 张幻灯片中需要设置动画的对象主要有两个文本框和两个直接连接符，如图 15-38 所示。

1. 为“文本框-地理位置”对象添加动画

(1)选择“文本框-地理位置”对象。

(2)添加动画。单击“动画”选项卡“动画”组中的“浮入”按钮。

(3)设置动画效果。单击“效果选项”下拉按钮，在弹出的下拉菜单中选择“下浮”命令，如图 15-39 所示。单击“动画”选项卡“高级动画”组中的“动画窗格”按钮，在弹出的“动画窗格”任务窗格中右击该对象的动画，在弹出的快捷菜单中选择“从上一项开始”命令。

2. 为直线连接符对象添加动画

(1)添加动画。选中“直线连接符上”对象，添加动画效果为“擦除”，方向为“自左侧”。对“直线连接符下”对象添加相同的“擦除”动画，但方向为“自右侧”。

(2)设置动画时间。在“动画窗格”任务窗格中右击“直线连接符上”对象，在弹出的快捷菜单中选择“从上一项之后开始”命令，如图 15-40 所示。按照同样的步骤，将“直线连接符下”对象设置为“从上一项开始”。

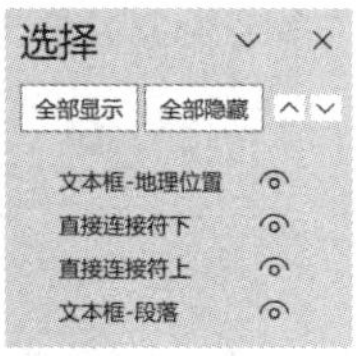

图 15-38 第 3 张幻灯片的 4 个对象

图 15-39 选择“下浮”命令

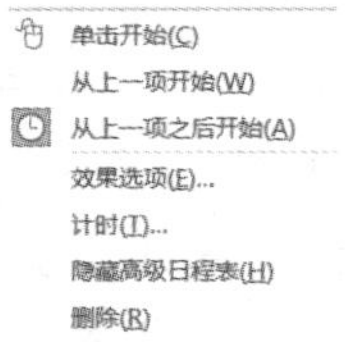

图 15-40 选择“从上一项之后开始”命令

3. 为"文本框-段落"对象添加动画

动态设计 幻灯片 4～6

(1)选定文本框,添加进入动画为"淡化"。在"动画窗格"任务窗格中右击"文本框-段落"对象,在弹出的快捷菜单中选择"从上一项之后开始"命令。

(2)添加强调效果。在"动画"选项卡的"动画"组中单击"强调"下的"画笔颜色"按钮。

(3)单击"效果选项"下拉按钮,打开"主题颜色"库,选择画笔颜色"绿色,个性 6"。

15.3.13 第 4 张幻灯片的动画设计

第 4 张幻灯片中的组合对象较多,动画的设置对象都为组合对象,如图 15-41 所示,共有 1 个文本框和 5 个组合对象。

图 15-41 第 4 张幻灯片的动画对象

1. 为"文本框-南湖景点"对象添加动画

为"文本框-南湖景点"对象添加动画的方法和上一张幻灯片中"文本框-地理位置"对象的操作步骤完全相同。

2. 为组合对象添加动画

(1)选定对象。在"选择"任务窗格中按住【Ctrl】键选择"组合红船"和"组合湖心岛"对象。

(2)设置动画。添加进入动画为"飞入","效果选项"为"自左侧"。在"动画窗格"任务窗格中,右击"组合红船"对象,在弹出的快捷菜单中选择"从上一项之后开始"命令。类似地将"组合湖心岛"对象设置为"从上一项开始"。

(3)按照同样的步骤设置"组合烟雨楼"和"组合观音阁"的动画为"飞入",效果为"自右侧";动画播放的时间顺序都为"从上一项开始"。

3. 为"组合十字"对象添加动画

图 15-42 "添加进入效果"对话框

(1)选定对象。单击"组合十字"对象,单击"动画"选项卡"高级动画"组中的"添加动画"下拉按钮,在弹出的下拉菜单中选择"更多进入效果"命令,打开"添加进入效果"对话框,如图 15-42 所示,选择"温和"中的"回旋"效果。在"动画窗格"任务窗格中,右击"组合十字"对象,在弹出的快捷菜单中选择"从上一项之后开始"命令。在"动画窗格"任务窗格中双击该对象名称,在弹出的"回旋"对话框中,在"计时"选项卡中将"期间"设置为"快速(1 秒)"。

(2)添加强调动画。单击"添加动画"下拉按钮,在弹出的下拉菜单中选择"强调"→"陀螺旋"效果。在"动画窗格"任务窗格中双击该对象名称,在打开的"陀螺旋"对话框中,将"数量"设置为"360°逆时针",在"计时"选项卡中设置"开始"为"与上一动画同时",设置"重复"为"3"。

(3)退出效果。单击"添加动画"下拉按钮,在弹出的下拉菜单中选择"退出"→"旋转"效果。在"动画窗格"任务窗格中,双击该对象名称,在打开的"旋转"对话框中,在"计时"选项卡中设置"开始"为"上一动画之后"。

4. 为文字组合对象添加退出动画

(1)选定"组合红船"和"组合湖心岛"对象,单击"添加动画"下拉按钮,在弹出的下拉菜单中选择"退出"→"浮出"效果。单击"效果选项"下拉按钮,在弹出的下拉菜单中选择"下浮"命令。

(2)对“组合烟雨楼”和“组合观音阁”对象进行与以上同样的动画设置，方向设定为“上浮”。

(3)在“动画窗格”任务窗格中，同时选定以上 4 个组合对象的退出动画项(按住【Shift】键，单击第 1 项和第 4 项)，如图 15-43 所示，右击 4 项中的任意一项，在弹出的快捷菜单中选择“从上一项开始”命令。

以上动画设置完毕后，在“动画窗格”任务窗格中显示如图 15-44 所示的动画内容和顺序。

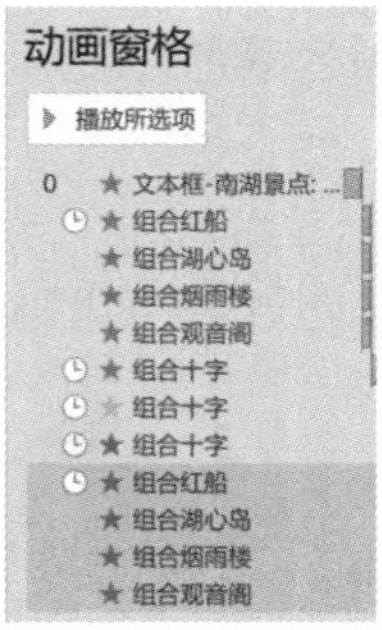

图 15-43 选中对象

图 15-44 动画内容和顺序

15.3.14 第 5 张幻灯片的动画设计

第 5 张幻灯片的对象有 7 个，对象的名称根据幻灯片的内容已在“选择”任务窗格中做相应的修改，如图 15-45 所示。

1. 为“文本框-标题”对象添加动画

为“文本框-标题”对象添加动画的步骤与第 4 张幻灯片中标题文字的动画的设置步骤相同。

2. 为图片添加动画

(1)选定对象。同时选中 3 张图片(选中“图片-红船”“图片-烟雨楼”“图片-湖心岛”3 个对象)。

(2)添加进入动画。单击“动画”选项卡，在“动画”组中选择“进入”→“轮子”效果。

3. 对文字添加动画

(1)选定对象。选中 3 个平行四边形(选中“平行四边形-红船”“平行四边形-烟雨楼”和“平行四边形-湖心岛”3 个对象)。

(2)添加动画。在“动画”选项卡的“动画”组中选择“更多进入效果”命令，弹出“更多进入效果”对话框，选择“细微”→“展开”效果。

4. 设置动画的顺序和时间

(1)选定对象。在“动画窗格”任务窗格中，选定以上 3 张图片和 3 个平行四边形对象，如图 15-46 所示。

图 15-45 第 5 张幻灯片的对象

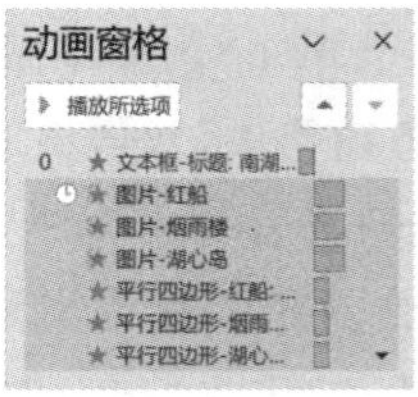

图 15-46 “动画窗格”任务窗格的状态

(2)设置动画顺序和时间。右击其中任意一个对象,在弹出的快捷菜单中选择“从上一项开始”命令。

(3)取消步骤(2)中的多选状态,右击“图片-红船”对象(不同的操作或对象的顺序有所不同,但必须是“文本框-标题”对象下面的第 1 个对象),在弹出的快捷菜单中选择“从上一项之后开始”命令。

15.3.15 第 6 张幻灯片的动画设计

第 6 张幻灯片中,需要设计动画的对象只有一个文本框对象,其操作步骤如下。

选中该文本框对象,单击“动画”选项卡,在“动画”组中选择“进入”→“缩放”效果。

15.3.16 第 2 张幻灯片的超链接设计

添加“地理位置”文本框的超链接,其操作步骤如下。

(1)选中对象。选中“地理位置”文本框。

(2)添加超链接。右击文本框边框,在弹出的快捷菜单中选择“超链接”命令,弹出“插入超链接”对话框。

(3)选择超链接目标对象。在“插入超链接”对话框中,选择“链接到”列表框中的“本文档中的位置”,在“请选择文档中的位置”列表框中选择“3. 幻灯片 3”,如图 15-47 所示,单击“确定”按钮。

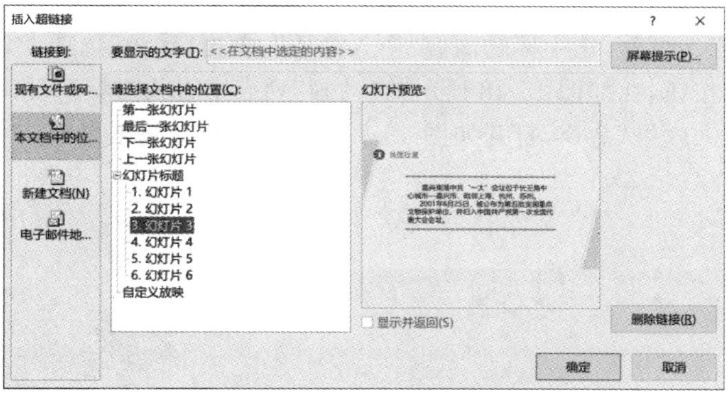

图 15-47 “插入超链接”对话框

(4)按步骤(1)~(3),设置“景区景点”文本框的超链接的目标对象为“4. 幻灯片 4”。

至此,整个演示文稿需要设计动画的对象都完成了设计。播放整个演示文稿,查看效果。

15.3.17 操作与练习

(1)对实验素材中的“自我介绍.pptx”演示文稿设置幻灯片切换方式。要求:效果为“擦除”,方向是“向上”,持续时间为 3 秒;幻灯片的换页方式为单击或过 1 秒自动播放;应用到所有的幻灯片,观看放映效果。

操作与练习

(2)针对第 2 张幻灯片,设置以下自定义动画效果。

①将标题内容“个人简历”的“进入”效果设置成“棋盘”。

②将文本内容“姓名”的“进入”效果设置成“中心旋转”,并且在标题内容出现 2 秒后自动开始,而不需要单击。

③将文本内容“性别”的“进入”效果设置成“玩具风车”,声音为“打字机”。

④将文本内容“年龄”的“强调”效果设置成“陀螺旋”。

⑤将文本内容“班级”的“动作路径”设置成“靠左”。

⑥将文本内容“爱好”的“退出”效果设置成“菱形”。

(3)对第 1 张和第 3 张幻灯片设置循环播放。

(4)在第 1 张幻灯片中，添加一个文本框“优缺点”，单击文字“优缺点”后，转到第 3 张幻灯片。

(5)在第 3 张幻灯片中添加一个动作按钮，要求单击该按钮时回到第 1 张幻灯片。

15.3.18 操作与练习的参考步骤

1. 操作与练习(1)的参考步骤

(1)双击素材中“自我介绍.pptx”文件，打开该演示文稿。

(2)单击“切换”选项卡，在“切换到此幻灯片”组的效果列表中选择“擦除”效果，在“效果选项”按钮的下拉菜单中选择“自底部”命令；在“计时”组的“持续时间”数值框中设置 3 秒的持续时间；在“换片方式”区域，勾选“单击鼠标时”和“设置自动换片时间”复选框，并设置自动播放时间为 1 秒。

(3)在“计时”组单击“应用到全部”按钮，把幻灯片切换效果应用到所有的幻灯片上。

(4)单击“幻灯片放映”选项卡“开始放映幻灯片”组中的“从头开始”按钮，或按【F5】功能键，播放期间可以单击屏幕手动切换幻灯片。

2. 操作与练习(2)的参考步骤

(1)选择第 2 张幻灯片，选中标题内容“个人简历”，单击“动画”选项卡，在“动画”组中单击动画列表框的下拉按钮，在如图 15-48 所示的“动画”列表中查找“棋盘”动画效果，如果没有找到，则选择“更多进入效果”命令，打开如图 15-49 所示的“更改进入效果”对话框，在“基本”中选择“棋盘”效果。

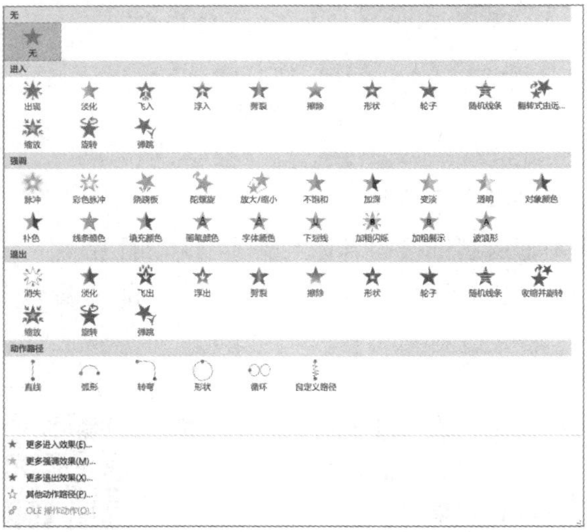

图 15-48 “动画”列表

图 15-49 “更改进入效果”对话框

(2)选中文本内容“姓名”，在图 15-49 中选择“温和”→“中心旋转”的“进入”动画效果，操作方法同步骤(1)。单击“动画”选项卡“高级动画”组中的“动画窗格”按钮，打开“动画窗格”任务窗格。单击动画对象右侧的下拉按钮，在弹出的下拉菜单中选择“计时”命令，打开如图 15-50 所示的“中心旋转”对话框，在“计时”选项卡的“开始”下拉列表中选择“上一动画之后”选项，在“延迟”数值框中输入 2，单击“确定”按钮。

(3)选中文本内容“性别”，在图 15-49 中选择“华丽”→“玩具风车”的“进入”动画效果，操作方法同步骤(1)。在“动画窗格”任务窗格的动画效果列表中选择“性别”，单击其右侧的下拉按钮，在弹出的下拉菜单中选择“效果选项”命令，打开如图 15-51 所示的“玩具风车”对话框，在“声音”下拉列表中选择“打字机”，单击“确定”按钮。

图 15-50 “中心旋转”对话框

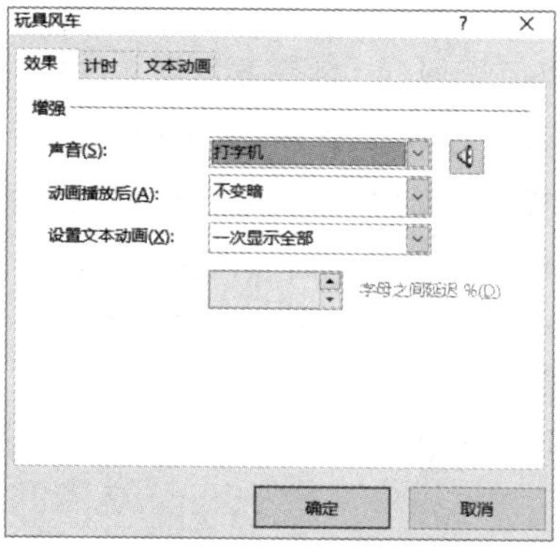

图 15-51 “玩具风车”对话框

(4)添加强调效果。选中文本内容“年龄”，单击“高级动画”组中的“添加动画”下拉按钮，在弹出的下拉菜单中选择“强调”→“陀螺旋”动画。

(5)添加设置动作路径。选中文本内容“班级”，单击“高级动画”组中的“添加动画”下拉按钮，在弹出的下拉菜单中选择“动作路径”→“直线”动画，在“效果选项”按钮的下拉菜单中选择“靠左”命令。

(6)设置退出效果。选中文本内容“爱好”，单击“高级动画”组中的“添加动画”下拉按钮，在弹出的下拉菜单中选择“更多退出效果”中“基本”→“菱形”效果。

3. 操作与练习(3)的参考步骤

(1)单击“幻灯片放映”选项卡“开始放映幻灯片”组中的“自定义幻灯片放映”按钮，在弹出的下拉菜单中选择“自定义放映”命令，打开“自定义放映”对话框，如图 15-52 所示。

图 15-52 “自定义放映”对话框

(2)单击“新建”按钮，打开“定义自定义放映”对话框，如图 15-53 所示。

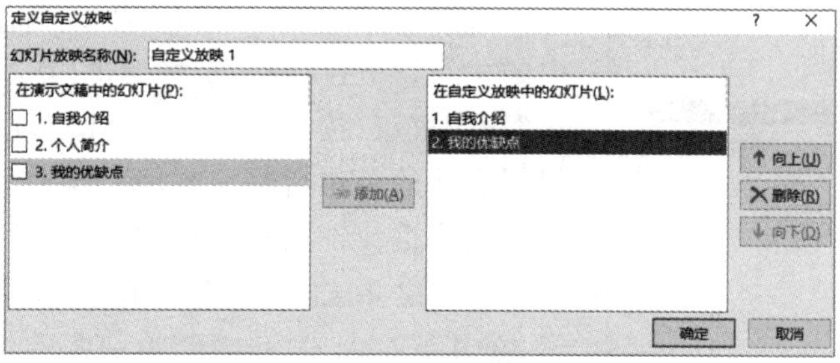

图 15-53 “定义自定义放映”对话框

(3)在“在演示文稿中的幻灯片”列表中选中幻灯片“1. 自我介绍”和“3. 我的优缺点”，单击“添加”按钮，将其依次添加到“在自定义放映中的幻灯片”列表中，单击“确定”按钮，完成自定义放映的设置。

（4）单击“幻灯片放映”选项卡“设置”组中的“设置幻灯片放映”按钮，打开“设置放映方式”对话框，在“放映选项”栏中勾选“循环放映，按 ESC 键终止”复选框，在“放映幻灯片”栏中选中“自定义放映”单选按钮，在下面的下拉列表中选择刚刚建立的自定义放映，单击“确定”按钮完成设置。

（5）单击“幻灯片放映”选项卡“开始放映幻灯片”组中的“从头开始”按钮，或按【F5】功能键，观看幻灯片的放映效果。

4. 操作与练习（4）的参考步骤

（1）选择第 1 张幻灯片，单击“插入”→“文本”→“文本框”下拉按钮，在弹出的下拉菜单中选择“绘制横排文本框”命令，按住鼠标左键，在幻灯片的合适位置拖动，选择合适的大小后释放鼠标，这样就在幻灯片中添加了一个文本框，在该文本框中输入文字“优缺点”。

（2）选中文字“优缺点”，单击“插入”→“链接”→“链接”按钮，弹出“插入超链接”对话框，如图 15-54 所示。

（3）单击“书签”按钮，弹出“在文档中选择位置”对话框，如图 15-55 所示。

图 15-54 “插入超链接”对话框

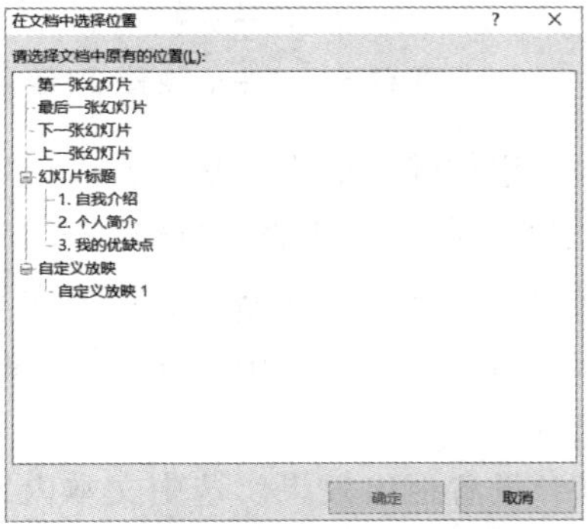

图 15-55 “在文档中选择位置”对话框

（4）在列表框中选择“3. 我的优缺点”，单击“确定”按钮，返回“插入超链接”对话框，再单击“确定”按钮完成设置。

（5）单击“幻灯片放映”选项卡“开始放映幻灯片”组中的“从头开始”按钮，或按【F5】功能键，放映幻灯片。当放映到第 1 张幻灯片时，单击文字“优缺点”，观看效果。

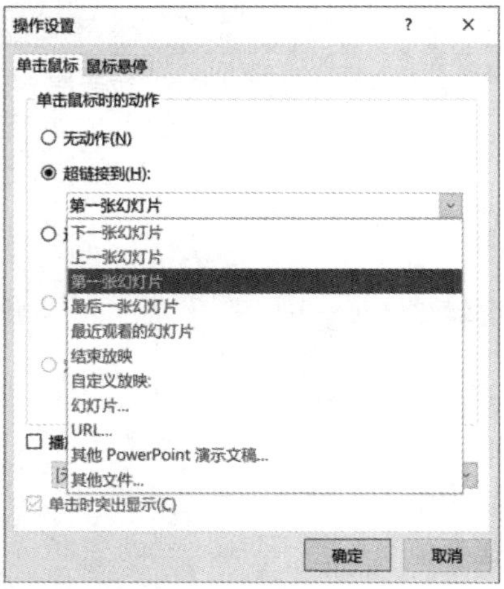

图 15-56 “操作设置”对话框

5. 操作与练习（5）的参考步骤

（1）选择第 3 张幻灯片，单击“插入”选项卡“插图”组中的“形状”下拉按钮，在弹出的“形状”库中单击“转到开头”动作按钮，按住鼠标左键，在幻灯片的合适位置拖动，得到合适的大小后释放鼠标，这样就在幻灯片中添加了一个动作按钮，并弹出“操作设置”对话框。

（2）在“单击鼠标”选项卡中，选中“超链接到”单选按钮，在其下拉列表中选择“第一张幻灯片”，如图 15-56 所示，单击“确定”按钮完成设置。

（3）选择“文件”选项卡的“保存”命令，保存演示文稿。

实验 16 PowerPoint 2019 综合练习

16.1 实验目的

(1)掌握幻灯片主题的设置方法。
(2)掌握幻灯片母版的基础知识。
(3)掌握幻灯片动画的设置方法。
(4)掌握幻灯片超链接的设置方法。
(5)掌握幻灯片放映的设置方法。

16.2 实验内容

(1)设置幻灯片的主题、母版和动画。
(2)设置幻灯片的超链接。
(3)设置幻灯片的放映方式。

16.3 实验操作步骤

16.3.1 操作与练习

演示文稿“PPT 综合练习.pptx”共有 5 张幻灯片,其内容如图 16-1～图 16-5 所示。

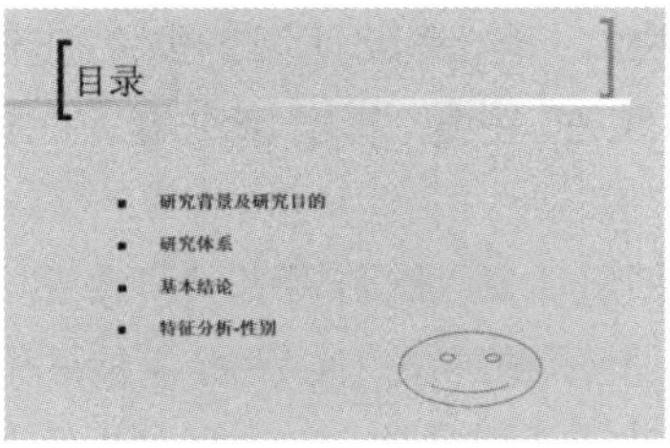

图 16-1　第 1 张幻灯片内容

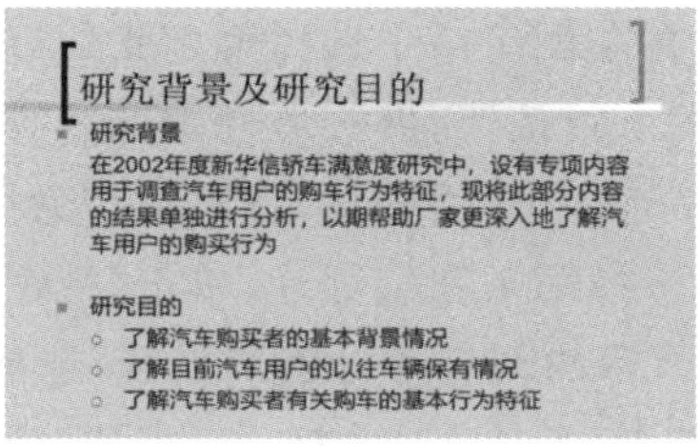

图 16-2　第 2 张幻灯片内容

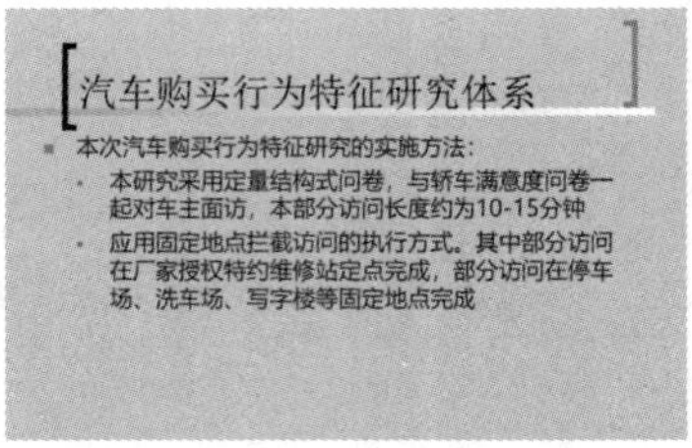

图 16-3　第 3 张幻灯片内容

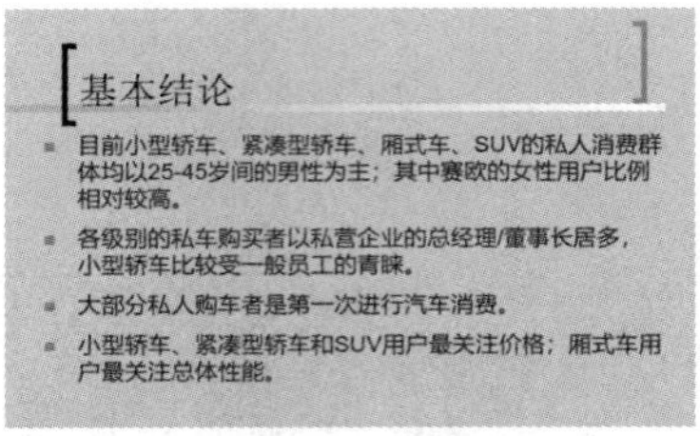

图 16-4　第 4 张幻灯片内容

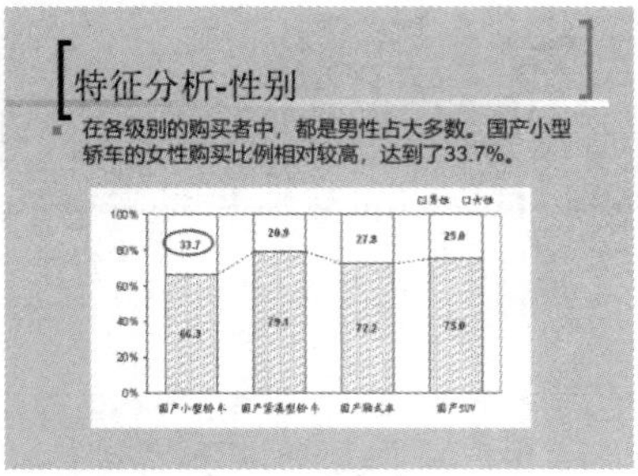

图 16-5　第 5 张幻灯片内容

操作要求如下。

（1）在第 1 张幻灯片前插入一张新幻灯片，将幻灯片的版式设置为“标题幻灯片”，并输入标题内容“购买汽车行为特征研究”。

（2）将第 1 张幻灯片的主题设为“木材纹理”，其余保持不变。

（3）设置幻灯片母版：对首页幻灯片应用标题母版，将标题样式设为黑体、49 号。

（4）在日期区中插入当前日期（格式如“2024 年 1 月 16 日星期二”），在页脚中插入文本“购买汽车行为特征研究”并显示幻灯片编号，首页幻灯片的页脚区不显示日期、页脚文字及编号。

（5）在最后一张幻灯片中设置动画，具体如下。

①对正文内容设置“强调”动画效果中的“顺时针 720 度中速陀螺旋”。

②对标题内容设置“进入”动画效果中的“向内溶解”，持续时间 3 秒。

③对图形对象设置“进入”动画效果中的“垂直百叶窗”。

④调整动画播放顺序依次为图形对象、正文文本内容、标题内容。

（6）对第 2 张幻灯片中的笑脸图案添加超链接，单击该对象时能转到倒数第 2 张幻灯片。

（7）设置幻灯片放映效果为只有前 4 页幻灯片循环放映。

PPT 综合练习

16.3.2　操作与练习的参考步骤

1. 操作与练习（1）～（3）的参考步骤

（1）双击打开“PPT 综合练习.pptx”演示文稿，将插入点定位在普通视图的左侧窗格中第 1 张幻灯片之前。单击“开始”选项卡“幻灯片”组中的“新建幻灯片”下拉按钮，在弹出的下拉菜单中选择“标题幻灯片”版式，如图 16-6 所示。在新插入的标题幻灯片中，输入标题内容“购买汽车行为特征研究”。

（2）在左侧窗格中选择第 1 张幻灯片（新插入的幻灯片）。单击“设计”选项卡“主题”组中列表框的下拉按钮，展开可选主题内容，找到其中的“木材纹理”主题，右击该主题，在弹出的快捷菜单中选择“应用于选定幻灯片”命令。

（3）选择第 1 张幻灯片，单击“视图”选项卡“母版视图”组中的“幻灯片母版”按钮，弹出如图 16-7 所示的幻灯片母版编辑区，选择“单击此处编辑母版标题样式”文字所在的占位符（文本框）；单击“开始”选项卡，在“字体”组的“字体”下拉列表中选择“黑体”，在“字号”下拉列表中输入数字 49，按【Enter】键确认。单击“幻灯片母版”选项卡“关闭”组中的“关闭母版视图”按钮。

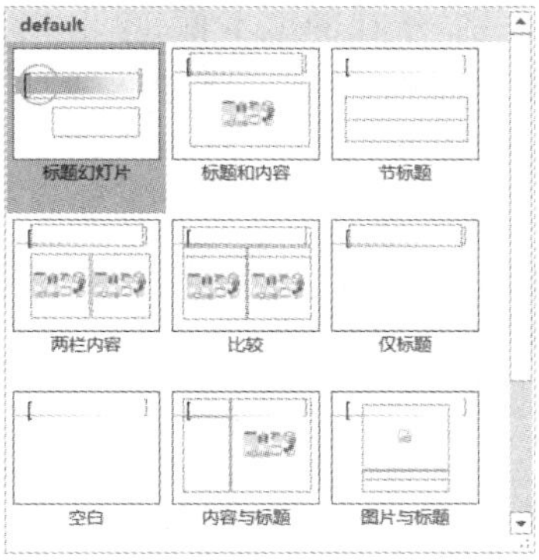

图 16-6 选择"标题幻灯片"版式

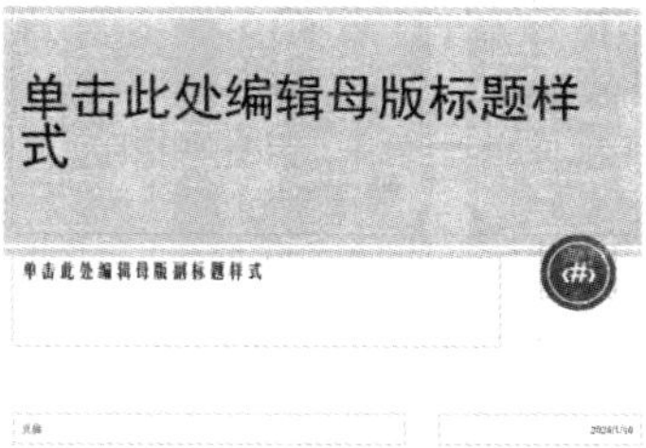

图 16-7 幻灯片母版编辑区

2. 操作与练习(4)的参考步骤

(1)单击"插入"选项卡"文本"组中的"时间和日期"按钮,弹出"页眉和页脚"对话框。勾选"日期和时间"复选框,在"自动更新"下拉列表中选择一种日期格式,如"2024 年 1 月 16 日星期二"。

(2)勾选"幻灯片编号"复选框,勾选"页脚"复选框,在其下面的文本框中输入文字"购买汽车行为特征研究"。

(3)勾选"标题幻灯片中不显示"复选框,确保以上设置不会影响到标题幻灯片,单击"全部应用"按钮,观察除第 1 张幻灯片外其他幻灯片的情况。

3. 操作与练习(5)的参考步骤

(1)选定最后一张幻灯片,在幻灯片编辑区中,选中正文所在的文本框,即"在各级别的购买者中,都是男性……"所在的文本框。

(2)单击"动画"选项卡"高级动画"组中的"添加动画"下拉按钮,在弹出的下拉菜单中单击"强调"→"陀螺旋"动画,如图 16-8 所示。

(3)单击"高级动画"组中的"动画窗格"按钮,在打开的"动画窗格"任务窗格中,在动画列表中右击刚才添加的动画,在弹出的快捷菜单中选择"效果选项"命令,弹出"陀螺旋"对话框,如图 16-9 所示。

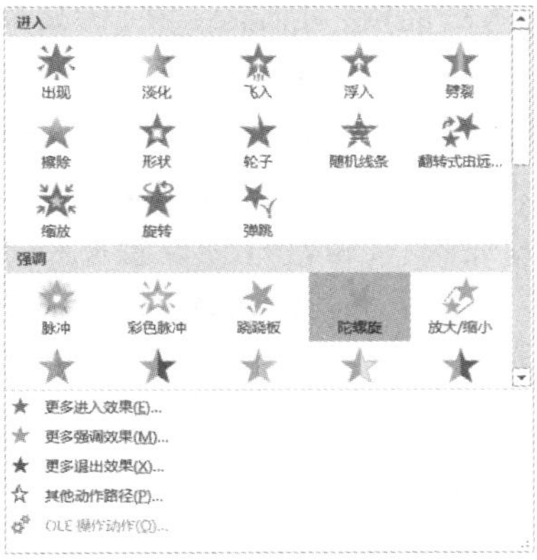

图 16-8 单击"强调"中的"陀螺旋"动画

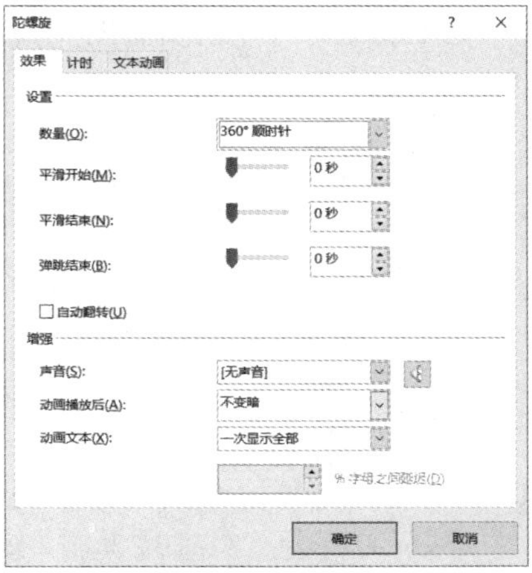

图 16-9 "陀螺旋"对话框

(4)在"陀螺旋"对话框中,在"数量"下拉列表中选择"旋转两周"。单击"计时"选项卡,在"期间"下拉列表中选择"中速(2 秒)",单击"确定"按钮。

（5）在幻灯片编辑区中，选中标题文字“特征分析-性别”所在的文本框，单击“动画”选项卡“高级动画”组中的“添加动画”下拉按钮，在弹出的下拉菜单中选择“更多进入效果”命令，弹出“添加进入效果”对话框，如图16-10所示。在此对话框中选择“基本”→“向内溶解”动画效果，单击“确定”按钮。

（6）在“动画窗格”任务窗格中，右击刚才设置的动画，弹出“向内溶解”对话框，如图16-11所示。在“计时”选项卡的“期间”下拉列表中选择“慢速（3秒）”。

图16-10 “添加进入效果”对话框

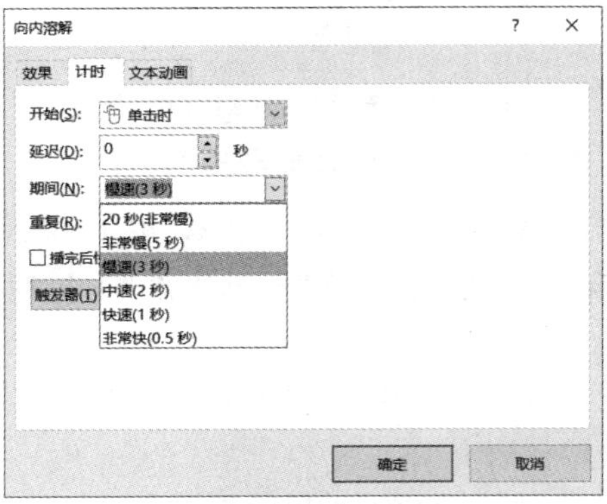

图16-11 “向内溶解”对话框

（7）选中最后一张幻灯片中的图片，同步骤（5），打开“添加进入效果”对话框，选择“基本”→“百叶窗”动画效果，单击“确定”按钮。在“动画窗格”任务窗格中，单击第3个动画右边的下拉按钮，在弹出的下拉菜单中选择“效果选项”命令，打开“百叶窗”对话框，在“效果”选项卡“设置”栏的“方向”下拉列表中选择“垂直”，单击“确定”按钮；或者直接在“动画”选项卡的“动画”组中单击“效果选项”下拉按钮，在弹出的下拉菜单中选择“垂直”命令。

（8）在“动画窗格”任务窗格中，选中第3个动画，按住鼠标左键将其拖动到第1个动画前，释放鼠标，此时将原来第3个动画（图形对象的动画）调整到第1个动画的位置，其他动画依次退后一个播放顺序。

4. 操作与练习（6）和（7）的参考步骤

（1）选中第2张幻灯片中的笑脸图片，右击该图片，在弹出的快捷菜单中选择“超链接”命令，打开“插入超链接”对话框。在“链接到”列表框中选择“本文档中的位置”，在“请选择文档中的位置”列表框中单击“5. 基本结论”，单击“确定”按钮。

（2）单击“幻灯片放映”选项卡“设置”组中的“设置幻灯片放映”按钮，弹出“设置放映方式”对话框，如图16-12所示，勾选“放映选项”选项组的“循环播放，按ESC键终止”复选框。

（3）在该对话框的“放映幻灯片”选项组中，选中第2个单选按钮，将其设置为“从1到4”，单击“确定”按钮。

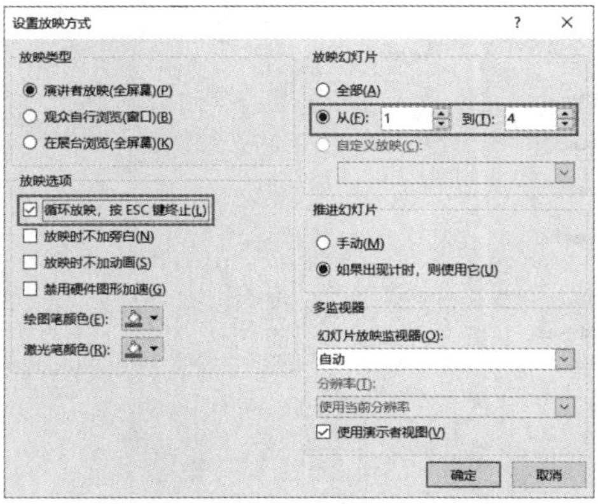

图16-12 “设置放映方式”对话框

实验 17

站点设计与发布

17.1 实验目的

(1)掌握 Adobe Dreamweaver 2020 的启动与退出。
(2)掌握 Adobe Dreamweaver 2020 建立站点的方法。
(3)掌握 Adobe Dreamweaver 2020 发布站点的方法。
(4)掌握 Adobe Dreamweaver 2020 新建网页和保存网页的方法。
(5)掌握网页中文本、图像、表格的使用方法。
(6)掌握在网页中创建超链接的方法。

17.2 实验内容

(1)Adobe Dreamweaver 2020 的启动与退出。
(2)建立网站,在网站中添加需要的网页。
(3)根据要求设计网页。
(4)发布网站,浏览测试。

17.3 实验操作步骤

17.3.1 Adobe Dreamweaver 2020 的启动与退出

1. 启动 Adobe Dreamweaver 2020

启动 Adobe Dreamweaver 2020 有以下 3 种方法。

(1)单击“开始”按钮,在展开的“开始”菜单中选择“Adobe Dreamweaver 2020”命令,即可启动 Adobe Dreamweaver 2020。

(2)如果用户经常使用 Adobe Dreamweaver 2020,则可以在桌面上创建其快捷方式。双击 Adobe Dreamweaver 2020 快捷方式,即可启动 Adobe Dreamweaver 2020。

(3)若用户要编辑修改已经存在的网页,则右击该文件,在弹出的快捷菜单中选择“打开方式”→“Adobe Dreamweaver 2020”命令,即可启动 Adobe Dreamweaver 2020 并随之打开该文件。

2. 退出 Adobe Dreamweaver 2020

退出 Adobe Dreamweaver 2020 有以下 4 种方法。

(1)选择“文件”菜单中的“退出”命令。

(2)直接按【Alt+F4】组合键。

(3)单击 Adobe Dreamweaver 2020 窗口右上角的“关闭”按钮。

(4)单击 Adobe Dreamweaver 2020 窗口左上角的控制按钮，弹出控制菜单，从中选择“关闭”命令，或直接双击窗口左上角的 Dw 图标。

17.3.2 建立网站并添加网页

党的二十大对全面推进乡村振兴战略进行了部署，提出要“建设宜居宜业和美乡村”。宜居宜业和美乡村，是具有良好人居环境，能满足农民物质消费需求和精神生活追求，产业、人才、文化、生态、组织全面协调发展的农村。其中，“和”更突出的是提升乡村文化内核及精神风貌，体现出和谐共生、和而不同、和睦相处；“美”更侧重于建设看得见、摸得着的现代化乡村，做到基本功能完备又保留乡味乡韵。

建立网站的基本步骤是：先建立网站，在网站中添加需要的网页，再逐步设计主页和其他页面。下面以新建“宜居宜业和美乡村”网站为例进行介绍。

1. 新建网站

新建网站 D:\hmxcSite，并添加 images 子文件夹，具体操作步骤如下。

(1)启动 Adobe Dreamweaver 2020，选择“站点”菜单中的“新建站点”命令，弹出“站点设置对象”对话框，在“站点名称”文本框中输入“宜居宜业和美乡村”，在“本地站点文件夹”文本框中输入“D:\hmxcSite”(也可以指定其他位置)，如图 17-1 所示，单击“保存”按钮。

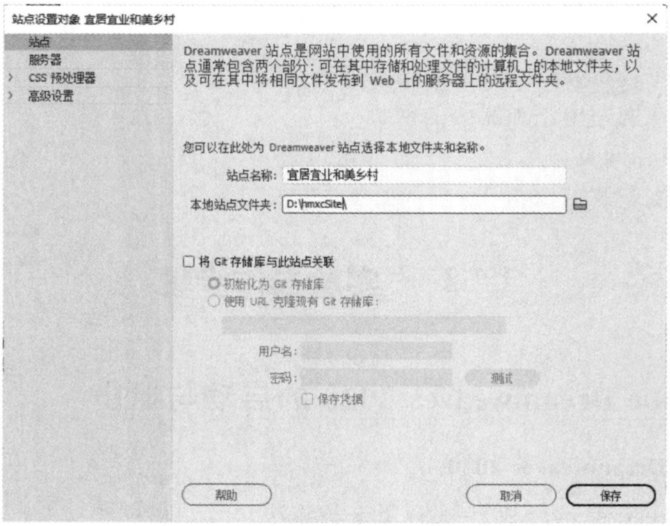

站点的设计与发布

图 17-1 “站点设置对象”对话框

(2)此时网站只是一个空的文件夹，如图 17-2 所示。

(3)在图 17-2 中右侧的“文件”面板中选择已经定义的网站，右击，在弹出的快捷菜单中选择“新建文件夹”命令，在“文件夹”文本框中输入文件夹名称(如 images)，则在站点中添加了子文件夹 images。

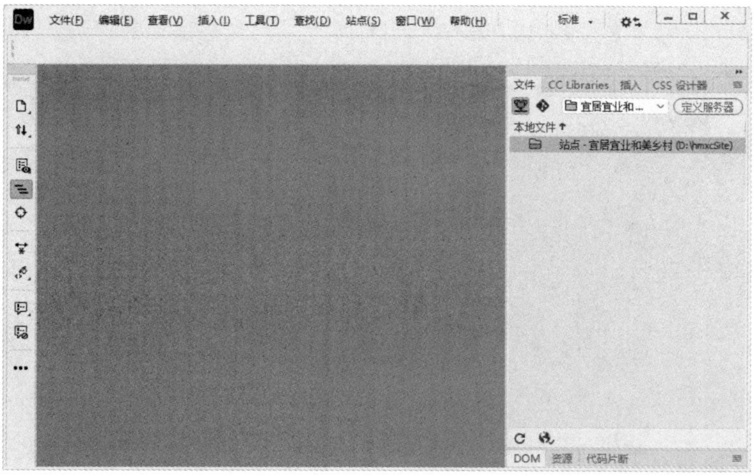

图 17-2 创建新的站点后的效果

2. 在网站中添加网页

(1)在网站 D:\hmxcSite 中添加主页 index. html。

单击"文件"菜单,选择"新建"命令,弹出"新建文档"对话框,如图 17-3 所示。在"新建文档"对话框的"文档类型"列表框中选择一种文档类型(静态网页选择 HTML),输入文档标题,单击"创建"按钮便创建了一个新的网页。选择"文件"菜单中的"保存"命令,或者单击"标准"工具栏中的"保存"按钮,弹出"另存为"对话框。选择文件的保存位置为站点根目录,输入文件名 index. html,单击"保存"按钮,则在站点中添加了网站主页 index. html。

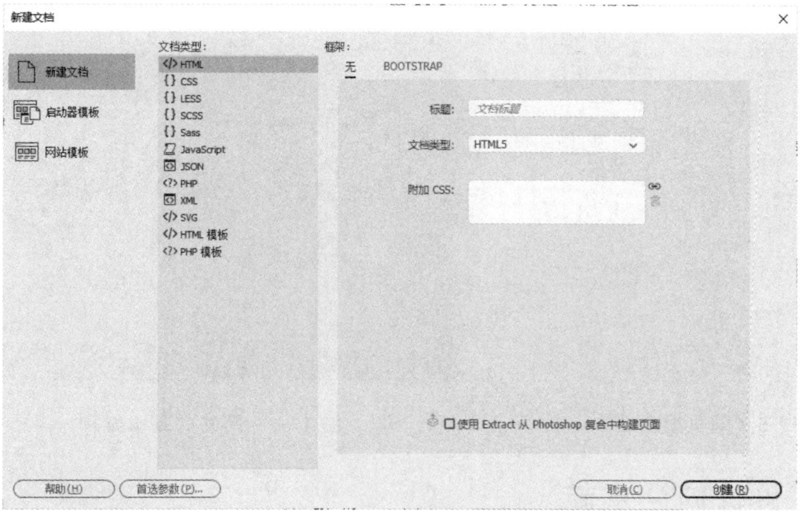

图 17-3 "新建文档"对话框

(2)在网站中添加其他网页。

在"文件"面板中,右击"站点",在弹出的快捷菜单中选择"新建文件"命令,如图 17-4 所示,则在网站中添加了名称为 untitled. html 的网页。选中 untitled. html 后单击文件名,就可以对网页进行重命名,例如输入 jbtj,将网页重命名为 jbtj. html,如图 17-5 所示。

采用同样的方法在网站中添加新文件 jycy. html、jswm. html、cxrh. html,这样就创建了一个由 5 个空白网页组成的网站 D:\hmxcSite,其基本架构如图 17-6 所示。

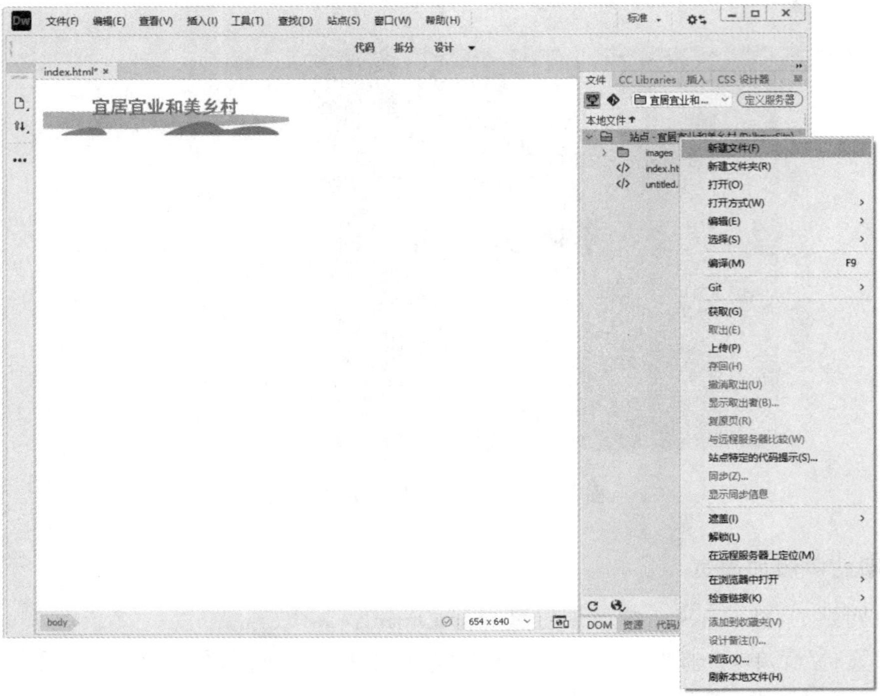

图 17-4　选择"新建文件"命令

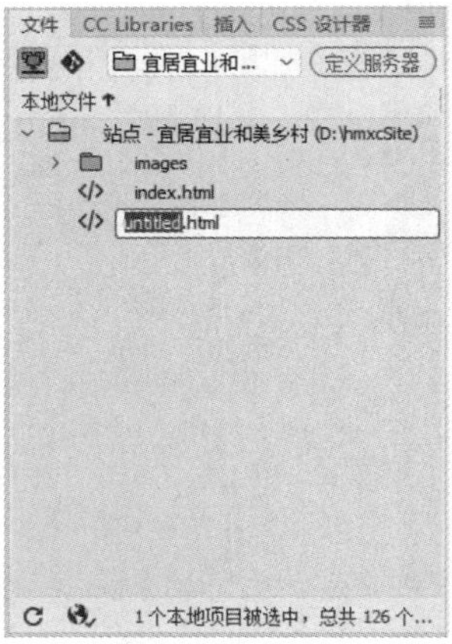

图 17-5　网页重命名

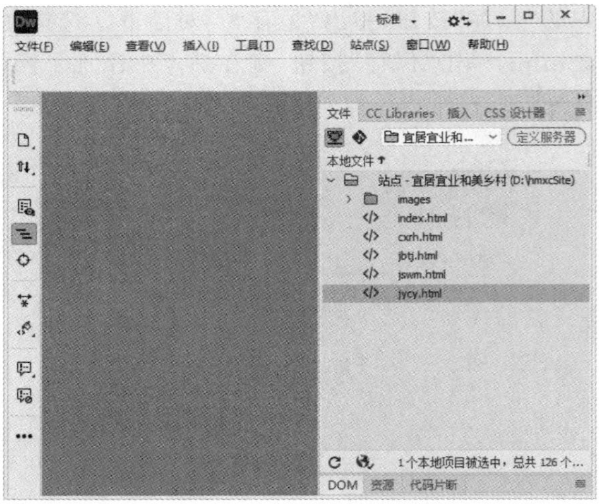

图 17-6　网站的基本架构

17.3.3　设计网站页面

详细设计网站的页面是创建网站的关键步骤，网页布局是否合理、图片文字搭配是否得当直接关系到网站表现力的好坏，其中主页的设计更加重要。下面通过介绍主页 index.html 的设计过程来学习网页设计的基本技能。

1. 设计主页 index.html

主页 index.html 主要包括顶部的网站导航、中部的信息及底部的版权与联系信息 3 部分，效果如图 17-7 所示，具体操作步骤如下。

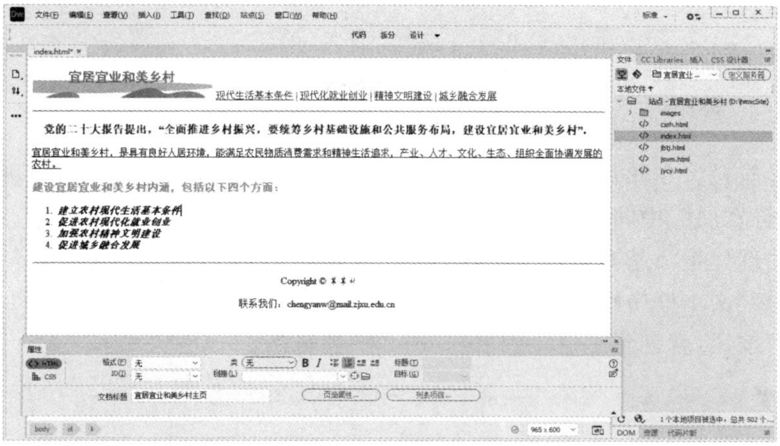

图 17-7　网站主页的设计效果

(1)修改标题。双击“文件”面板中的 index. html 文件，打开主页。选择“窗口”菜单中的“属性”命令，显示属性面板。单击属性面板中的 ▾ 按钮，打开扩展的页面属性面板，如图 17-8 所示，将文档标题修改为“宜居宜业和美乡村主页”。也可以单击属性面板中的“页面属性”按钮，在打开的“页面属性”对话框中修改。

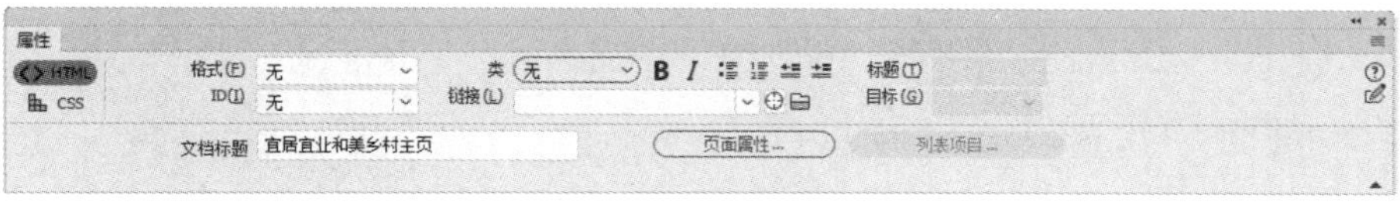

图 17-8　扩展的页面属性面板

(2)添加网站 Logo 图片。切换到“设计”模式，选择“插入”菜单中的“Image”命令，弹出“选择图像源文件”对话框，如图 17-9 所示。选择 images 下的 log. png 文件，单击“确定”按钮，就添加 Logo 图片到主页中了。

图 17-9　“选择图像源文件”对话框

(3)设置图片链接。单击图片，在属性面板的“链接”文本框中填入“index. html”，在“目标”下拉列表中选择“_self”，如图 17-10 所示，则为 log 图片添加了默认链接。

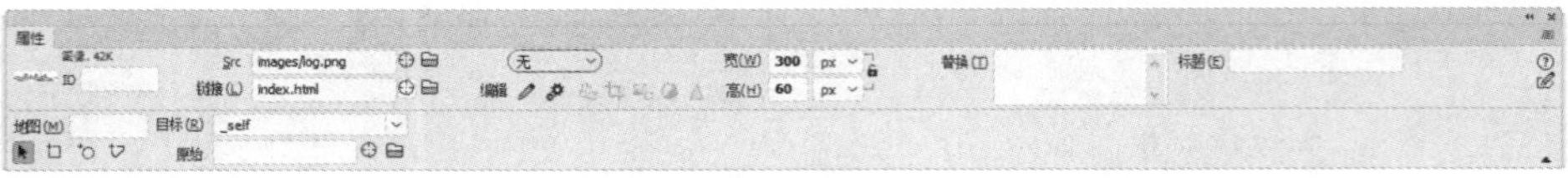

图 17-10　设置图片链接

(4)添加导航栏。在图片右边输入文字“现代生活基本条件”“现代化就业创业”“精神文明建设”“城乡融合发展”，中间用空格或其他分隔符隔开。

选中文字“现代生活基本条件”，选择“插入”菜单中的“Hyperlink”命令，弹出“Hyperlink”对话框，在“链接”文本框中输入“jbtj.html”，在“目标”下拉列表中选择“_self”，如图 17-11 所示，单击“确定”按钮，就创建了链接到 jbtj.html 的超链接。

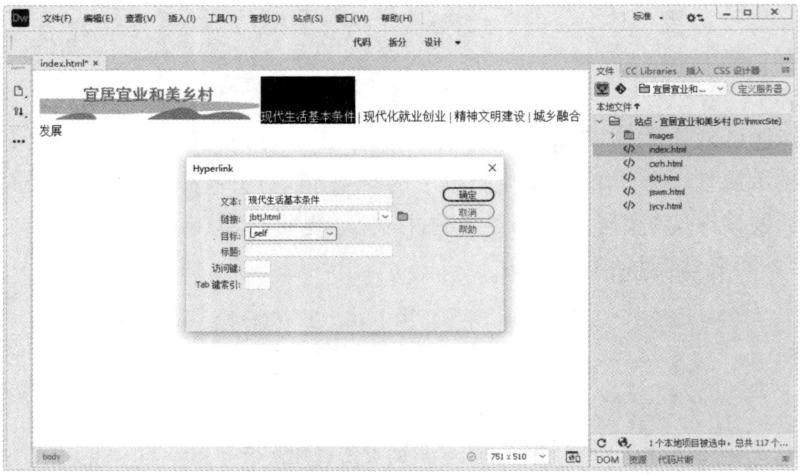

图 17-11　在“Hyperlink”对话框中设置超链接

采用同样的方法添加其他页面的导航按钮：文字“现代化就业创业”链接到 jycy.html，文字“精神文明建设”链接到 jswm.html，文字“城乡融合发展”链接到 cxrh.html。完成后保存网页，可以在浏览器中查看效果；也可以在“实时视图”下查看，如图 17-12 所示。

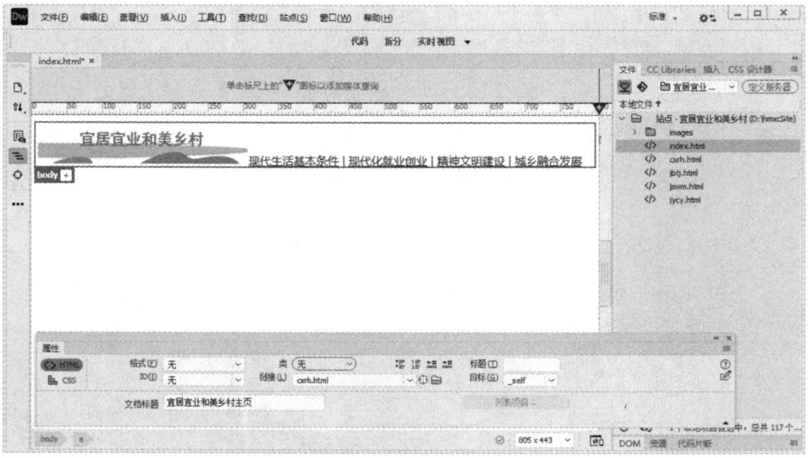

图 17-12　完成导航栏设计后的网页

(5)设计主页正文。选择“插入”→HTML→“水平线”命令，插入水平线，按【Enter】键后，输入下列矩形框中的文字。

党的二十大报告提出，“全面推进乡村振兴，要统筹乡村基础设施和公共服务布局，建设宜居宜业和美乡村”。

宜居宜业和美乡村，是具有良好人居环境，能满足农民物质消费需求和精神生活追求，产业、人才、文化、生态、组织全面协调发展的农村。

建设宜居宜业和美乡村内涵，包括以下四个方面：

建立农村现代生活基本条件

促进农村现代化就业创业

加强农村精神文明建设

促进城乡融合发展

将第1段文字的格式设置为“标题3”，居中对齐；为第2段文字添加下划线；将第3段文字设置为粗体，字体为黑体，字号为18，字体颜色设置为RGBa(0,255,0,1.0)；将第4～7段设置为“有序列表”，字体为粗体、斜体。详细操作步骤如下。

①选中第1段文字，在属性面板中单击HTML按钮，选择“格式”下拉列表中的“标题3”，如图17-13所示。在属性面板中单击CSS按钮，再单击按钮，设置文字为居中对齐。

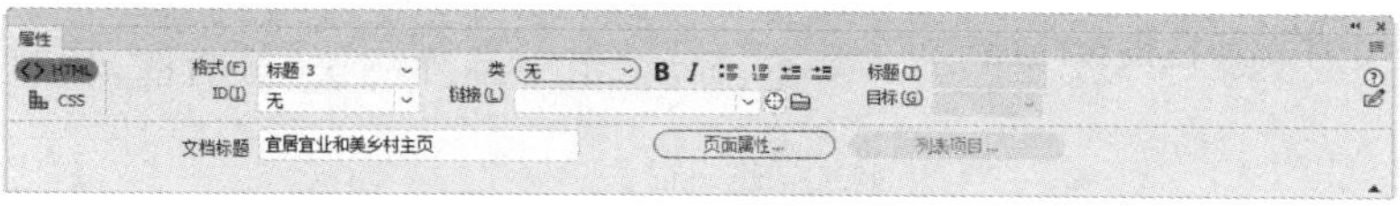

图17-13 “HTML样式”属性面板

②选中第2段文字，选择“编辑”→“文本”→“下划线”命令。

③选中第3段文字，在属性面板中单击HTML按钮，再单击**B**按钮，将文本设置为粗体。在属性面板中单击CSS按钮，设置字体为黑体、字号为18，如图17-14所示。

图17-14 “CSS样式”属性面板

需要注意的是，如果在“CSS样式”属性面板的“字体”下拉列表中不包含“黑体”，则需要选择“字体”下拉列表中的“管理字体”命令，在弹出的“管理字体”对话框的“自定义字体堆栈”选项卡中添加字体。

④设置字体颜色。在“CSS样式”属性面板中单击“颜色选择”按钮，在弹出的“拾色器”面板中选择颜色，如图17-15所示。单击其他位置或按【Enter】键，颜色框中会出现对应的颜色值；也可以在颜色框中直接输入颜色值RGBa(0,255,0,1.0)。

⑤选中第4～7段，选择“编辑”→“列表”→“有序列表”命令，完成列表设置。选择“编辑”→“文本”→“粗体”命令和“斜体”命令完成字体设置。

(6)设计网页底部的版权与联系信息。选择“插入”→HTML→“水平线”命令，插入水平线，按【Enter】键后，输入下列方框中的文字。

Copyright 某某村

联系我们：chengyanw@mail.zjxu.edu.cn

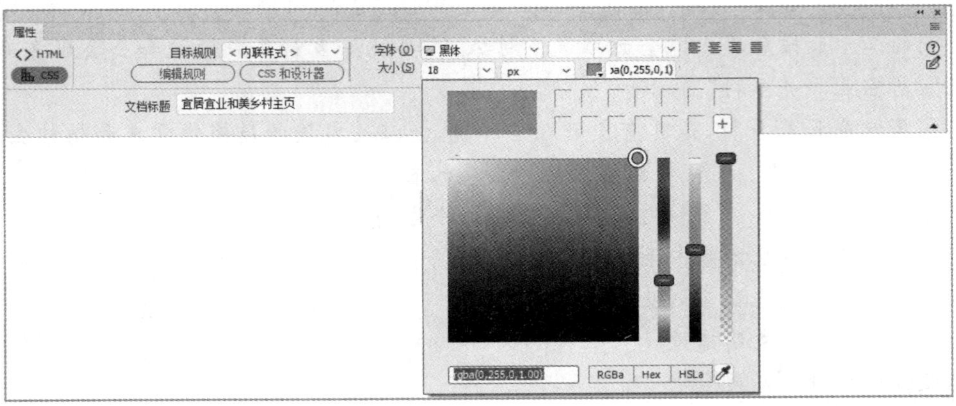

图 17-15 “拾色器”面板

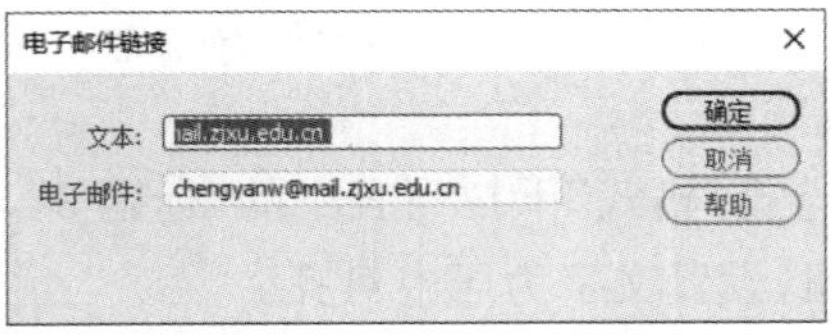

图 17-16 “电子邮件链接”对话框

分别选中两行文字，在“CSS 样式”属性面板中单击“居中对齐”按钮。将插入点定位到 Copyright 后面，选择“插入”→“HTML”→“字符”→“版权”命令，即可在页面中插入版权符号©。选中 chengyanw@mail.zjxu.edu.cn，选择“插入”→“HTML”→“电子邮件链接”命令，弹出“电子邮件链接”对话框，如图 17-16 所示，单击“确定”按钮。

完成网站主页设计后的效果如图 17-7 所示。

2. 设计其他网页

(1)在“文件”面板中双击打开 jbtj. html，将网页的文档标题修改为“现代生活基本条件”，将主页中顶部的网站导航栏和底部的版权与联系信息复制到当前网页，在网页中添加一个 9 行 3 列的表格，参照图 17-17 设计表格的内容。

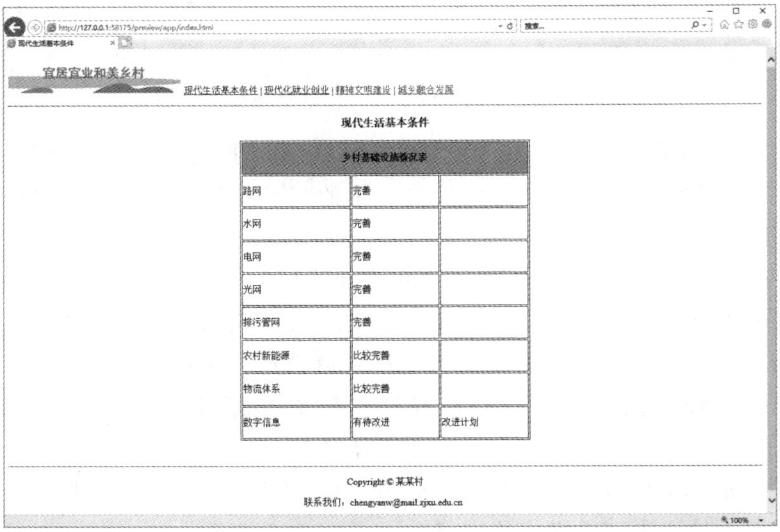

图 17-17 jbtj. html 页面的参考效果

(2)在“文件”面板中双击打开 jycy. html，将网页的文档标题修改为“现代化就业创业”，将主页中顶部的网站导航栏和底部的版权与联系信息复制到当前网页，在 Word 中绘制 SmartArt 图形，将该图形复制到当前网页，参照图 17-18 设计页面效果。

(3)在“文件”面板中双击打开 jswm. html，将网页的文档标题修改为“精神文明建设”，参照图 17-19 自行设计页面的内容。

(4)在“文件”面板中双击打开 cxrh. html，将网页的文档标题修改为“城乡融合发展”，插入一个关于城乡融合发展的视频文件，参照图 17-20 设计页面效果。

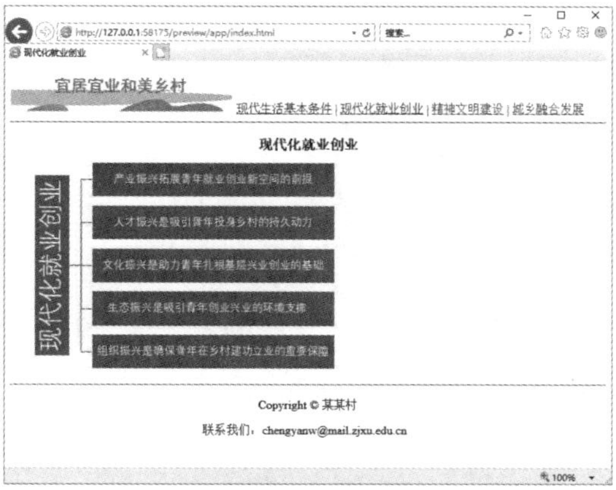

图 17-18　jycy. html 页面参考效果

图 17-19　jswm. html 页面参考效果

图 17-20　cxrh. html 页面参考效果

(5)保存所有页面，此时就设计完成了一个包括 5 个页面的“宜居宜业和美乡村”网站。

17.3.4　发布网站

只有将做好的网站发布到网络上，网站才能被其他人从网络上搜索到。发布网站一般需要域名空间来存放网站文件，空间服务商会提供 FTP 服务器地址、用户名和密码。如果没有域名空间，则可以采用“本地/网络”的形式进行测试。发布“宜居宜业和美乡村”网站的操作步骤如下。

(1)选择“站点”菜单中的“管理站点”命令，打开“管理站点”对话框，选中“宜居宜业和美乡村”站点后，单击“编辑当前选定的站点”按钮，打开“站点设置对象 宜民宜业和美乡村”对话框，如图 17-21 所示。在左侧列表中选择“服务器”，单击“添加新服务器”按钮，弹出“服务器设置”对话框，如图 17-22 所示。如果有 FTP 服务器，则输入 FTP 地址、用户名和密码，单击“保存”按钮，添加远程服务器(也可以在“连接方法”下拉列表中选择“本地/网络”，在本地测试网站)。

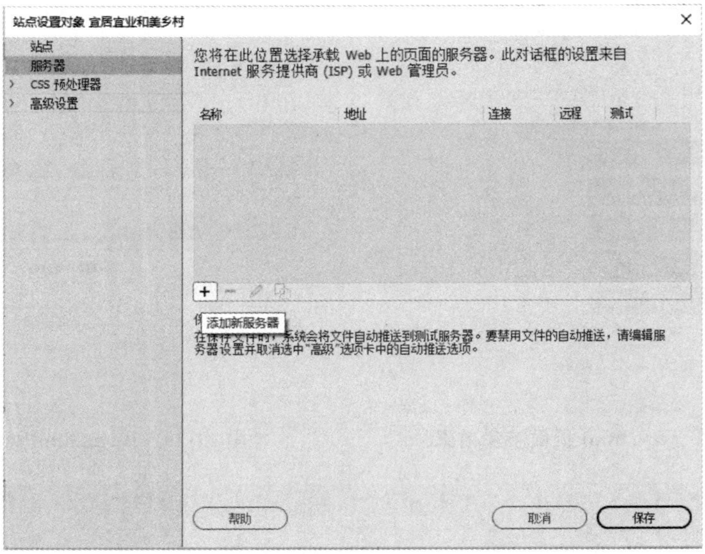

图 17-21 “站点设置对象 宜居宜业和美乡村”对话框

(2)单击“文件”面板的“向‘远程服务器，上传文件”按钮，如图 17-23 所示，就可以将网站发布到服务器上。

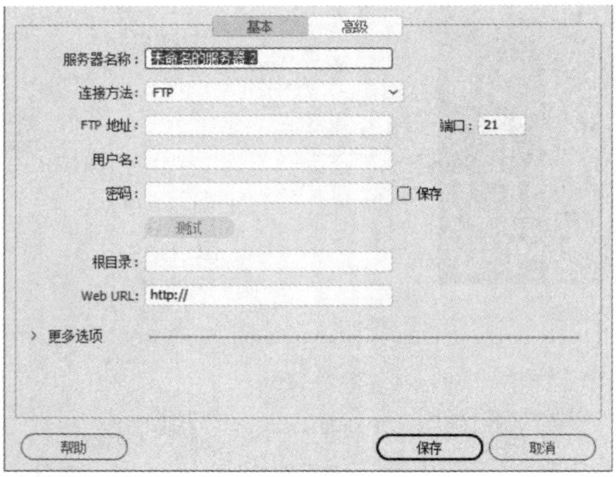

图 17-22 “服务器设置”对话框

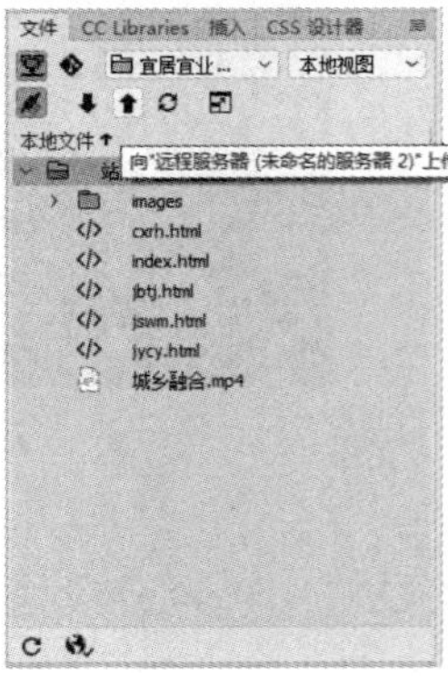

图 17-23 上传文件以发布网站

17.3.5 操作与练习

按照图 17-24 所示设计一张表格，并填入内容，完成下列操作。

(1)利用搜索引擎搜索在线阅读《三国演义》的网站，在文字“三国演义”上建立超链接，并链接至搜索到的网站。

(2)将文字“四大名著”的格式设为隶书、24 磅、红色加粗并居中。

(3)将表格的单元格间距设为 0，将边框粗细设为 2，将边框颜色设为蓝色。

(4)将文字“四大名著”所在单元格的背景色设为黄色。

(5)将网页的上边距设为30像素,将左边距设为20像素。

(6)将页面的标题改为“四大名著简介”。

(7)保存网页,在浏览器中查看网页效果。

图 17-24 操作与练习的预览效果

17.3.6 操作与练习的参考步骤

操作与练习(1)～(7)的参考步骤略。

实验 18
Adobe Dreamweaver 2020 综合练习

18.1 实验目的

掌握 Adobe Dreamweaver 2020 网页设计的常用操作。

18.2 实验内容

(1)站点的建立。
(2)网页的基本操作。
(3)超链接的操作。
(4)表格的操作。

18.3 实验操作步骤

18.3.1 操作与练习

1. 站点和网页建立

(1)在 D:\zhlxSite 目录中新建站点“中国四大名著”。在站点中添加两个网页文件：newpage1.html 和 newpage2.html。

(2)在 newpage1.html 文件中添加一张表格，表格的格式及内容如下。

中国四大名著	
三国演义	滚滚长江东逝水，浪花淘尽英雄。是非成败转头空。青山依旧在，几度夕阳红。白发渔樵江渚上，惯看秋月春风。一壶浊酒喜相逢。古今多少事，都付笑谈中。
水浒传	试看书林隐处，几多俊逸儒流。虚名薄利不关愁，裁冰及剪雪，谈笑看吴钩。评议前王，并后帝，分真伪，占据中州，七雄绕绕乱春秋。兴亡如脆柳，身世类虚舟。见成名无数，图名无数，更有那逃名无数。刹时新月下长川，江湖桑田变古路。讶求鱼橼木，拟穷猿择木，恐伤，弓远之曲木，不如且覆掌中杯，再听取新声曲度。

续表

西游记	混沌未分天地乱，茫茫渺渺无人见。自从盘古破鸿蒙，开辟从兹清浊辨。覆载群生仰至仁，发明万物皆成善。欲知造化会元功，须看《西游释厄传》。
红楼梦	满纸荒唐言，一把辛酸泪。都云作者痴，谁解其中味？

(3)在 newpage2. html 文件中添加一张表格，表格的格式及内容如下。

三国演义	
作者简介	罗贯中(1330 年—1400 年)，名本，号湖海散人，明代通俗小说家。他的籍贯一说是太原(今山西太原)，一说是钱塘(今浙江杭州)，不可确考。据传说，罗贯中曾充任过元末农民起义军张士诚的幕客。除《三国志通俗演义》外，他还创作了《隋唐志传》等通俗小说和《赵太祖龙虎风云会》等戏剧。另外，有相当一部分人认为《水浒传》后三十回也是其所作。
内容简介	《三国演义》描写的是从东汉末年到西晋初年之间近一百年的历史风云。全书反映了三国时代的政治军事斗争，反映了三国时代各类社会矛盾的渗透与转化，概括了这一时代的历史巨变，塑造了一批叱咤风云的英雄人物。在对三国历史的把握上，作者表现出明显的拥刘反曹倾向，以刘备集团作为描写的中心，对刘备集团的主要人物加以歌颂，对曹操则极力揭露鞭挞。今天我们对于作者的这种拥刘反曹的倾向应有辩证的认识。尊刘反曹是民间传说的主要倾向，在罗贯中时代隐含着人民对汉族复兴的希望。

(4)分别保存网页文件。

2. 网页编辑

(1)在 newpage1. html 中，将网页属性的标题改为“中国四大名著”。

(2)在 newpage1. html 中，在文字“三国演义”上建立超链接，单击该链接时在新窗口中打开 newpage2. html。

(3)在 newpage1. html 中，将表格的单元格间距设为 2，将边框粗细设为 3。

(4)在 newpage1. html 中，将文字“中国四大名著”所在单元格的背景色设为 RGBa(0,0,255,1.0)。

(5)将 newpage1. html 网页属性外观(CSS)的上边距设为 20 像素，将左边距设为 50 像素。

(6)在 newpage2. html 中，将网页属性的标题改为“三国演义简单介绍”。

(7)在 newpage2. html 中，将网页中的表格设为右对齐。

(8)将 newpage2. html 网页属性外观(CSS)的文本颜色设为 RGBa(0,0,255,1.0)，将背景色设为 RGBa(255,255,0,1.0)。

(9)在 newpage2. html 中，在表格的最后插入一行，并把该行的单元格合并。

18.3.2 操作与练习的参考步骤

Dreamweaver 综合练习

1. 操作与练习 1 的参考步骤

(1)启动 Adobe Dreamweaver 2020，选择“站点”菜单中的“新建站点”命令，弹出“站点设置对象”对话框，如图 18-1 所示。

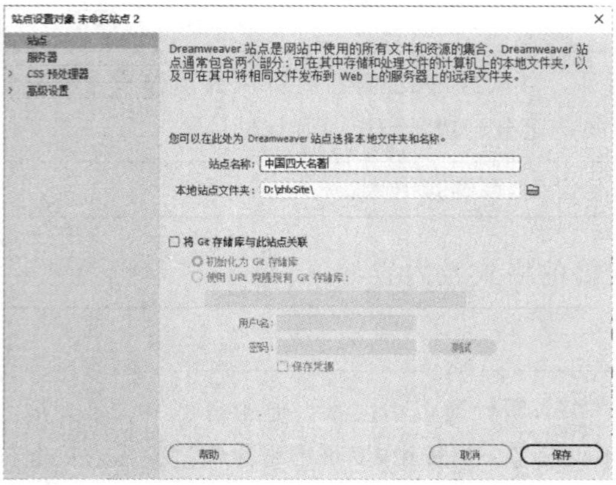

图 18-1 “站点设置对象”对话框

（2）在“站点名称”文本框中输入“中国四大名著”，在“本地站点文件夹”文本框中输入“D:\zhlxSite”，单击“保存”按钮。

（3）在“文件”面板中选择“中国四大名著”站点，右击，在弹出的快捷菜单中选择“新建文件”命令，输入文件名 newpage1. html，即可在站点中添加网页 newpage1. html。按照要求在 newpage1. html 中添加表格及其内容。选择“文件”菜单中的“保存”命令，保存网页。

（4）参考步骤（3），新建文件 newpage2. html，添加表格及其内容，保存网页。

2. 操作与练习 2 的参考步骤

1）操作与练习（1）的参考步骤

在“文件”面板中双击打开网页 newpage1. html，选择“文件”菜单中的“页面属性”命令，打开“页面属性”对话框，选择“分类”列表框的“标题/编码”，将网页的标题修改为“中国四大名著”，单击“确定”按钮，如图 18-2 所示。

2）操作与练习（2）的参考步骤

选中文字“三国演义”，选择“插入”菜单中的“Hyperlink”命令，弹出 Hyperlink 对话框，如图 18-3 所示。在“链接”文本框中输入“newpage2. html”，在“目标”下拉列表中选择“_blank”，单击“确定”按钮。

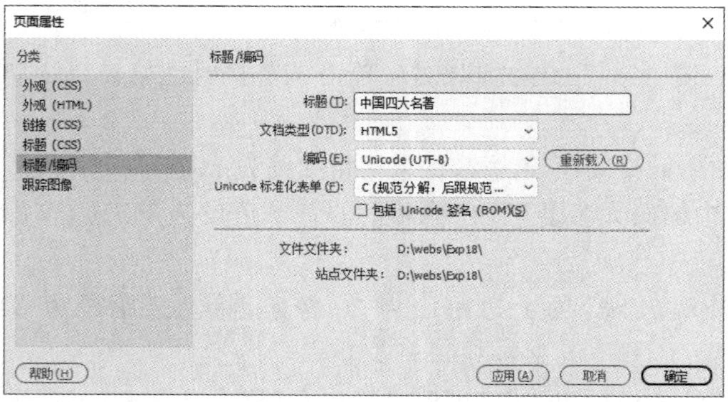

图 18-2 “页面属性”对话框中“标题/编码”的设置

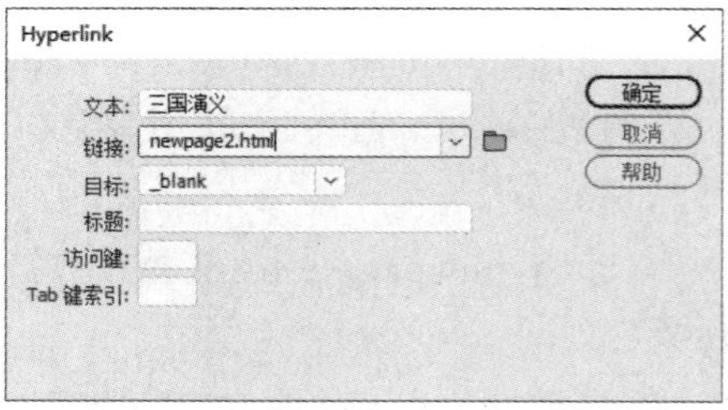

图 18-3 “Hyperlink”对话框

3）操作与练习（3）的参考步骤

（1）将插入点定位到表格的任意一个单元格内，选择“编辑”→“表格”→“选择表格”命令（或单击标记栏中的 table 标记），选中表格，如图 18-4 所示。

（2）在“表格属性”面板的 CellSpace 文本框中输入 2，在 Border 文本框中输入 3。

4）操作与练习（4）的参考步骤

单击“中国四大名著”所在单元格，在“单元格”属性面板中，在“背景颜色”按钮右边的颜色框中输入“rgba(0,0,255,1.0)”，按【Enter】键完成设置，如图 18-5 所示。

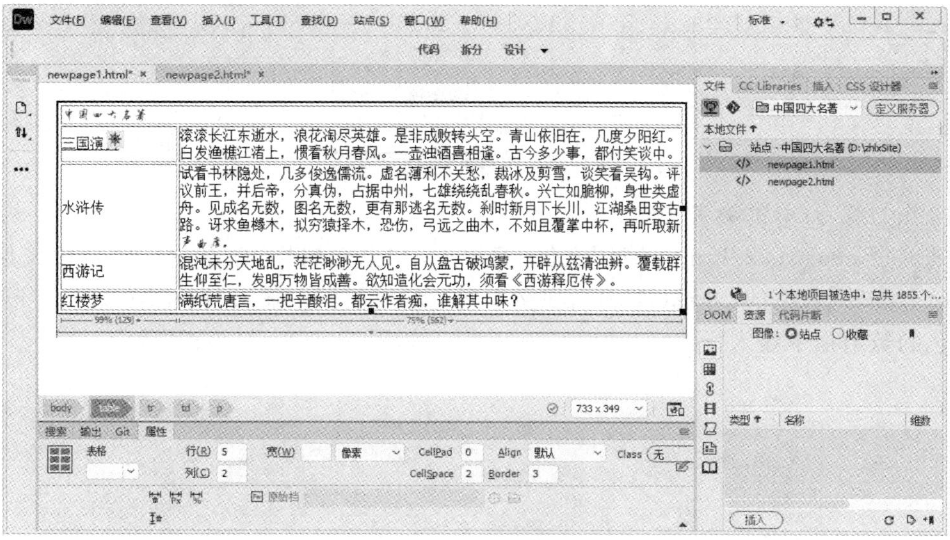

图 18-4 选择表格

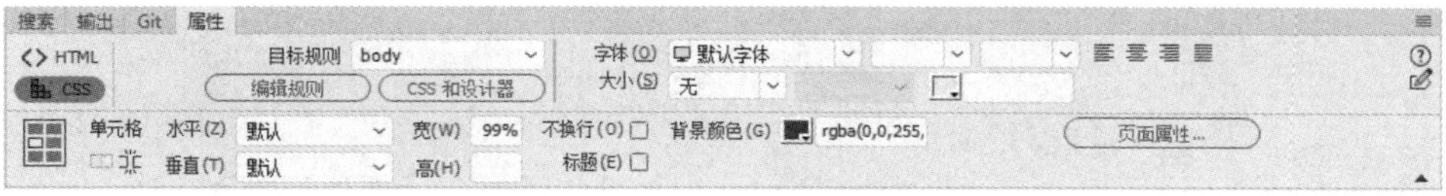

图 18-5 设置单元格背景颜色

5)操作与练习(5)的参考步骤

打开网页 newpage1. html,单击属性面板右下角的 ▼ 按钮,显示扩展的属性面板。单击扩展的页面属性面板中的“页面属性”按钮,打开“页面属性”对话框,选择“分类”列表框的“外观(CSS)”,将左边距改为 50 px,将上边距改为 20 px,如图 18-6 所示,单击“确定”按钮。

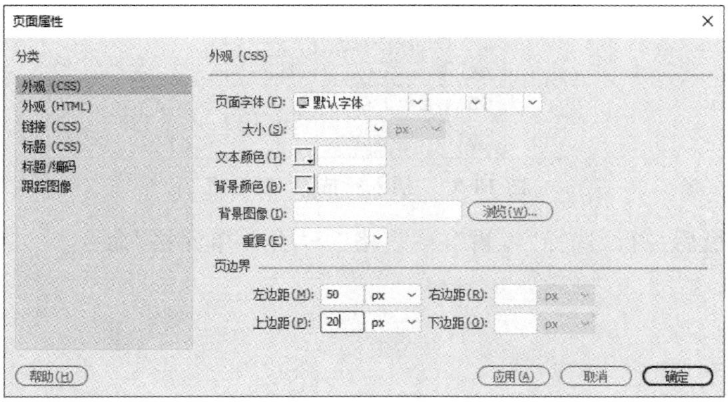

图 18-6 设置外观(CSS)边距

6)操作与练习(6)的参考步骤

操作与练习(6)与操作与练习(1)类似,请读者自行完成。

7)操作与练习(7)的参考步骤

(1)打开网页 newpage2. htm6,将插入点定位到表格的任意一个单元格内,选择“编辑”→“表格”→“选择表格”命令,选中表格。

(2)在“表格”属性面板的 Align 下拉列表中选择“右对齐”,如图 18-7 所示。

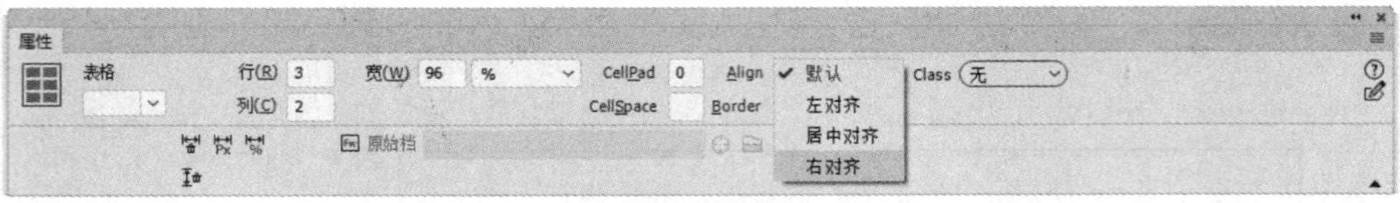

图 18-7 设置表格对齐方式

8)操作与练习(8)的参考步骤

打开网页 newpage2. html,选择“文件”菜单中的“页面属性”命令,打开“页面属性”对话框,选择“分类”列表框的“外观(CSS)”,在文本颜色的数值框中输入“rgba(0,0,255,1.0)”,在背景颜色的数值框中输入“rgba(255,255,0,1.0)”,如图 18-8 所示,单击“确定”按钮。

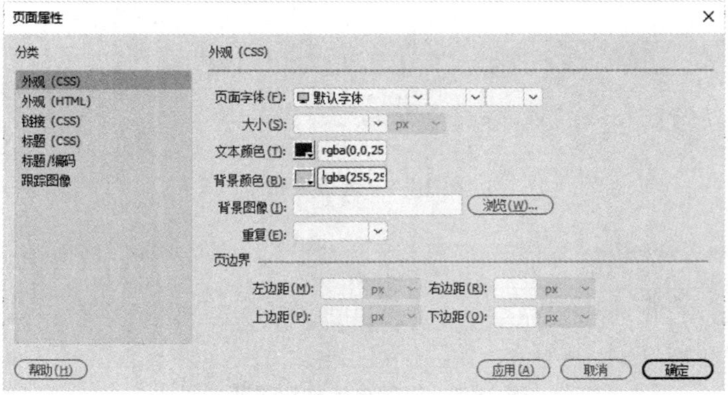

图 18-8 设置外观(CSS)的文本颜色和背景颜色

9)操作与练习(9)的参考步骤

(1)单击表格的最后一行,选择“编辑”→“表格”→“插入行或列”命令,弹出“插入行或列”对话框,如图 18-9 所示,单击“确定”按钮。

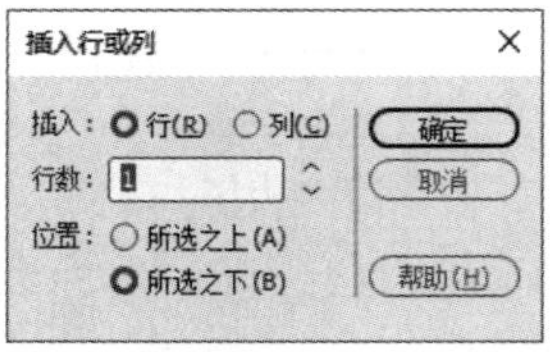

图 18-9 “插入行或列”对话框

(2)选中表格最后一行,选择“编辑”→“表格”→“合并单元格”命令。

第二部分

大学计算机综合知识练习题

习题 1
大学计算机概述

1. 下列关于电子计算机 ENIAC 的叙述中，错误的是（　　）。
A. 它主要用于弹道计算
B. 它主要采用电子管
C. 它是 1946 年在美国诞生的
D. 它首次采用存储程序和程序控制使计算机自动工作
2. 冯·诺依曼计算机的设计思想是（　　）。
A. 程序设计　B. 程序存储　C. 程序编制　D. 算法设计
3. 电子计算机的特点是（　　）。
A. 速度快、性能价格比低、程序控制　B. 性能价格比低、功能全、体积小
C. 速度快、精确度高、判断能力强　D. 速度快、存储容量大、性能价格比低
4. 在存储器容量的表示中，1 MB 的准确含义是（　　）。
A. 1 000 KB　B. 1 024 KB　C. 1 024 字节　D. 1 024 万
5. 在计算机内，一切信息的存取、传输和处理都是以（　　）的形式进行的。
A. ASCII 码　B. 二进制　C. BCD 码　D. 十六进制
6. 微型计算机中存储数据的基本单位是（　　）。
A. 字节　B. MB　C. 位　D. KB
7. 下列字符中，ASCII 码值最小的是（　　）。
A. a　B. A　C. x　D. Y
8. 在微型计算机中，应用最普遍的字符编码是（　　）。
A. BCD 码　B. 补码　C. ASCII 码　D. 汉字编码
9.（　　）是计算机唯一能直接识别、直接执行的计算机语言。
A. 汇编语言　B. C 语言　C. 机器语言　D. Pascal 语言
10. 内存中，每个基本单位都被赋予一个唯一的序号，它称为（　　）。
A. 字节　B. 地址　C. 编号　D. 容量
11. 通常人们所说的一个计算机系统是指（　　）。
A. 硬件和固件　B. 计算机的 CPU
C. 系统软件和数据库　D. 计算机的硬件系统和软件系统
12. 所谓“裸机”是指（　　）。
A. 单片机　B. 单板机
C. 不装备任何软件的计算机　D. 只装备操作系统的计算机

13. 计算机硬件主要包括(　　)、控制器、存储器、输入设备、输出设备。

A. 硬盘驱动器　B. 运算器　C. 加法器　D. RAM

14. 微处理器又称(　　)。

A. 运算器　B. 控制器　C. 逻辑器　D. 中央处理器

15. 鼠标是一种(　　)。

A. 存储器　B. 运算控制单元　C. 输入设备　D. 输出设备

16. (　　)分别为输入设备、输出设备和存储设备。

A. CRT、CPU、ROM　B. 鼠标、绘图仪、光盘

C. 磁盘、鼠标、键盘　D. 磁带、打印机、激光打印机

17. 微型计算机中，I/O 设备的含义是(　　)。

A. 输入设备　B. 输出设备　C. 输入/输出设备　D. 控制设备

18. 在下列设备中，(　　)不能用作计算机的输出设备。

A. 打印机　B. 显示器　C. 绘图仪　D. 键盘

19. 进位计数制的 3 个基本要素是(　　)。

A. 二进制、十进制、十六进制　B. 数目、数量、数码

C. 数目、数量、位置　D. 数码、基数、位权

20. 在计算机领域中，不常用的数制是(　　)。

A. 五进制　B. 八进制　C. 十六进制　D. 十进制

21. 为了避免混淆，十六进制数在书写时常在后面加字母(　　)。

A. H　B. O　C. D　D. B

22. 与十进制数 291 等值的十六进制数为(　　)。

A. 123　B. 213　C. 231　D. 132

23. 二进制数 1110111.11 转换成十进制数是(　　)。

A. 119.375　B. 119.125　C. 119.75　D. 119.3

24. 将八进制数 777 转换为对应的二进制数为(　　)。

A. 111111111　B. 111111110　C. 11111111　D. 1111111

25. 在计算机中存储一个汉字所需的存储空间为(　　)。

A. 1 字节　B. 2 字节　C. 0.5 字节　D. 4 字节

26. 在 32×32 点阵字库中，存储一个汉字的字模信息所需的存储空间是(　　)。

A. 16 字节　B. 32 字节　C. 64 字节　D. 128 字节

27. 下列叙述中错误的是(　　)。

A. 计算机要经常使用，不要长期闲置不用

B. 为了延长计算机的使用寿命，应避免频繁开关计算机

C. 在计算机附近应避免磁场干扰

D. 计算机使用几个小时后，应关机一段时间再用

28. ROM 的意思是(　　)。

A. 软盘存储器　B. 硬盘存储器　C. 只读存储器　D. 随机存储器

29. 内存大部分由 RAM 组成，其中存储的数据在断电后(　　)。

A. 不会丢失　B. 部分丢失　C. 完全丢失　D. 不一定丢失

30. 微型计算机的硬盘在工作时，最害怕(　　)。

A. 有人使用鼠标　B. 有人使用键盘

C. 什么也不怕　　D. 突然断电或受振动

31. 计算机显示器的参数中，参数 1 920×1 280 表示（　　）。

A. 显示器的颜色指标　　B. 显示器屏幕的大小

C. 显示器的分辨率　　D. 显示器显示字符的最大列数和最大行数

32. 平均无故障时间(MTBF)用于描述计算机的（　　）。

A. 可靠性　　B. 可维护性

C. 性能价格比　　D. 以上答案都不对

33. 在衡量计算机的主要性能指标中，字长是（　　）。

A. 计算机运算部件一次能够处理的二进制数据的位数

B. 8 位二进制长度

C. 计算机的总线数

D. 存储系统的容量

34. 计算机操作系统的功能是（　　）。

A. 把源程序代码转换成目标代码　　B. 实现计算机与用户之间的交流

C. 完成计算机硬件与软件之间的转换　　D. 控制、管理计算机资源

35. 应用软件是指（　　）。

A. 所有能够使用的软件　　B. 能被各应用单位共同使用的某种软件

C. 所有微型计算机上都应使用的软件　　D. 专门为某一应用目的而编制的软件

36. 国际标准化组织定义了开放系统互连参考模型(OSI-RM)，该模型将协议分为（　　）层。

A. 5　　B. 6　　C. 7　　D. 8

37. TCP/IP 是一种（　　）。

A. 网络操作系统　　B. 网桥　　C. 网络协议　　D. 路由器

38. Internet 最早起源于（　　）。

A. 第二次世界大战中　　B. 20 世纪 60 年代末

C. 20 世纪 80 年代中期　　D. 20 世纪 90 年代初期

39. Internet 成立之初的目的是（　　）。

A. 收集信息　　B. 传递信息

C. 创建新的通信方式　　D. 战争发生时传递信息

40. 为了保证提供服务，Internet 上的任何一台物理服务器（　　）。

A. 必须具有单一的 IP 地址　　B. 必须具有域名

C. 只能提供一种信息服务　　D. 不能具有多个域名

41. 下列关于域名的说法正确的是（　　）。

A. 没有域名，主机不可能上网

B. 一个 IP 地址只能对应一个域名

C. 一个域名只能对应一个 IP 地址

D. 域名可以随便取，只要不和其他主机同名即可

42. 下列顶级域名中表示教育机构的是（　　）。

A. com　　B. edu　　C. gov　　D. net

43. 域名最右边的部分表示区域，cn 代表（　　）。

A. 加拿大　　B. 中国　　C. 联合国　　D. 美国

44. 下列关于统一资源定位器各部分的名称(从左到右)的描述,正确的是(　　)。

http://home.microsoft.com/main/index.html

↓ 1　↓ 2　↓ 3　↓ 4

A. 1 主机域名,2 协议,3 目录名,4 文件名　　B. 1 协议,2 主机域名,3 目录名,4 文件名
C. 1 协议,2 目录名,3 主机域名,4 文件名　　D. 1 目录名,2 主机域名,3 协议,4 文件名

45. Internet 上有许多应用,其中用来收发电子邮件的是(　　)。
A. WWW　　B. E-mail　　C. FTP　　D. Telnet

46. WWW 浏览器使用的协议是(　　)。
A. HTTP　　B. TCP/IP　　C. FTP　　D. Telnet

47. 关于 Internet 中的 WWW 服务,以下说法错误的是(　　)。
A. WWW 服务器中存储的通常是符合 HTML 规范的结构化文档
B. WWW 服务器必须具有创建和编辑 Web 页面的功能
C. WWW 客户端程序也被称为 WWW 浏览器
D. WWW 服务器也被称为 Web 站点

48. 超文本中不仅含有文本信息,还包括(　　)等信息。
A. 图形、声音、图像、视频
B. 只能包含图形、声音、图像,不能包含视频
C. 只能包含图形、声音,不能包含视频、图像
D. 只能包含图形,不能包含视频、图像、声音

49. 网络用户必须要先申请 E-mail 账户,才能(　　)。
A. 上网　　B. 下载匿名文件
C. 收发电子邮件　　D. 使用互联网

50. 物联网的英文名称是(　　)。
A. internet of matters　　B. internet of things
C. internet of theories　　D. internet of clouds

51. 物联网是基于射频识别技术发展起来的新兴产业,射频识别技术主要是基于(　　)进行信息传输的。
A. 声波　　B. 电场和磁场　　C. 双绞线　　D. 同轴电缆

52. RFID 属于物联网的(　　)。
A. 感知层　　B. 网络层　　C. 业务层　　D. 应用层

53. (　　)是物联网应用的重要基础,是两化融合的重要技术之一。
A. 遥感和传感技术　　B. 智能化技术
C. 虚拟计算技术　　D. 集成化和平台化

54. 2006 年 8 月,(　　)公司首次提出云计算的概念。
A. 华为　　B. 微软　　C. 亚马逊　　D. 谷歌

55. 云计算的创新在于(　　)。
A. 购买软硬件产品　　B. 购买信息服务
C. 购买软硬件产品和信息服务　　D. 以上都不对

56. 云计算的部署模式有(　　)。
A. 公有云　　B. 私有云　　C. 混合云　　D. 以上都是

57. 云计算的服务模式包括（　　）。

A. 基础设施即服务　B. 平台即服务　C. 软件即服务　D. 以上都是

58.（　　）更侧重于数据的处理、分析、挖掘，结合人工智能，将数据的价值呈现出来。

A. 云计算　B. 大数据　C. 人工智能　D. 物联网

59. 大数据的起源是（　　）。

A. 金融　B. 电信　C. 互联网　D. 公共管理

60. 大数据的利用过程是（　　）。

A. 采集—挖掘—清洗—统计　B. 采集—统计—清洗—挖掘

C. 采集—清洗—挖掘—统计　D. 采集—清洗—统计—挖掘

61. 下列有关大数据的理解，错误的是（　　）。

A. 现在已进入大数据的时代　B. 在各个领域都有大数据

C. 大数据无所不能　D. 大数据是社会进步的体现

62. 下列关于大数据的说法中，错误的是（　　）。

A. 处理大数据需采用新型计算架构和智能算法等新技术

B. 大数据具有体量大、结构单一、时效性强的特征

C. 大数据的应用注重相关分析而不是因果分析

D. 大数据的应用目的在于发现新的知识，以及洞察并进行科学决策

63. 人工智能的发展已对人类及其未来产生了深远的影响，这些影响主要涉及人类的经济、社会、文化等方面，（　　）不是人工智能对社会的影响。

A. 劳动就业问题　B. 社会结构的变化

C. 心理的威胁　D. 气候变暖

64.（　　）研究计算机怎样模拟或实现人类的学习行为，以获取新的知识或技能，更新已有的知识结构，使之不断改善自身性能。

A. 机器感知　B. 机器学习　C. 机器行为　D. 机器思维

65.（　　）不是机器人在医疗界的主要应用。

A. 外科手术机器人　B. 康复机器人

C. 护理机器人　D. 精密加工机器人

66. 人工智能的英文全称是（　　）。

A. automatic intelligence　B. artificial intelligence

C. automatic information　D. artifical information

67.（　　）是一门用计算机模拟或实现人类视觉功能的新兴学科，其主要研究目标是使计算机具有通过二维图像认知三维环境信息的能力。

A. 机器视觉　B. 语音识别　C. 机器翻译　D. 机器学习

68. 对计算机软件正确的态度是（　　）。

A. 计算机软件不需要维护　B. 计算机软件只要能复制就不必购买

C. 受法律保护的计算机软件不能被随便复制　D. 计算机软件不必有备份

69. 计算机信息系统安全包括实体安全、运行安全、信息安全和（　　）安全。

A. 设备　B. 人员　C. 场地　D. 网络

70. 计算机病毒是指（　　）。

A. 计算机的程序已经被破坏

B. 以危害系统为目的的特殊的计算机程序

C. 编制有错误的计算机程序

D. 设计不完善的计算机程序

71. 防病毒软件的作用是(　　)。

A. 检查计算机是否染有病毒,消除已感染的病毒

B. 杜绝病毒对计算机的感染

C. 查出计算机已感染的任意一种病毒,消除其中的一部分

D. 检查计算机是否染有部分病毒,消除已感染的部分病毒

72. 多数计算机病毒会造成(　　)的损坏。

A. 软盘　　B. 硬盘　　C. 磁盘驱动器　　D. 程序和数据

73. 计算机故障可以归纳为(　　)。

A. 只有硬件故障　　B. 只有软件故障

C. 人为故障　　D. 硬件故障和软件故障

74. 由计算机病毒引起的故障属于(　　)故障。

A. 硬件　　B. 软件　　C. 设备　　D. 电源

75. 到目前为止,能符合科学思维三大特点的思维模式大体上可以分为实证思维、逻辑思维和(　　)。

A. 艺术思维　　B. 宗教思维　　C. 计算思维　　D. 抽象思维

76. 计算思维是运用计算机科学的基础概念进行问题求解、(　　),以及人类行为理解等涵盖计算机科学广度的一系列思维活动。

A. 辅助设计　　B. 结构设计　　C. 系统设计　　D. 状态设计

77. Windows 10 自带的浏览器是(　　)浏览器。

A. Microsoft Edge　　B. 谷歌　　C. 火狐　　D. Opera

78. 在移动互联网时代,人们应该做到(　　)。

A. 加强自我修养　　B. 谨言慎行　　C. 敬畏技术　　D. 以上都对

79. 下列不属于 5G 的应用场景的是(　　)。

A. 高可靠低时延　　B. 低功耗大连接

C. Wi-Fi 与光通信　　D. 增强移动宽带

80. 鸿蒙操作系统是一款全新的面向全场景的(　　)操作系统,相比 iOS 和 Android(安卓),鸿蒙最大的亮点就是打破了各个设备之间的隔阂,实现了真正的万物互联。

A. 批处理　　B. 实时　　C. 网络　　D. 分布式

参考答案

1～5	DBCBB	6～10	ABCCB	11～15	DCBDC	16～20	BCDDA
21～25	AACAB	26～30	DDCCD	31～35	CAADD	36～40	CCBDA
41～45	CBBBB	46～50	ABACB	51～55	BAADB	56～60	DDBCD
61～65	CBDBD	66～70	BACBB	71～75	DDDBC	76～80	CADCD

习题 2
Windows 10 操作系统

1. 不能用于 PC 的桌面操作系统是(　　)。

A. macOS　　B. Windows 10　　C. Android　　D. Linux

2. Windows 10 中默认有 4 个库，下列选项中不全是默认库的是(　　)。

A. 视频和图片　　B. 音乐和视频　　C. 图片和文档　　D. 文档和音频

3. Windows 10 有 3 种类型的账户，以下不属于其账户的是(　　)。

A. Microsoft 账户　　B. 标准账户　　C. 管理员账户　　D. 高级账户

4. 下列关于 Windows 10 的任务栏按钮的默认显示方式，说法正确的是(　　)。

A. 窗口合并，隐藏标签　　B. 并排

C. 从不合并　　D. 杂乱随机显示

5. 在 Windows 10 的个性化设置中，不能够实现的是(　　)。

A. 卸载程序　　B. 设置主题

C. 设置桌面背景　　D. 设置窗口颜色

6. 下列不属于 Windows 10 控制面板中的设置项目的是(　　)。

A. 时间和日期　　B. 安装应用程序

C. 备份和还原　　D. 网络和共享中心

7. 在 Windows 10 中，如果将打开的窗口拖动到屏幕顶端，则窗口会(　　)。

A. 关闭　　B. 消失　　C. 最小化　　D. 最大化

8. 在 Windows 10 中，下列关于剪贴板的描述不正确的是(　　)。

A. 剪贴板是内存的某块区域

B. 一旦关机，存放在剪贴板中的内容将不被保留

C. 剪贴板是硬盘的一部分

D. 剪贴板中存放的内容可以被不同的应用程序使用

9. 直接永久删除文件或文件夹而不是先将其移到回收站的组合键是(　　)。

A.【Ctrl+Delete】　　B.【Alt+Delete】

C.【Shift+Delete】　　D.【Esc+Delete】

10. 一个文件的名称为 ABC.jpg，则该文件是(　　)。

A. 可执行文件　　B. 网页文件　　C. 文本文件　　D. 图像文件

11. 下列图标中，代表网页文件的是(　　)。

A. 　　B. 　　C. 　　D. 

12. 在 Windows 10 中，当某个应用程序不能正常关闭时，可以（　　），在出现的窗口中选择“任务管理器”，以结束不响应的应用程序。

A. 切断计算机主机电源　　B. 按【Alt+F10】组合键

C. 按【Ctrl+Alt+Del】组合键　　D. 按【Power】键

13. 在 Windows 10 中，复选框是指（　　）。

A. 可以重复使用的对话框

B. 提供多个选项，但每次只能选择其中的一项

C. 提供多人同时选择的公共项目

D. 提供多个选项，每次可以选择其中的多项

14. 通过（　　），可以将应用程序窗口作为图像复制到剪贴板。

A. 按【Alt+PrintScreen】组合键

B. 按【PrintScreen】键

C. 在窗口的标题栏右击，然后在弹出的快捷菜单中选择“复制”命令

D. 在窗口的标题栏右击，然后在弹出的快捷菜单中选择“剪切”命令

15. 当一个应用程序窗口被最小化后，该应用程序的状态是（　　）。

A. 继续在前台运行　　B. 终止运行

C. 转入后台运行　　D. 保持最小化前的状态

16. 用来切换各种中文输入法的组合键是（　　）。

A.【Alt+Ctrl】　　B.【Shift+Space】

C.【Ctrl+Space】　　D.【Ctrl+Shift】

17. 在 Windows 10 中，当搜索文件或文件夹时，如果输入 B*.*，则表示（　　）。

A. 搜索所有文件或文件夹

B. 搜索扩展名为 B 的所有文件或文件夹

C. 搜索主文件名为 B 的所有文件或文件夹

D. 搜索文件名第一个字符为 B 的所有文件或文件夹

18. 在 Windows 10 中，当应用程序窗口被最小化以后，若要再次打开此应用程序窗口，则可以（　　）。

A. 单击桌面上的应用程序名称　　B. 单击桌面上的应用程序图标

C. 单击最小化后的应用程序图标　　D. 单击桌面的任何地方

19. 在 Windows 10 中选取某一功能项后，若其后面带有省略号“...”，则表示（　　）。

A. 将弹出对话框　　B. 该功能项已被删除

C. 该功能项当前不能使用　　D. 该功能项正在起作用

20. 在 Windows 10 中，下列有关回收站的描述，正确的是（　　）。

A. 回收站中的内容会永久保留　　B. 回收站不占用磁盘空间

C. 可以删除回收站中的内容　　D. 只能在桌面上找到回收站

21. 关闭应用程序窗口应按（　　）组合键。

A.【Alt+F4】　　B.【Alt+Tab】

C.【Alt+Esc】　　D.【Alt+F】

22. 下列关于 Windows 10 磁盘清理的描述中，只有（　　）是不对的。

A. 删除 Windows 组件　　B. 删除 Windows 临时文件

C. 删除临时 Internet 文件　　D. 可以清空回收站

23. 在记事本中想把一个正在编辑的文本文件以另一个文件名保存，此时需要选择的是（　　）。

A. “文件”菜单中的“保存”命令　　B. “文件”菜单中的“另存为”命令

C. “编辑”菜单中的“另存为”命令　　D. “编辑”菜单中的“保存”命令

24. 在下列选项中，不是 Windows 10 中“截图工具”的截图类型的是（　　）。

A. 矩形截图　　B. 窗口截图

C. 全屏幕截图　　D. 登录窗口截图

25. 在 Windows 10 中，屏幕保护程序具有（　　）。

A. 节能功能　　B. 美化计算机功能

C. 安全功能　　D. 节能和系统安全功能

26. 在 Windows 10 中，下列关于任务栏的描述，（　　）是错误的。

A. 任务栏可以移动

B. 可以将任务栏设置为自动隐藏

C. 在任务栏上只显示当前窗口名

D. 通过任务栏上的按钮可实现窗口之间的切换

27. 在 Windows 10 中，关于“开始”菜单的描述，不正确的是（　　）。

A. 单击“开始”按钮，可以打开“开始”菜单

B. 用户想做的任何事几乎都可以通过“开始”菜单完成

C. 可在“开始”菜单中增加菜单项，但不能删除菜单项

D. “开始”菜单包括关闭、固定程序列表、应用程序列表、设置等部分

28. 在 Windows 10 中，任务栏“开始”菜单中“文档”的作用是（　　）。

A. 用于显示可运行程序的名称　　B. 用于存放报告、便笺和其他类型的文档

C. 用于运行程序　　D. 用于启动联机帮助

29. 使用 Windows 10 的过程中，在不能使用鼠标的情况下，打开“开始”菜单的操作是（　　）。

A. 按【Shift＋Tab】组合键　　B. 按【Ctrl＋Shift】组合键

C. 按【Ctrl＋Esc】组合键　　D. 按【Space】键

30. 在 Windows 10 中，下列描述正确的是（　　）。

A. 任务栏的大小是不能改变的

B. 任务栏可以放在桌面 4 条边的任意边上

C. “开始”菜单是由系统生成的，用户不能再设置它

D. 只能用鼠标单击“开始”按钮才能打开“开始”菜单

31. 用鼠标拖动的方法调整窗口的大小，必须将鼠标指针放在窗口的（　　）。

A. 菜单栏上　　B. 标题栏上　　C. 任何一个角上　　D. 工作区内

32. 在 Windows 10 中，当屏幕上有多个窗口时，（　　）。

A. 可以有多个活动窗口　　B. 有一个固定的活动窗口

C. 活动窗口被其他窗口覆盖　　D. 活动窗口标题栏的颜色与其他窗口不同

33. 在 Windows 10 中，“文件资源管理器”窗口的组成部分中不包含（　　）。

A. 标题栏、地址栏、状态栏　　B. 搜索栏、功能区

C. 导航窗格、窗口工作区　　D. 任务栏

34. 在计算机中安装程序时，程序通常默认安装在(　　)下的 Program Files 文件夹中。

A. C 盘　　B. D 盘　　C. E 盘　　D. F 盘

35. 在 Windows 10 控制面板的“更改账户”窗口中不可以进行的操作是(　　)。

A. 更改账户名称　　B. 创建或修改密码

C. 更改账户类型　　D. 创建新用户

36. 下列关于 Windows 10 的 OneDrive 的描述，不正确的是(　　)。

A. OneDrive 是微软提供的一项云存储服务　　B. OneDrive 只能保存在云上

C. 用户可以操作本地 OneDrive　　D. OneDrive 可以实现自动更新

37. 要安装 Windows 10，系统磁盘分区必须为(　　)格式。

A. FAT16　　B. FAT32　　C. NTFS　　D. FAT

38. 文件的类型可以根据(　　)来识别。

A. 文件的大小　　B. 文件的用途

C. 文件的扩展名　　D. 文件的存放位置

39. 当一个文件被复制后，两个文件的内容(　　)。

A. 完全消失　　B. 完全相同

C. 部分改变　　D. 全部改变

40. 在 Windows 10 中，不可以完成窗口切换的方法是(　　)。

A. 按【Ctrl＋Tab】组合键　　B. 按【Alt＋Tab】组合键

C. 单击要切换窗口的任意可见部位　　D. 单击任务栏上要切换的应用程序按钮

41. 在 Windows 10 中，将窗口最大化的错误方法是(　　)。

A. 单击“最小化”按钮　　B. 单击“最大化”按钮

C. 双击标题栏　　D. 拖曳窗口到屏幕顶端

42. 下列关于桌面图标的描述，不正确的是(　　)。

A. 可以改变桌面图标的显示方式

B. 可以删除桌面图标，但删除之后其对应的应用程序也将被自动删除

C. 可以选择桌面图标并加以改变

D. 可以对桌面图标进行排序

43. 文本文件的扩展名是(　　)。

A. txt　　B. exe　　C. jpg　　D. avi

44. 在 Windows 10 中，下列操作方法不能直接打开“文件资源管理器”窗口的是(　　)。

A. 单击任务栏中的图标　　B. 执行“开始”菜单中的“文档”命令

C. 执行“开始”菜单中的“控制面板”命令　　D. 双击桌面上的“回收站”图标

45. 直接进行中/英文输入切换的键盘操作是(　　)。

A. 按【Ctrl＋Space】组合键　　B. 按【Ctrl＋Alt】组合键

C. 按【Shift＋Space】组合键　　D. 按【Ctrl＋Shift】组合键

46. 直接进行半/全角字符切换的键盘操作是(　　)。

A. 按【Alt＋Space】组合键　　B. 按【Shift＋Space】组合键

C. 按【Ctrl＋Esc】组合键　　D. 按【Ctrl＋A】组合键

47. 在 Windows 10 中，使用“截图工具”可以将屏幕上显示的信息以图片形式保存，默认

的图片扩展名为（　　）。

A. jpg　　B. bmp　　C. tif　　D. png

48. 以下关于 Windows 10 的便笺应用程序的描述，不正确的是（　　）。

A. 便笺的文本可由键盘输入

B. 便笺的文本可以设置成简单的字符格式

C. 可以改变便笺的背景色

D. 便笺中不能添加图片

49. 写字板是一个用于（　　）的应用程序。

A. 图形处理　　B. 文字处理　　C. 程序处理　　D. 信息处理

50. 文件经 WinRAR 压缩后产生的文件的扩展名为（　　）。

A. txt　　B. docx　　C. rar　　D. exe

51. 在 Windows 10 中，下列文件名正确的是（　　）。

A. My Program Group. txt　　B. file1|file2

C. A<>B. C　　D. A? B. doc

52. 下列鼠标操作中，（　　）属于单击。

A. 移动鼠标将指针指向特定区域　　B. 一次压下并放开鼠标按键

C. 连续两次压下并放开鼠标按键　　D. 指定某一图标，按住左键拖动

53. 在 Windows 10 中，对打开的多个窗口进行层叠排列，这些窗口的显著特点是（　　）。

A. 每个窗口的内容全部可见　　B. 每个窗口的标题栏全部可见

C. 部分窗口的标题栏不可见　　D. 每个窗口的部分标题栏可见

54. 下面关于 Windows 10 应用程序窗口的组成元素的描述中，（　　）是不正确的。

A. 单击并拖动标题栏可以移动窗口的位置，双击标题栏可以最大化窗口

B. 不同应用程序窗口大都有“最小化”“最大化/向下还原”“关闭”按钮

C. 每一个窗口都有工具栏，位于菜单栏下面

D. 双击窗口左上角的控制图标，可以关闭窗口

55. 对话框中有些项目在文字的左边标有一个小方框，当小方框里有“√”时表明（　　）。

A. 这是一个复选框，而且未被选中　　B. 这是一个复选框，而且已被选中

C. 这是一个单选按钮，而且未被选中　　D. 这是一个单选按钮，而且已被选中

56. 在 Windows 10 中，能弹出对话框的操作是（　　）。

A. 选择了带有向右三角形箭头的命令　　B. 选择了带有省略号的命令

C. 选择了颜色变灰的命令　　D. 运行了与对话框对应的应用程序

57. 在 Windows 10 的对话框中，用户必须且只能选择其中一项的选项称为（　　）。

A. 单选按钮　　B. 列表框

C. 复选框　　D. 文本框

58. 下列关于 Windows 10 对话框的描述中，错误的是（　　）。

A. 对话框是提供给用户与计算机对话的界面

B. 对话框的位置可以移动，但绝大多数对话框的大小不能改变

C. 对话框的位置和大小都不能改变

D. 对话框中可能会出现滚动条

59. 在 Windows 10 中，下列终止应用程序的方法中，正确的是（　　）。

A. 双击应用程序窗口左上角的控制按钮
B. 将应用程序窗口最小化成图标
C. 单击应用程序窗口右上角的“还原”按钮
D. 双击应用程序窗口的标题栏

60. 在 Windows 10 中,启动应用程序的正确方法是(   )。
A. 双击桌面上的该应用程序图标
B. 将该应用程序窗口最小化成图标
C. 将该应用程序窗口还原
D. 将鼠标指向该应用程序图标

61. 以下软件不属于浏览器的是(   )。
A. Google Chrome
B. Internet Explorer
C. 360 安全卫士
D. Microsoft Edge

62. 在 Windows 10 中,用“创建快捷方式”创建的图标(   )。
A. 可以是任何文件或文件夹的
B. 只能是可执行程序或程序组的
C. 只能是单个文件的
D. 只能是程序文件和文档文件的

63. 以下关于 Windows 10 快捷方式的说法,正确的是(   )。
A. 一个快捷方式可指向多个目标对象
B. 删除快捷方式时并不删除快捷方式所指向的对象
C. 不允许为快捷方式建立快捷方式
D. 删除快捷方式将连同所指向的对象一并删除

64. 在 Windows 10 的“文件资源管理器”窗口的“查看”选项卡中,选择“排序方式”下拉菜单中的“大小”命令,则文件夹中的文件将按(   )排列。
A. 文件名大小
B. 扩展名大小
C. 文件大小
D. 建立或最近一次修改的时间大小

65. 在 Windows 10 中,选择连续的对象,可按住(   )键,单击第一个对象,然后单击最后一个对象。
A.【Shift】
B.【Alt】
C.【Ctrl】
D.【Tab】

66. 在 Windows 10 的“文件资源管理器”窗口中,若希望显示文件的名称、类型、大小等信息,则应该选择“查看”选项卡中的(   )命令。
A.“列表”
B.“大图标”
C.“小图标”
D.“详细信息”

67. 在 Windows 10 的“文件资源管理器”窗口中,下列创建新文件夹的操作中,错误的是(   )。
A. 在内容窗格的空白区域右击,在弹出的快捷菜单中选择“新建”→“文件夹”命令
B. 单击“主页”选项卡中的“新建文件夹”按钮
C. 选择“主页”选项卡“新建项目”下拉菜单中的“文件夹”命令
D. 在“开始”菜单的“Windows 系统”中,选择“命令提示符”命令,再执行 MD 命令

68. 在 Windows 10 中进行文件操作时,若连续进行了多次剪切操作,则剪贴板中存放的是(   )。
A. 空白
B. 所有剪切过的内容
C. 最后一次剪切的内容
D. 第一次剪切的内容

69. 在 Windows 10 中，为了将 U 盘上选定的文件移动到硬盘上，正确的操作是（　　）。

A. 用鼠标左键拖动后，从弹出的快捷菜单中选择“移动到当前位置”命令

B. 用鼠标右键拖动后，从弹出的快捷菜单中选择“移动到当前位置”命令

C. 按住【Ctrl】键，再用鼠标左键拖动

D. 按住【Alt】键，再用鼠标右键拖动

70. 按下鼠标右键并在同一驱动器的不同文件夹内拖动某一对象时，不可能得到的结果是（　　）。

A. 移动该对象　　B. 复制该对象

C. 在目标文件夹内创建快捷方式　　D. 删除该对象

71. 在 Windows 10 的“文件资源管理器”窗口中，若已选定硬盘上的文件或文件夹，并按了【Delete】键，以及单击了“确定”按钮，则该文件或文件夹将（　　）。

A. 被删除并放入回收站　　B. 不被删除也不放入回收站

C. 被删除但不放入回收站　　D. 不被删除但放入回收站

72. 在 Windows 10 中，当文件错误操作而被删除时，在回收站中对该文件进行操作时，以下叙述中错误的是（　　）。

A. 右击文件后，在弹出的快捷菜单中选择“还原”命令

B. 不能还原

C. 右击文件后，在弹出的快捷菜单中选择“删除”命令

D. 右击文件后，在弹出的快捷菜单中选择“属性”命令

73. 在 Windows 10 中，以下说法不正确的是（　　）。

A. 可以调整回收站的容量

B. 回收站的容量等于硬盘的容量

C. U 盘上的文件可以被直接删除而不会放入回收站

D. 硬盘上的文件可以被直接删除而无须放入回收站

74. 在 Windows 10 中不能更改文件名的操作是（　　）。

A. 右击文件名，然后在弹出的快捷菜单中选择“重命名”命令，输入新文件名后按【Enter】键

B. 选定文件后，单击文件名，输入新文件名按【Enter】键

C. 单击文件名，然后在“主页”选项卡中选择“重命名”命令，输入新文件名后按【Enter】键

D. 双击文件名，然后选择“重命名”命令，输入新文件名后按【Enter】键

75. 在主机上新接一台打印机，使用前必须为该打印机安装（　　）方可使用。

A. 打印纸　　B. 驱动程序

C. 打印文件　　D. “菜单”命令

76. 如果键盘上（　　）的指示灯亮着，则表示此时输入的是英文的大写字母。

A.【NumLock】键　　B.【CapsLock】键

C.【Scroll Lock】键　　D. 以上都不对

77. 在计算机的日常维护中，对磁盘应定期进行碎片整理，其主要目的是（　　）。

A. 提高计算机的读写速度　　B. 防止数据丢失

C. 增加磁盘的可用空间　　D. 提高磁盘的利用率

78. 在 Windows 10 中，下列描述正确的是（　　）。

A. 回收站和剪贴板一样，是内存中的一块区域

B. 桌面上的图标,不能按用户的意愿重新排列

C. 只有活动窗口才能进行移动、改变大小等操作

D. 一旦屏幕保护开始,原来在屏幕上的当前窗口就关闭了

79. 以下不属于 Windows 10 的附件的有(　　)。

A. 画图　　B. 写字板

C. 记事本　　D. 性能监视器

80. Windows 10 中的写字板和记事本最主要的区别是(　　)。

A. 前者中能输入汉字,后者不能

B. 前者能进行文档打印,后者不能

C. 前者用于编辑简单格式文档,后者用于编辑纯文本文件

D. 前者用于编辑纯文本文件,后者用于编辑简单格式文档

参考答案

1～5	CDDAA	6～10	BDCCD	11～15	ACDAC	16～20	DDCAC
21～25	AABDD	26～30	CCBCB	31～35	CDDAD	36～40	BCCBA
41～45	ABACA	46～50	BDDBC	51～55	ABBCB	56～60	BACAA
61～65	CABCA	66～70	DDCBD	71～75	ABBDB	76～80	BACDC

习题 3

Word 2019 文字处理

1. Word 2019 是一种(　　)。

A. 操作系统　　B. 文字处理软件

C. 多媒体制作软件　　D. 网络浏览器

2. 以下扩展名中，不属于 Word 文档扩展名的是(　　)。

A. docx　　B. doc　　C. dot　　D. dat

3. 通常情况下，下列不能启动 Word 的操作是(　　)。

A. 双击 Windows 桌面上的 Word 快捷方式

B. 选择“开始”菜单中的“Word”命令

C. 在 Windows 的“文件资源管理器”窗口中双击 Word 文档名

D. 单击 Windows 桌面上的 Word 文档名

4. 在 Word 窗口中，进行最小化操作(　　)。

A. 会将指定的文档关闭

B. 会关闭文档及其窗口

C. 不会关闭文档的窗口和文档

D. 会将指定的文档从外存中读入，并显示出来

5. 在 Word 窗口界面的组成中，不属于窗口元素的是(　　)。

A. 选项卡　　B. 任务栏

C. 状态栏　　D. 快速访问工具栏

6. 下面关于 Word 标题栏的描述中，错误的是(　　)。

A. 双击标题栏，可将非最大化窗口最大化

B. 拖曳标题栏，可将最大化窗口还原并拖到新位置

C. 拖曳标题栏，可将非最大化窗口拖到新位置

D. 双击标题栏，不可将最大化窗口还原

7. Word 文档窗口中“文件”选项卡的“最近使用”对应的文件是(　　)。

A. 当前被操作的文件　　B. 当前已经打开的 Word 文件

C. 最近被操作过的 Word 文件　　D. 扩展名是 docx 的所有文件

8. 在 Word 编辑状态下，能设定文档行间距的按钮位于(　　)中。

A. “文件”选项卡　　B. “开始”选项卡

C. “插入”选项卡　　D. “页面布局”选项卡

9. 在 Word 的“打印”窗口中“页面范围”下的“当前页”专指(　　)。

A. 当前插入点所在的页　　B. 当前窗口显示的页

C. 第一页　　D. 最后一页

10. 在 Word 中，页眉和页脚的默认作用范围是(　　)。

A. 全文　　B. 节　　C. 页　　D. 段

11. 在 Word 中，可以很直观地改变段落的缩进方式，调整左、右边界和改变表格的行高和列宽，应该利用(　　)。

A. 字体　　B. 样式　　C. 标尺　　D. 编辑

12. 在 Word 文档中，有一个段落的最后一行只有一个字符，想把该字符合并到上一行，下述方法中无法达到该目的的是(　　)。

A. 减少页的左、右边距　　B. 减小该段落的字体的字号

C. 减小该段落的字间距　　D. 减小该段落的行间距

13. 在 Word 中，下述关于分栏操作的描述中，正确的是(　　)。

A. 可以将指定的段落分成指定宽度的两栏　　B. 任何视图下均可看到分栏效果

C. 设置的各栏宽度和间距与页面宽度无关　　D. 栏与栏之间不可以设置分隔线

14. 在 Word 编辑状态下，文档窗口显示了标尺，拖动水平标尺上边缘的“首行缩进”滑块，则(　　)。

A. 文档中各段落的首行起始位置都将重新确定

B. 文档中被选择的各段落首行的起始位置都将重新确定

C. 文档中各行的起始位置都将重新确定

D. 插入点所在行的起始位置将重新确定

15. 要设置行距小于单倍行距，需要选择(　　)再输入磅值。

A. 两倍　　B. 单倍　　C. 固定值　　D. 最小值

16. 在 Word 编辑状态下，撤销上一次操作的组合键是(　　)。

A.【Ctrl+H】　　B.【Ctrl+Z】　　C.【Ctrl+Y】　　D.【Ctrl+U】

17. 在 Word 编辑状态下，重复上一次操作的组合键是(　　)。

A.【Ctrl+Y】　　B.【Ctrl+Z】　　C.【Ctrl+B】　　D.【Ctrl+U】

18. 在 Word 中编辑文档时，为了使文档更清晰，可以对页眉和页脚进行编辑，如输入时间、日期、页码、文字等，但要注意的是，页眉和页脚只允许在(　　)中使用。

A. 大纲视图　　B. Web 版式视图

C. 页面视图　　D. 以上都不对

19. 在 Word 中，各级标题层次分明的是(　　)。

A. 草稿视图　　B. Web 版式视图

C. 页面视图　　D. 大纲视图

20. 在 Word 编辑状态下，当前正编辑一个新建文档“文档 1”，当执行“文件”选项卡中的“保存”命令后(　　)。

A. “文档 1”被存盘　　B. 弹出“另存为”对话框，供进一步操作

C. 自动以“文档 1”为名存盘　　D. 不能以“文档 1”为名存盘

21. 在 Word 文档中，可以使被选定的文字内容看上去像使用荧光笔做了标记一样。此效果是使用了 Word 的(　　)功能。

A.“字体颜色”　B.“突出显示”　C.“字符底纹”　D.“文字效果”

22. 在文本选定栏三击，可选定（　　）。

A. 一句　B. 一行　C. 一段　D. 整个文档

23. 修改 Word 文档时，要在输入新的文字的同时替换原有文字，最简便的操作是（　　）。

A. 直接输入新内容

B. 选定需替换的内容，直接输入新内容

C. 先按【Delete】键删除需替换的内容，再输入新内容

D. 无法同时实现

24. 在 Word 文档中，通过“查找和替换”对话框查找任意字母，在“查找内容”文本框中使用符号（　　）表示匹配任意字母。

A. ^#　B. ^$　C. ^&　D. ^*

25. 在 Word 文档中，通过“查找和替换”对话框查找任意数字，在“查找内容”文本框中使用符号（　　）表示匹配 0～9 的数字。

A. ^#　B. ^$　C. ^&　D. ^*

26. 在 Word 文档中，调整图片色调是通过“图片工具”→“格式”选项卡功能区中的“颜色”按钮完成的。“图片工具”→“格式”选项卡是通过（　　）出现的。

A.“选项”设置　B. 系统设置

C. 添加选项卡　D. 选定图片后，系统中自动

27. 一张完整的图片，文字仅出现在图片的上方位置和下方位置，这是由于（　　）。

A. 图片浮于文字上方　B. 图片为紧密型环绕

C. 图片为四周型环绕　D. 图片为嵌入型环绕

28. 在 Word 编辑状态下，设置了由多个行和列组成的表格。如果选定其中的一个单元格，再按【Delete】键，则（　　）。

A. 删除该单元格所在的行　B. 删除该单元格的内容

C. 删除该单元格，右方单元格左移　D. 删除该单元格，下方单元格上移

29. 在 Word 中，欲删除刚输入的汉字“王”，错误的操作是（　　）。

A. 单击“快速访问工具栏”中的“撤销”按钮　B. 直接按【Ctrl+Z】组合键

C. 直接按【Backspace】键　D. 直接按【Delete】键

30. 在 Word 中，用搜狗拼音输入法编辑 Word 文档时，如果需要进行中/英文切换，则可以按（　　）组合键。

A.【Shift+空格】　B.【Ctrl+Alt】

C.【Ctrl+.】　D.【Ctrl+空格】(或【Ctrl+Space】)

31. 在 Word 编辑状态下，使插入点快速移动到文档末尾的操作是（　　）。

A. 按【Home】键　B. 按【Ctrl+End】组合键

C. 按【Alt+End】组合键　D. 按【Ctrl+Home】组合键

32. 在 Word 中，将整篇文档的内容全部选定，可以使用的快捷键是（　　）。

A.【Ctrl+X】　B.【Ctrl+C】　C.【Ctrl+V】　D.【Ctrl+A】

33. 在 Word 中，下列描述正确的是（　　）。

A. 不能将“职称”替换为“zhicheng”，因为一个是中文，一个是英文字符串

B. 不能将“职称”替换为“中级职称”，因为它们的字符长度不相等

C. 能够将“职称”替换为“中级职称”，因为替换长度不必相等

D. 不可以将含空格的字符串替换为无空格的字符串

34. 在 Word 文档中插入数学公式，在“插入”选项卡中应单击的是(　　)按钮。

A. 符号　　B. 图片　　C. 形状　　D. 公式

35. 在 Word 编辑状态下，如果要输入希腊字母 Ω，则需要使用的选项卡是(　　)。

A. 引用　　B. 插入　　C. 开始　　D. 视图

36. 下面关于 Word 中字号的说法，错误的是(　　)。

A. 字号是用来表示文字大小的　　B. 默认字号是五号

C. 24 磅字比 20 磅字大　　D. 六号字比五号字大

37. 在 Word 编辑状态下，要将另一文档的内容全部添加在当前文档的当前插入点处，应选择的操作是(　　)。

A. 选择“文件”选项卡的“打开”命令　　B. 选择“文件”选项卡的“新建”命令

C. 单击“插入”选项卡的“对象”按钮　　D. 选择“文件”选项卡的“超链接”命令

38. 在 Word 中，下面关于页眉和页脚的描述，错误的是(　　)。

A. 一般情况下，页眉和页脚适用于整个文档

B. 在编辑页眉和页脚时，可同时插入时间和日期

C. 在页眉和页脚中可以设置页码

D. 可以一次性为文档的每一页设置不同的页眉和页脚

39. 在 Word 中，下列有关域的描述中，正确的是(　　)。

A. 文档中使用域可以实现数据的自动更新和文档自动化

B. 域分为域代码和域结果，两者不能转换

C. 域一经使用便不能更新

D. Page 域用来统计文档中的总页数

40. 在 Word 编辑状态下，不可以进行的操作是(　　)。

A. 对选定的段落进行页眉和页脚设置　　B. 在选定的段落内进行查找和替换

C. 对选定的段落进行拼写和语法检查　　D. 对选定的段落进行字数统计

41. 在 Word 中，如果使用了项目符号或编号，则项目符号或编号在(　　)时会自动出现。

A. 每次按【Enter】键　　B. 该行文字输入完毕并按【Enter】键

C. 按【Tab】键　　D. 文字输入超过右边界

42. 在 Word 中若要设定打印纸张的大小，则可在(　　)进行。

A. “开始”选项卡的“段落”对话框中　　B. “开始”选项卡的“字体”对话框中

C. “页面布局”选项卡的“页面设置”对话框中　　D. 以上说法都不正确

43. 在 Word 中，可以把预先定义好的多种格式全部应用在选定的文字上的特殊格式称为(　　)。

A. 母版　　B. 项目符号

C. 样式　　D. 格式

44. 可以在 Word 表格中填入的信息(　　)。

A. 只限于文字形式　　B. 只限于数字形式

C. 可以是文字、数字和图形对象等　　D. 只限于文字和数字形式

45. 在 Word 中，如果插入表格的内、外框线是虚线，假如插入点在表格中，要想将框线变

为实线，应使用的是（　　）。

A.“开始”选项卡的“更改样式”命令

B.“表格工具”→“格式”选项卡“边框”组“边框”下拉菜单中的“边框和底纹”命令

C.“插入”选项卡的“形状”命令

D. 以上都不对

46. 在 Word 中，关于“套用内置表格样式”的用法，下列说法正确的是（　　）。

A. 可在生成新表时使用自动套用格式或在插入表格的基础上使用自动套用格式

B. 只能直接用自动套用格式生成表格

C. 每种自动套用格式已经固定，不能对其进行任何形式的更改

D. 在套用一种格式后，不能再将其更改为其他格式

47. 在 Word 中，表格和文本是可以互相转换的，有关它的操作，不正确的是（　　）。

A. 文本能转换成表格　　B. 表格能转换成文本

C. 文本与表格可以相互转换　　D. 文本与表格不能相互转换

48. 在 Word 表格中求某行数值的平均值，可使用的统计函数是（　　）。

A. SUM　　B. TOTAL　　C. COUNT　　D. AVERAGE

49. 在 Word 中，关于单元格的拆分与合并操作，下列描述正确的是（　　）。

A. 不可以将表格左右拆分成两张表格

B. 可以将同一行连续的若干个单元格合并为一个单元格

C. 不能将某一个单元格拆分为多行多列的多个单元格

D. 以上说法均不对

50. 在 Word 中，当在文档中插入图片对象后，可以通过设置图片的文字环绕方式进行图文混排，（　　）不是 Word 提供的文字环绕方式。

A. 四周型环绕　　B. 衬于文字下方

C. 嵌入型环绕　　D. 左右型环绕

51. 在 Word 编辑状态下绘制一张图形，首先应该选择（　　）。

A.“插入”选项卡的“图片”命令　　B.“插入”选项卡的“形状”命令

C.“插入”选项卡的“图表”命令　　D.“插入”选项卡的“文本框”命令

52. 在 Word 中，关于多个图形对象的说法，下列正确的是（　　）。

A. 可以进行“组合”图形对象操作，也可以进行“取消组合”操作

B. 既不可以进行“组合”图形对象操作，又不可以进行“取消组合”操作

C. 可以进行“组合”图形对象操作，但不可以进行“取消组合”操作

D. 以上说法都不正确

53. 在 Word 中，可以在文档的每页或某页上打印一种图形作为页面背景，这种特殊的文本效果被称为（　　）。

A. 图形　　B. 艺术字　　C. 底纹　　D. 水印

54. 在 Word 中，文本框（　　）。

A. 不可与文字叠放　　B. 文字环绕方式多于两种

C. 随着框内文本内容的增多而增大　　D. 文字环绕方式只有两种

55. 删除一个段落标记后，前、后两段文字将合并成一个段落，原段落内容所采用的编排格式是（　　）。

A. 删除后的标记确定的格式　　B. 后一段落的格式
C. 格式没有变化　　D. 与后一段落的格式无关

56. 人工加入硬分页符的组合键是(　　)。
A.【Shift+End】　　B.【Ctrl+End】
C.【Shift+Enter】　　D.【Ctrl+Enter】

57. 在 Word 文档(以 docx 为扩展名)中,要使文本环绕文本框产生图文混排的效果,应该(　　)。
A. 在快捷菜单中选择“设置对象格式”命令　　B. 在快捷菜单中选择“大小和位置”命令
C. 在快捷菜单中选择“其他布局选项”命令　　D. 在快捷菜单中选择“更改图片”命令

58. Word 具有多个文档窗口并排查看的功能,通过多窗口并排查看,可以对不同窗口中的内容进行比较。实现并排查看窗口的选项卡是(　　)。
A. “引用”选项卡　　B. “开始”选项卡
C. “视图”选项卡　　D. “插入”选项卡

59. 在 Word 表格编辑中,当合并的单元格都有文本时,合并后会产生(　　)结果。
A. 原来的单元格中的文本将各自成为一个段落
B. 原来的单元格中的文本将合并成一个段落
C. 全部删除
D. 以上都不是

60. 在 Word 文档的编辑过程中,输入文本时插入软回车符的组合键是(　　)。
A.【Shift+Enter】　　B.【Ctrl+Enter】
C.【Alt+Enter】　　D.【Enter】

61. 在 Word 文档的编辑过程中,有关批注与修订的描述,下列正确的是(　　)。
A. 批注用于修改文档中的内容,而修订则为文档添加注释内容
B. 修订会记录对文档所做的各种编辑操作,而批注仅给出注释内容
C. 同一文档只能被一个审阅者添加批注或修订
D. 批注及修订内容不能被删除

62. 在 Word 文档的编辑过程中,从插入点开始选定到文档结尾,组合键是(　　)。
A.【Shift+↑】　　B.【Shift+↓】
C.【Ctrl+Shift+Home】　　D.【Ctrl+Shift+End】

63. 为保证一张图片固定在某一段的后面,而不会因为前面段落的删除而改变位置,应设置图片为(　　)格式。
A. 紧密型环绕　　B. 四周型环绕　　C. 嵌入型环绕　　D. 穿越型环绕

64. 在 Word 中,有关文档主题的描述,下列正确的是(　　)。
A. 文档主题是一组具有统一外观的格式选项,用户使用主题后不能再修改格式
B. 用户能创建主题颜色
C. 用户能创建主题字体,用户使用主题字体后不能再修改
D. 用户能创建主题效果

65. 关于页眉和页脚的描述,下列正确的是(　　)。
A. 页眉线就是下划线　　B. 插入的页码可以自动更新
C. 插入的对象在每页中都可见　　D. 页码可以直接输入

66. 在设定纸张大小时，要调整每页行数和每行字数，是通过“页面设置”对话框中的（　　）选项卡进行设置的。

A. “页边距”　　B. “版式”　　C. “文档网格”　　D. “纸张”

67. 在 Word 中，按（　　）组合键和单击功能区中的“剪切”按钮的功能相同。

A.【Ctrl+C】　　B.【Ctrl+V】　　C.【Ctrl+X】　　D.【Ctrl+S】

68. 如果文档很长，那么用户可以用 Word 提供的（　　）功能，同时在两个窗口中滚动查看同一文档的不同部分。

A. 拆分窗口　　B. 滚动条　　C. 排列窗口　　D. 帮助

69. 在 Word 文档中，可以在页眉和页脚中插入各种图片，插入图片后只有在（　　）中才能看到该图片。

A. 大纲视图　　B. 页面视图　　C. 母版　　D. 阅读视图

70. 在 Word 编辑状态下，关于拆分表格的描述，下列正确的是（　　）。

A. 可以自主设定拆分的行、列数　　B. 只能将表格拆分为左、右两部分

C. 只能将表格拆分为上、下两部分　　D. 既可以按行拆分又可以按列拆分

71. 在 Word 中，要将第一段文本移到文档的最后，需要进行的操作是（　　）。

A. 复制、粘贴　　B. 剪切、粘贴

C. 粘贴、复制　　D. 粘贴、剪切

72. 在 Word 中，“格式刷”可用于复制文本或段落的格式，若要将选定的文本或段落格式重复应用多次，则最有效的操作方法是（　　）。

A. 单击“格式刷”按钮　　B. 双击“格式刷”按钮

C. 右击“格式刷”按钮　　D. 拖动“格式刷”按钮

73. 打印页码 2－5，10，12 表示打印的是（　　）。

A. 第 2 页，第 5 页，第 10 页，第 12 页　　B. 第 2～5 页，第 10～12 页

C. 第 2～5 页，第 10 页，第 12 页　　D. 第 2 页，第 5 页，第 10～12 页

74. 在 Word 编辑状态下，模式匹配查找中能使用的通配符是（　　）。

A. ＋和－　　B. $ 和，　　C. $ 和？　　D. / 和 $

75. 在 Word 中，有关文档封面的描述，下列正确的是（　　）。

A. 封面可放在文档的任意一个页面上　　B. 封面上不能有文本框

C. 封面位于文档的最前面　　D. 封面上的文字不能修改

76. 在 Word 中，如果在有文字的区域绘制一个矩形的文本框，则文字与文本框的位置关系是（　　）。

A. 文字不可能被覆盖　　B. 文字可能被覆盖

C. 文字自动环绕在文本框周围　　D. 文字浮于文本框之上

77. 关于 Word 的页码设置，以下描述错误的是（　　）。

A. 页码可以被插入页眉和页脚区域

B. 页码不可以被插入左、右页边距区域

C. 如果希望首页和其他页的页码不同，则必须设置“首页不同”

D. 文档分节后，可以在不同节中插入不同的页码格式

78. 关于大纲级别和内置样式的对应关系，以下说法正确的是（　　）。

A. 如果文字套用内置样式“正文”，则一定在大纲视图中显示为“正文文本”

B. 如果文字在大纲视图中显示为“正文文本”，则对应的样式一定为“正文”

C. 如果文字的大纲级别为 1 级，则被套用样式“标题 1”

D. 以上说法都不正确

79. 在 Word 文档中，关于导航窗格的描述，下列错误的是(　　)。

A. 能够浏览文档中的各级标题　　B. 不能够浏览文档中的各个页面

C. 能够浏览文档中的关键字和词　　D. 不能确定正文中的任意位置

80. 关于样式和样式库，以下描述正确的是(　　)。

A. “预设样式”库中显示的是用户常用的样式

B. 用户无法自行添加样式到“预设样式”库中

C. 不能修改“预设样式”库中的样式

D. “预设样式”库中的样式存储在模板中

81. 在 Word 中，如果要给每位家长发送一份《期末成绩通知单》，则使用(　　)命令。

A. 复制　　B. 信封

C. 标签　　D. 邮件合并

82. 如果要将某个新建样式应用到文档中，则(　　)无法完成样式的应用。

A. 直接应用“预设样式”库　　B. 使用“查找与替换”功能替换样式

C. 使用“格式刷”复制样式　　D. 直接应用“样式”任务窗格

83. 若文档被分为多个节，并在“页面设置”对话框的“布局”选项卡中将页眉和页脚设置为奇偶页不同，则以下关于页眉和页脚的说法，正确的是(　　)。

A. 文档中所有奇偶页的页眉必然都不相同

B. 文档中所有奇偶页的页眉可能都不相同

C. 每个节中奇数页页眉和偶数页页眉必然不相同

D. 每个节的奇数页页眉和偶数页页眉可以不相同

84. 通过设置内置标题样式，无法实现的功能是(　　)。

A. 自动生成题注编号　　B. 自动生成脚注编号

C. 自动显示文档结构　　D. 自动生成目录

85. 以下(　　)是可被包含在文档模板中的元素。

①样式　②快捷键　③页面设置信息　④宏

A. ①　　B. ①②　　C. ①②③　　D. ①②③④

86. (　　)不是 Word 的标准选项卡。

A. “审阅”选项卡　　B. “图表工具”选项卡

C. “开发工具”选项卡　　D. “布局”选项卡

87. 在 Word 中新建段落样式时，可以设置字体、段落、编号等多项样式属性，以下不属于样式属性的是(　　)。

A. 制表位　　B. 编号

C. 文本框　　D. 快捷键

88. 在 Word 中建立索引是通过标记索引项，在被索引内容旁插入域代码形式的索引项，再根据索引项所在的页码生成索引。与索引类似，(　　)对象不是通过标记引用项所在位置生成目录的。

A. 目录　　B. 书目　　C. 图目录　　D. 表目录

89. 在书籍杂志的排版中，为了将页边距根据页面的内侧、外侧进行设置，可将页面设置为（　　）。

A. 对称页边距　　B. 拼页

C. 书籍折页　　D. 反向书籍折页

90. 在同一个页面中，如果希望页面上半部分为一栏，下半部分为两栏，则应插入的分隔符号为（　　）。

A. 分页符　　B. 分栏符

C. 连续分节符　　D. 奇数页分节符

91. 在 Word 中，以下关于艺术字的说法，正确的是（　　）。

A. 右击编辑区，在弹出的快捷菜单中选择“艺术字”命令，可以完成艺术字的插入

B. 插入文本区中的艺术字不可以再更改文字内容

C. 可以像图片一样设置艺术字与文字的环绕关系

D. 在“艺术字”对话框中设置的线条色是指艺术字四周矩形方框的颜色

92. 在“表格属性”对话框中不可以设置（　　）。

A. 表格浮于文字之上　　B. 单元格中文字顶端对齐

C. 单元格中文字居中对齐　　D. 单元格中文字底端对齐

93. Word 不包括的功能是（　　）。

A. 编辑　　B. 排版　　C. 打印　　D. 编译

94. 在 Word 编辑状态下，插入图形并选择图形将自动出现“SmartArt 工具”→“格式”选项卡，插入图片并选择图片将自动出现“图片工具”→“格式”选项卡，下列关于它们的功能区的说法，错误的是（　　）。

A. “SmartArt 工具”选项卡的功能区不提供图形环绕功能，而“图片工具”选项卡的功能区提供该功能

B. “SmartArt 工具”选项卡的功能区提供图形环绕功能，而“图片工具”选项卡的功能区不提供该功能

C. “SmartArt 工具”选项卡的功能区不提供图形环绕功能，“图片工具”选项卡的功能区也不提供该功能

D. “SmartArt 工具”选项卡的功能区提供图形环绕功能，“图片工具”选项卡的功能区也提供该功能

95. 在 Word 中选定图形的方法是（　　），此时出现“SmartArt 工具”选项卡。

A. 按【F2】功能键　　B. 双击图形

C. 单击图形　　D. 按【Shift】键

96. 在 Word 中，通常为对象建立题注，除了（　　）以外。

A. 图形　　B. 表格　　C. 公式　　D. 文本

97. 在 Word 中，对于长文档的格式，包括字符格式和段落格式的设置，若要使用统一格式，则最佳方法是采用（　　）。

A. 一段接一段地分别设置　　B. 使用“查找和替换”功能

C. 样式　　D. 使用“复制”及“粘贴”功能

98. 在 Word 中，关于“查找”功能，以下说法正确的是（　　）。

A. 导航窗格中不能实现“查找”功能

B. 仅能一个接一个地查找

C. 仅能通过“查找和替换”对话框实现“查找”功能

D. 既可以一个接一个地查找，也可以一次性地查找并显示查找结果

99. 在 Word 中，对于表格边框线，以下说法正确的是(　　)。

A. 表格内、外边框线的粗细需一致　　B. 表格边框线必须存在

C. 表格各行、各列边框线可单独设置　　D. 表格边框线的颜色需一致

100. “打印预览”命令在(　　)中。

A. “插入”选项卡　　B. “引用”选项卡　　C. “文件”选项卡　　D. “视图”选项卡

参考答案

1～5	BDDCB	6～10	DCBAB	11～15	CDABC	16～20	BACDB
21～25	BDBBA	26～30	DDBDD	31～35	BDCDB	36～40	DCDAA
41～45	BCCCB	46～50	ADDBD	51～55	BADBD	56～60	DCCAA
61～65	BDCBB	66～70	CCABC	71～75	BBCCC	76～80	BBDBA
81～85	DBDBD	86～90	BCBAC	91～95	CADDC	96～100	DCDCC

习题 4

Excel 2019 电子表格处理

1. 新建工作簿文件后，默认第一个工作簿的名称是(　　)。

A. 工作簿　　B. 表　　C. 工作簿 1　　D. 表 1

2. Excel 2019 工作簿文件的扩展名默认为(　　)。

A. docx　　B. txt　　C. xlsx　　D. dbf

3. 在选择单元格时，按住(　　)键的同时拖动鼠标，可以选定不连续单元格。

A.【Shift】　　B.【Ctrl】　　C.【Alt】　　D. 以上都不对

4. 在数值单元格中出现一连串的“＃＃＃”符号，若希望正常显示数值，则需要(　　)。

A. 重新输入数据　　B. 调整单元格的宽度

C. 删除这些符号　　D. 删除该单元格

5. Excel 中，在单元格中输入公式后，单击编辑栏的“√”按钮表示(　　)操作。

A. 取消　　B. 确认　　C. 函数向导　　D. 拼写检查

6. 在 Excel 操作中，将插入点移到 AB220 单元格最简单的方法是(　　)。

A. 拖动滚动条

B. 按【Ctrl＋AB220】组合键

C. 在名称框中输入 AB220 后按【Enter】键

D. 按【Ctrl＋→】组合键移到 AB 列，然后按【Ctrl＋↓】组合键移到 220 行

7. 输入能直接显示“1/2”的数据是(　　)。

A. 1/2　　B. 0 1/2　　C. 0.5　　D. 2/4

8. 如果在某单元格中输入公式“＝"计算机文化"&"Excel"”，则结果为(　　)。

A. 计算机文化 &Excel　　B. “计算机文化”&“Excel”

C. 计算机文化 Excel　　D. 以上都不对

9. 一个单元格内容的最大长度为(　　)个字符。

A. 64　　B. 128　　C. 225　　D. 256

10. 在数据升序排列中，(　　)。

A. 逻辑值 FALSE 排在 TRUE 之前

B. 逻辑值 FALSE 排在 TRUE 之后

C. 逻辑值 FALSE 和 TRUE 分不出前后

D. 逻辑值 FALSE 和 TRUE 保持原来的次序

11. 在 Excel 中，设置两个排序条件的目的是(　　)。

A. 第一排序条件完全相同的记录以第二排序条件确定记录的顺序

B. 记录的排序必须同时满足这两个条件

C. 记录的排序必须符合这两个条件之一

D. 根据两个排序条件成立与否,再确定是否对数据表进行排序

12. 在"页面布局"选项卡中,能够实现的功能是(　　)。

A. 设置页边距　　B. 插入图片　　C. 合并居中　　D. 高级筛选

13. 在 Excel 工作表的单元格中,系统默认的数据对齐方式是(　　)。

A. 数值数据左对齐,文本数据右对齐　　B. 数值数据右对齐,文本数据左对齐

C. 数值数据、文本数据均为右对齐　　D. 数值数据、文本数据均为左对齐

14. 某区域是由 A1、A2、A3、B1、B2、B3 六个单元格组成,不能使用的区域标识是(　　)。

A. A1:B3　　B. B3:A1　　C. A3:B1　　D. A1:B1

15. 在 Excel 中,错误值总是以(　　)开头的。

A. $　　B. #　　C. ∧　　D. &

16. 假设 B1 单元格中为文本"#",B2 单元格中为数字"3",则 COUNT(B1:B2)等于(　　)。

A. 103　　B. 100　　C. 3　　D. 1

17. 在 Excel 中,公式"=MID("计算机应用 ABC",3,6)"的返回值是(　　)。

A. 算机应用 ABC　　B. 机应用 ABC　　C. 算机应　　D. 机应用

18. 在 Excel 中,双击图表标题将调出(　　)。

A. "设置坐标轴格式"任务窗格　　B. "设置坐标轴标题格式"任务窗格

C. "改变字体"任务窗格　　D. "设置图表标题格式"任务窗格

19. 为了区别"数字"与"数字字符串"数据,Excel 要求在输入项前添加(　　)符号来确认。

A. "　　B. ′　　C. #　　D. @

20. 要对工作表重命名,可以(　　)。

A. 单击工作表标签　　B. 双击工作表标签

C. 单击表格标题行　　D. 双击表格标题行

21. 工作表的 G2:25 单元格区域存有总分,要按总分确定每个学生的名次,下列公式正确的是(　　)

A. =RANK. EQ(G2,G2:G25)　　B. =RANK. EQ(G$2,G2:G25)

C. =RANK. EQ(G$2,G$2:G$25)　　D. =RANK. EQ(G2,G$2:G$25)

22. 准备在一个单元格内输入一个公式,应先输入先导符号(　　)。

A. $　　B. >　　C. <　　D. =

23. 绝对地址在被复制或移动到其他单元格时,其单元格地址(　　)。

A. 不会改变　　B. 部分改变　　C. 发生改变　　D. 不能复制

24. 利用鼠标拖放移动数据时,若出现"是否替换目标单元格内容?"的提示框,则说明(　　)。

A. 目标区域尚为空白　　B. 不能用鼠标拖放移动数据

C. 目标区域已经有数据　　D. 不能移动数据

25. 要在当前工作表(Sheet1)的 A2 单元格中引用另一张工作表(Sheet4)中 A2 到 A7 单元格的和,在当前工作表的 A2 单元格中输入的公式应为(　　)。

A. =SUM(Sheet!A2:A7)　　B. =SUM(Sheet4!A2:Sheet4!A7)

C. =SUM((Sheet4)A2:A7)　　D. =SUM((Sheet4)A2:(Sheet4)A7)

26. 在 Excel 中，在 A1 单元格中输入公式“=1>2”后，A1 单元格的值为(　　)。

A. 1>2　　B. =1>2　　C. TRUE　　D. FALSE

27. 在 Excel 中，假设在 A1、A2、A3、A4 单元格中分别输入了“3”“星期三”“5x”“2018-9-13”，下列可以进行计算的公式是(　　)。

A. =A1+A2　　B. =A2+1

C. =A3+6x+1　　D. =A4&10

28. 已知 A1 单元格中的公式为“=AVERAGE(B1:F6)”，将 B 列删除之后，A1 单元格中的公式将调整为(　　)。

A. =AVERAGE(#REF!)　　B. =AVERAGE(C1:F6)

C. =AVERAGE(B1:E6)　　D. =AVERAGE(B1:F6)

29. Excel 中操作的最小单位是(　　)。

A. 工作簿　　B. 工作表　　C. 行　　D. 单元格

30. Excel 工作表中 A2:C4 区域的单元格共有(　　)个。

A. 3　　B. 6　　C. 9　　D. 12

31. 在 Excel 中，设定 A1 单元格的数字格式为“整数”，当输入“33.51”时，显示为(　　)。

A. 33.51　　B. 33　　C. 34　　D. ERROR

32. 删除单元格与清除单元格(　　)。

A. 不一样　　B. 一样

C. 不确定　　D. 视单元格内容而定

33. 在编辑工作表时，将第 3 行隐藏起来，编辑后打印该工作表时，对第 3 行的处理是(　　)。

A. 打印第 3 行　　B. 不打印第 3 行

C. 不确定　　D. 以上都不对

34. 如果某个单元格中的公式为“=$D2”，这里的$D2 属于(　　)引用。

A. 绝对　　B. 相对

C. 列绝对、行相对的混合　　D. 列相对、行绝对的混合

35. 在 Excel 工作表的某个单元格中输入 6-2，则该单元格显示的值是(　　)。

A. 4　　B. 6-2　　C. 6 月 2 日　　D. #VALUE!

36. 已知单元格 A1 的内容为 100，下列属于合法的数值型数据的是(　　)。

A. 2*[3+(2-1)]　　B. -5A1+1

C. [(123+456)]/2　　D. =3*(A1+1)

37. 若 A1 单元格的字符串是“北京大学”，A2 单元格的字符串是“计算机系”，希望在 A3 单元格中显示“北京大学计算机系招生情况表”，则应在 A3 单元格中输入(　　)。

A. =A1&A2&"招生情况表"　　B. =A2&A1&"招生情况表"

C. =A1+A2+"招生情况表"　　D. =A1 - A2 - "招生情况表"

38. Excel 提供了工作表窗口拆分的功能，要拆分工作表，只要(　　)，然后拖动鼠标到自己满意的位置即可。

A. 选择“视图”选项卡中的“新建窗口”命令　　B. 选择“视图”选项卡中的“重排窗口”命令

C. 选择“视图”选项卡中的“拆分窗口”命令　　D. 选择“视图”选项卡中的“冻结窗格”命令

39. 在 Excel 工作表中，要在当前行的上一行插入一行，应选择(　　)选项卡。

A. “插入”　　B. “开始”　　C. “数据”　　D. “视图”

40. 在“开始”选项卡中不能实现的操作是(　　)

A. 设置单元格格式　　B. 设置行高或列宽

C. 设置页边距　　D. 设置条件格式

41. 使用 Excel 的“数据筛选”功能，是将(　　)。

A. 满足条件的记录显示出来，并删除不满足条件的数据

B. 不满足条件的记录暂时隐藏起来，只显示满足条件的数据

C. 不满足条件的数据用另外一张工作表保存

D. 满足条件的数据突出显示

42. 在 Excel 中，在单元格中输入数据后，如果要修改输入的数据，则需要(　　)。

A. 按光标移动键　　B. 按【Backspace】键

C. 双击鼠标左键　　D. 单击编辑栏的“＝”按钮

43. 在 Excel 操作中，假设在 B5 单元格中存有函数 SUM(B2:B4)，将其复制到 D5 单元格中后，函数将变成(　　)。

A. SUM(B2:B4)　　B. SUM(B2:D4)　　C. SUM(D2:D4)　　D. SUM(D2:B4)

44. Excel 工作表的单元格的存储内容与显示内容之间的关系不可能是(　　)。

A. 存储计算公式，也显示计算公式　　B. 存储数值，也显示数值

C. 存储计算公式，显示运算结果　　D. 存储运算结果，显示计算公式

45. 在 Excel 中打印学生成绩单时，要想对不及格学生的成绩用醒目的方式表示，当要处理大量的学生成绩时，最方便的命令是(　　)。

A. 查找　　B. 条件格式　　C. 数据筛选　　D. 定位

46. 在 Excel 中，选择“开始”选项卡的“单元格”下拉菜单中的“清除”命令不能实现的是(　　)。

A. 删除指定单元格　　B. 清除指定单元格的格式

C. 删除指定单元格的内容　　D. 清除指定单元格的批注

47. Excel 工作表中，设 A2 单元格的数据是 9，B2 单元格的数据是 7，先选择 A2:B2 单元格区域，再将鼠标指针放在该区域右下角的填充柄上，拖到 E2 单元格，则 E2 单元格中的数据为(　　)。

A. 5　　B. 1　　C. 9　　D. 7

48. 改变单元格的背景颜色的快速操作是(　　)，在调色板中单击要使用的颜色。

A. 单击“开始”选项卡的“字体颜色”按钮

B. 单击“开始”选项卡的“填充颜色”按钮

C. 选定该单元格，单击“开始”选项卡的“字体颜色”按钮

D. 选定该单元格，单击“开始”选项卡的“填充颜色”按钮

49. 如果要将工作表移到其他工作簿中，只要(　　)即可。

A. 右击工作表标签，在弹出的快捷菜单中选择“移动或复制工作表”命令，在弹出的对话框中选择需要移动到的工作簿名称

B. 选中工作表标签并将其复制到剪贴板上，再打开其他工作簿进行粘贴

C. 选中工作表标签，拖动的同时按住【Ctrl】键

D. 在 Windows 的"文件资源管理器"窗口中进行

50. 工作表被保护后，该工作表中锁定的单元格的内容(　　)。

A. 可以被修改　　B. 不可以被修改和删除

C. 可以被复制、填充　　D. 可以被移动

51. 在 Excel 中，在某单元格中输入公式"＝SUM(B2:B3,D2:E2)"时，其功能等同于输入公式(　　)。

A. ＝B2＋B3＋C2＋C3＋D2＋E2　　B. ＝B2＋B3＋D2＋D3＋E2

C. ＝B2＋B3＋D2＋E2　　D. ＝B2＋B3＋C2＋D2＋E2

52. 在 Excel 工作表中，已知 A1 单元格中有公式"＝B1＋C1"，将 B1 单元格复制到 D1 单元格，将 C1 单元格移动到 E1 单元格，则 A1 单元格中的公式调整为(　　)。

A. ＝B1＋C1　　B. ＝B1＋E1　　C. ＝D1＋C1　　D. ＝D1＋E1

53. 在 Excel 工作表中，已知 B1 单元格中有公式"＝D2＋＄E3"，在 D 列和 E 列之间插入一个空列，在第 2 行和第 3 行之间插入一个空行，则 B1 单元格中的公式调整为(　　)。

A. ＝D2＋＄E2　　B. ＝D2＋＄F2　　C. ＝D2＋＄E4　　D. ＝D2＋＄F4

54. 在 Excel 工作表中，正确表示 IF 函数的表达式是(　　)。

A. IF("平均成绩"＞60,"及格","不及格")　　B. IF(E2＞60,"及格","不及格")

C. IF(F2＞60、及格、不及格)　　D. IF(E2＞60,及格,不及格)

55. 在 Excel 中，将 L2 单元格中的公式"＝SUM(C1:K3)"复制到 L3 单元格中，L3 单元格中显示的公式为(　　)。

A. ＝SUM(C2:K2)　　B. ＝SUM(C2:K4)

C. ＝SUM(C2:K3)　　D. ＝SUM(C3:K2)

56. 在 Excel 工作表中，在 B1:J1 和 A2:A10 单元格区域中分别输入数值 1～9 作为乘数，在 B2:J10 单元格区域中存放乘积。在 B2 单元格中输入公式(　　)，然后将该公式复制到 B2:J10 单元格区域中，便可形成一个九九乘法表。

A. ＝＄B1＊＄A2　　B. ＝＄B1＊A＄2　　C. ＝B＄1＊＄A2　　D. ＝B＄1＊A＄2

57. 在向 Excel 工作表的单元格中输入公式进行运算时，运算符有优先顺序，下列说法错误的是(　　)。

A. 百分比优先于乘方　　B. 乘和除优先于加和减

C. 字符串连接优先于关系运算　　D. 乘方优先于负号

58. 某单位有 150 名职工，现按工资发放补贴，工资 800(含)元以上的补贴 200 元；工资 800 元以下的补贴 300 元。在工作表中有如下数据，为了计算每名职工的补贴，应先在 C2 单元格中输入公式(　　)，然后将公式复制到 C3:C151 单元格区域。

	A	B	C
1	姓名	工资	补贴
2	王明	850	
3	李方	780	
4	赵元	630	
5	…	…	

A. ＝IF(工资＞800,300,200)　　B. ＝IF(工资＜800,200,300)

C. ＝IF(B2＞800,300,200)　　D. ＝IF(B2＜800,300,200)

59. 在 Excel 中，若要将光标移动到下一张工作表的位置，可按（　　）键。

A.【PageUp】　　B.【PageDown】

C.【Ctrl＋PageUp】　　D.【Ctrl＋PageDown】

60. 在 Excel 工作表中，已知 B3 单元格的数值为 20，若在 C3 单元格中输入公式“＝B3＋8”，在 D4 单元格中输入公式“＝＄B3＋8”，则（　　）。

A. C3 单元格与 D4 单元格的值均为 28

B. C3 单元格的值不能确定，D4 单元格的值为 8

C. C3 单元格的值不能确定，D4 单元格的值为 28

D. C3 单元格的值为 20，D4 单元格的值不能确定

61. 在 Excel 中，若在 A2 单元格中输入“＝56＞＝57”，则显示结果为（　　）。

A. 56＜57　　B. ＝56＜57　　C. TRUE　　D. FALSE

62. 在 Excel 中，公式“＝MID("ABABCDEF",5,2)”的结果是（　　）。

A. AB　　B. BA　　C. BC　　D. CD

63. 已知 B1 单元格中存放的值为“ABCDE”，B2 单元格中的公式为“＝LEFT(B1,2)”，则显示结果为（　　）。

A. AB　　B. BC　　C. CD　　D. DE

64. 已知 D1 单元格中有公式“＝A1＋B2＋＄C1”，若将 D1 单元格中的公式复制到 E4 单元格中，则 E4 单元格中的公式为（　　）。

A. ＝A4＋B4＋＄C4　　B. ＝B4＋C4＋＄D4　　C. ＝B4＋C5＋＄C4　　D. ＝A4＋B4＋C4

65. 在 Excel 中，已知 B1 单元格中的公式为“＝AVERAGE(C1:F6)”，C1 单元格的值为 1，在 D4 单元格处插入一行，同时删除一列，则 B1 单元格中的公式变成（　　）。

A. ＝AVERAGE(C1:F7)　　B. ＝AVERAGE(C1:E7)

C. ＝AVERAGE(C1:F6)　　D. ＝AVERAGE(C1:G6)

66. 在 Excel 工作表中，B2 单元格中有公式“＝＄A＄1＋＄E4＋C＄3”，在 C 列和 D 列之间插入一列，在第 2 行与第 3 行之间插入一行，则 B2 单元格中的公式变成（　　）。

A. ＝＄A＄1＋＄F5＋C＄4　　B. ＝＄A＄1＋＄E＄5＋D＄3

C. ＝＄A＄1＋＄E5＋C＄3　　D. ＝＄A＄1＋＄F4＋C＄4

67. 在 Excel 中，公式“＝LEFT("ABCD 计算机应用",8)”的结果是（　　）。

A. ABCD 计算　　B. ABCD 计算机应

C. ABCD 计　　D. ABCD 计算机

68. 只需要复制某个单元格中的公式而不复制该单元格格式时，应该先右击该单元格，在弹出的快捷菜单中选择“复制”命令，再右击目标单元格，在弹出的快捷菜单中选择（　　）命令。

A.“选择性粘贴”　　B.“粘贴”　　C.“剪切”　　D. 以上命令都行

69. 在 Excel 中，当公式中出现被零除的现象时，产生的错误是（　　）。

A. ＃N/A!　　B. ＃DIV/0!　　C.. ＃NUM!　　D. ＃VALUE!

70. 在 Excel 中，运算符 & 表示（　　）。

A. 逻辑值的“与”运算　　B. 子字符串的比较运算

C. 数值型数据的无符号相加　　D. 字符型数据的连接

71. 在 A1 单元格中输入字符串“XYZ”，在 B1 单元格中输入数据 100，在 C1 单元格中输

入公式“=IF(AND(A1="XYZ",B1<100),B1+10,B1-10)”,则 C1 单元格的显示结果为(　　)。

A. 90　　B. B1-10　　C. 110　　D. B1+10

72. 若向 A1 单元格中输入公式“=IF(2+9/3>1+2*3,"对","错")”,则 A1 单元格的显示结果为(　　)。

A. 错　　B. 对　　C. #VALUE!　　D. #REF!

73. 若向 A1 单元格中输入公式“=MOD(8,3)”,则确认后 A1 单元格的显示结果为(　　)。

A. 4　　B. -4　　C. 2　　D. -2

74. 若 A1 单元格中已有数字常量 10,在 B1 单元格中输入货币数字 $34.50,在 C1 单元格中输入公式“=A1+B1”,确认后 C1 单元格中显示的结果为(　　)。

A. 44.50　　B. $44.50　　C. 0　　D. VALUE!

75. 在 Excel 中,设 A1 至 A4 单元格中的数值分别为 82、71、53、60,若在 A5 单元格中输入公式“=IF(AVERAGE(A$1:A$4)>=60,"及格","不及格")”,则 A5 单元格的显示结果是(　　)。

A. TRUE　　B. FALSE　　C. 及格　　D. 不及格

76. 当前工作表中有一学生情况数据表(包含学号、姓名、专业及 3 门课程成绩),如想查询各专业每门课程的平均分,以下最合适的方法是(　　)。

A. 建立数据透视表　　B. 筛选　　C. 排序　　D. 建立图表

77. 有关 Excel 嵌入式图表,下列描述正确的是(　　)。

A. 图表生成后不能移动位置

B. 图表生成后不能改变图表类型,如三维图表变二维图表

C. 修改表格数据后,相应的图表数据不随之变化

D. 生成图表后可以向图表中添加新的数据

78. 在数据图表中要增加图表标题,在激活图表的基础上,可以(　　)。

A. 选择“插入”→“添加元素”→“图表标题”命令

B. 选择“数据”→“添加元素”→“图表标题”命令

C. 选择“图表工具”→“添加元素”→“图表标题”命令

D. 用鼠标定位,直接输入

79. 若某单元格中的公式为“=IF("教授">"助教",TRUE,FALSE)”,则其计算结果为(　　)。

A. TRUE　　B. FALSE　　C. 教授　　D. 助教

80. 在 Excel 的引用运算中,空格表示(　　)运算符。

A. 区域　　B. 合并　　C. 三维　　D. 交叉

81. 在 Excel 中,利用填充柄可以将数据复制到相邻单元格中,若选择含有数值的左、右相邻的两个单元格,按住鼠标左键拖动填充柄,则数据将以(　　)填充。

A. 等差数列　　B. 等比数列　　C. 左单元格数值　　D. 右单元格数值

82. 在 Excel 的某个单元格中输入文字,若要使文字自动换行,则可打开“单元格格式”对话框的(　　)选项卡,勾选“自动换行”复选框。

A. “数字”　　B. “对齐”　　C. “图案”　　D. “保护”

83. 假设在 A1 单元格中输入公式“＝2＊4”，公式“＝A1&"＜A2"”的正确结果是（　　）。

A. 2＊4＜A2　　B. 8＜A2　　C. TRUE　　D. FALSE

84. 下列关于列宽的描述，不正确的是（　　）。

A. 可以用多种方法改变列宽　　B. 不同列的宽度可以不相同

C. 同一列中不同单元格的列宽可以不相同　　D. 标准列宽为 8.38 磅

85. 在完成了图表后，想要在图表底部的网格中显示工作表中的图表数据，应该采取的正确操作是（　　）。

A. 选择“图表工具”→“图表向导”命令

B. 选择“图表工具”→“数据表”命令

C. 选中图表，选择“图表工具”→“图表布局”→“模拟运算表”命令

D. 选中图表，选择“图表工具”→“添加元素”→“数据表”命令

86. 记录单的右上角显示的“3/30”的意义是（　　）。

A. 当前记录单仅允许 30 个用户访问　　B. 当前记录的是第 30 条记录

C. 当前记录的是第 3 条记录　　D. 您是访问当前记录单的第 3 个用户

87. 在 A1 单元格中输入包含日期的公式“＝1/1/2002＋1/2/2002”，确认后 A1 单元格显示的结果为（　　）。

A. 字符串相加处理后的结果　　B. 数值运算后的结果

C. 日期运算后的结果　　D. ＃VALUE!

88. 输入的下列数据中，Excel 不能识别的日期数据是（　　）。

A. 12/23　　B. 23/12　　C. 12\32　　D. 12-23

89. 在 Excel 中，图表和数据表放在一起时称为（　　）。

A. 自由式图表　　B. 分离式图表　　C. 合并式图表　　D. 嵌入式图表

90. 删除工作表中与图表链接的数据时，图表将（　　）。

A. 被复制　　B. 必须用编辑器删除相应的数据点

C. 不会发生变化　　D. 自动删除相应的数据点

91. 产生图表的数据发生变化以后，图表（　　）。

A. 会发生相应的变化　　B. 会发生相应的变化，但与数据无关

C. 不会发生变化　　D. 必须进行编辑后才会发生变化

92. 在 Excel 中，右击图表标题，弹出的快捷菜单中包含（　　）。

A. “设置坐标轴格式”命令　　B. “设置坐标轴标题格式”命令

C. “添加趋势线”命令　　D. “设置图表标题格式”命令

93. 在 Excel 中，执行自动筛选的数据清单，必须（　　）。

A. 没有标题行且不能有其他数据夹杂其中　　B. 拥有标题行且不能有其他数据夹杂其中

C. 没有标题行且能有其他数据夹杂其中　　D. 拥有标题行且能有其他数据夹杂其中

94. 在 Excel 中，数据清单的高级筛选的条件区域中，对于各字段“与”的条件（　　）。

A. 必须写在同一行中　　B. 可以写在不同行中

C. 一定要写在不同行中　　D. 对条件表达式所在的行无严格要求

95. 在数据降序排列中，排序字段中空白的单元行被（　　）。

A. 放置在排序数据记录单的最后面　　B. 放置在排序数据记录单的最前面

C. 不被排序　　D. 保持原始次序

96. 在 Excel 中，如果希望打印内容处于页面中心，则可以选择“页面设置”中的（　　）。

A. 水平居中　　B. 垂直居中
C. 水平居中和垂直居中　　D. 无法办到

97. 在 Excel 数据记录单中，按某一字段内容归类，并对每一类做出统计的操作是（　　）。

A. 分类排序　　B. 分类汇总　　C. 筛选　　D. 记录单处理

98. 在 Excel 中，对数据分类汇总前必须先进行（　　）操作。

A. 求和　　B. 计算　　C. 筛选　　D. 排序

99. 为了取消分类汇总的操作，正确的操作是（　　）。

A. 单击“开始”选项卡中的“删除”按钮
B. 按【Delete】键
C. 在“分类汇总”对话框中单击“全部删除”按钮
D. 选择“开始”选项卡“单元格”下拉菜单中的“清除”命令

100. 在一张学生成绩表中，表中的等级列（C 列）的值是根据总分列（B 列）的数值填入的，当总分≥90 分时，在 C 列对应单元格中填入 A；当总分≥80 分时，在 C 列对应单元格中填入 B；当总分≥70 分时，在 C 列对应单元格中填入 C；当总分≥60 分时，在 C 列对应单元格中填入 D；当总分＜60 分时，在 C 列对应单元格中填入 E，计算时只需在 C2 单元格中输入公式（　　）。

A. =IFS(B2>=90,A,B2>=80,B,B2>=70,C,B2>=60,D,TRUE,E)
B. =IFS(B2>=90,"A",B2>=80,"B",B2>=70,"C",B2>=60,"D",TRUE,"E")
C. =IFS(B2>=80,"B",B2>=90,"A",B2>=70,"C",B2>=60,"D",TRUE,"E")
D. =IF(B2>=90,"A",B2>=80,"B",B2>=70,"C",B2>=60,"D",TRUE,"E")

参考答案

1～5	CCBBB	6～10	CBCDA	11～15	AABDB	16～20	DBDBB
21～25	DDACB	26～30	DDCDC	31～35	CABCC	36～40	DACBC
41～45	BCCAB	46～50	ABDAB	51～55	CBDBB	56～60	CDDDA
61～65	DDACB	66～70	ABABD	71～75	AACBC	76～80	ADCBD
81～85	ABBCD	86～90	CBCDD	91～95	ADBAA	96～100	CBDCB

习题 5
PowerPoint 2019 演示文稿制作

1. PowerPoint 是一个(　　)软件。

A. 文字处理　　B. 表格处理　　C. 图形处理　　D. 演示文稿

2. PowerPoint 2019 默认文件的扩展名为(　　)。

A. ppsx　　B. pptx　　C. ppwx　　D. ppnx

3. 由 PowerPoint 产生的(　　)类型的文件,可以在 Windows 10 环境下双击而直接放映。

A. pptx　　B. ppsx　　C. potx　　D. ppax

4. 在 PowerPoint 中,为了在切换幻灯片时添加声音,可以使用(　　)选项卡。

A. "幻灯片放映"　　B. "切换"　　C. "插入"　　D. "动画"

5. 在 PowerPoint 2019 中,若要更换另一种幻灯片的版式,下列操作正确的是(　　)。

A. 单击"插入"选项卡"幻灯片"组中的"版式"按钮

B. 单击"开始"选项卡"幻灯片"组中的"版式"按钮

C. 单击"设计"选项卡"幻灯片"组中的"版式"按钮

D. 以上说法都不正确

6. 在 PowerPoint 中,将某张幻灯片的版式更改为"垂直排列标题与文本",应选择(　　)。

A. "文件"选项卡　　B. "动画"选项卡

C. "插入"选项卡　　D. "开始"选项卡

7. 在 PowerPoint 中,为所有幻灯片设置统一的、特有的外观风格,应运用(　　)。

A. 母版　　B. 版式　　C. 背景　　D. 联机协作

8. 在 PowerPoint 中,可以为文本、图形等对象设置动画效果,以突出重点或增加演示文稿的趣味性。设置动画效果可在(　　)选项卡中操作。

A. "动画"　　B. "幻灯片放映"　　C. "插入"　　D. "视图"

9. PowerPoint 中放映幻灯片有多种方法,下列错误的是(　　)。

A. 选中第一张幻灯片,单击演示文稿窗口右下角的"幻灯片放映"按钮

B. 选中第一张幻灯片,单击"幻灯片放映"选项卡中的"从头开始"按钮

C. 选中第一张幻灯片,选择"文件"选项卡中的"幻灯片放映"命令

D. 选中第一张幻灯片,按【F5】功能键

10. 在幻灯片浏览视图中,可按住(　　)键+拖动鼠标来复制选定的幻灯片。

A.【Ctrl】　　B.【Alt】　　C.【Shift】　　D.【Tab】

11. 对于演示文稿中不准备放映的幻灯片，可以单击（　　）选项卡的“隐藏幻灯片”按钮来隐藏。

A.“开始”　　B.“幻灯片放映”　　C.“视图”　　D.“动画”

12. 在 PowerPoint 2019 中，下列关于幻灯片版式的说法正确的是（　　）。

A. 在“标题和内容”版式中，没有“剪贴画”占位符

B. 剪贴画只能插入空白版式中

C. 任何版式中都可以插入剪贴画

D. 剪贴画只能插入有“剪贴画”占位符的版式中

13. 要进行幻灯片页面设置、主题选择，可以在（　　）选项卡中操作。

A.“开始”　　B.“插入”　　C.“视图”　　D.“设计”

14. 在幻灯片视图中编辑好当前幻灯片以后，如果打算继续制作一张新幻灯片，则应当（　　）。

A. 选择“文件”选项卡中的“新建”命令

B. 单击“开始”选项卡中的“新建幻灯片”按钮

C. 单击“插入”选项卡中的“新建幻灯片”按钮

D. 按【PageDown】键

15. 在 PowerPoint 2019 中，若想设置幻灯片中“图片”对象的动画效果，则在选中“图片”对象后，应单击（　　）。

A.“动画”选项卡的“添加动画”按钮　　B.“幻灯片放映”选项卡

C.“设计”选项卡的“效果”按钮　　D.“切换”选项卡的“换片方式”选项

16. 打印演示文稿时，如果选择打印“讲义”选项，则每页打印纸上最多能输出（　　）张幻灯片。

A. 2　　B. 4　　C. 6　　D. 9

17. PowerPoint 2019 运行的平台是（　　）。

A. Windows　　B. UNIX　　C. Linux　　D. DOS

18. 要对幻灯片母版进行设计和修改，应在（　　）选项卡中进行操作。

A.“设计”　　B.“审阅”　　C.“插入”　　D.“视图”

19. PowerPoint 2019 中的“清除所有格式”按钮在（　　）组中。

A.“文本”　　B.“背景”　　C.“字体”　　D.“段落”

20. 在 PowerPoint 2019 中，下列关于表格的说法，错误的是（　　）。

A. 可以向表格中插入新行和新列　　B. 不能合并和拆分单元格

C. 可以改变列宽和行高　　D. 可以给表格添加边框

21. 如果想更改正在编辑的演示文稿中所有幻灯片的标题格式，那么以下最好的操作是（　　）。

A. 打开“开始”选项卡逐一更改字体　　B. 全选所有幻灯片再更改字体

C. 在幻灯片模板中更改字体　　D. 在幻灯片母版中更改字体

22. 如果对一张幻灯片使用系统提供的版式，则对其中各个对象的占位符（　　）。

A. 能用具体内容替换，不可删除

B. 能移动位置，但不能改变格式

C. 可以删除，也可以在幻灯片中插入新的对象

D. 可以删除，但不能在幻灯片中插入新的对象

23. 从当前幻灯片开始放映的快捷键是(　　)。

A.【Shift+F5】　B.【Shift+F4】

C.【Shift+F3】　D.【Shift+F2】

24. 要对幻灯片进行保存、打开、新建、打印等操作，应在(　　)选项卡中进行。

A. "文件"　B. "开始"　C. "设计"　D. "审阅"

25. 要让 PowerPoint 2019 中制作的演示文稿能在 PowerPoint 2003 中放映，必须将演示文稿保存为(　　)。

A. PowerPoint 演示文稿(*.pptx)　B. PowerPoint 97—2003 演示文稿(*.ppt)

C. XPS 文档(*.xps)　D. Windows Media 视频(*.wmv)

26. 在 PowerPoint 2019 中需要帮助时，可以按(　　)功能键。

A.【F1】　B.【F2】　C.【F3】　D.【F4】

27. 在 PowerPoint 2019 中，可以设置动画播放后(　　)。

A. 隐藏　B. 变成其他颜色

C. 删除　D. 下次单击后隐藏

28. 在 PowerPoint 2019 中最多可取消的操作次数为(　　)次。

A. 50　B. 100　C. 150　D. 200

29. PowerPoint 2019 相对于 PowerPoint 2010 版本的改进不包括(　　)。

A. 全新的直观性外观　B. 新增和改进的特效

C. 增强的安全性　D. 新增了备注页视图

30. 在 PowerPoint 2019 中绘制矩形时按住(　　)键绘制的图形为正方形。

A.【Alt】　B.【Ctrl】　C.【Shift】　D.【Delete】

31. 在 PowerPoint 2019 中改变对象大小时，按住【Shift】键出现的效果是(　　)。

A. 以图形对象的中心为基点进行缩放　B. 按图形对象成比例改变图形的大小

C. 只有图形对象的高度发生改变　D. 只有图形对象的宽度发生改变

32. 在 PowerPoint 2019 中不可直接插入的是(　　)。

A. 超链接　B. 文字　C. Flash 文档　D. 视频

33. 以下说法正确的是(　　)。

A. 在 PowerPoint 2019 中，不能把文件保存为 XML 格式

B. 在 PowerPoint 2019 中，能把文件保存为 XLS 格式

C. 在 PowerPoint 2019 中，能把文件保存为 JPG 格式

D. 在 PowerPoint 2019 中，不能把文件保存为 PDF 格式

34. PowerPoint 2019 提供了文件的(　　)功能，可以将演示文稿、所链接的各种声音图片等外部文件，以及有关的播放程序都存放在一起。

A. 定位　B. 另存为　C. 存储　D. 打包

35. 在 PowerPoint 2019 中，以下添加超链接或设置动作的方法不正确的是(　　)。

A. 右击对象，选择"超链接"命令　B. 单击"插入"选项卡的"动作"按钮

C. 单击"动画"选项卡的"动作设置"按钮　D. 单击"插入"选项卡的"超链接"按钮

36. 在 PowerPoint 2019 中，下列说法错误的是(　　)。

A. 可以设置动画重复播放　B. 可以设置动画播放后快退

C. 可以设置动画效果为彩色打印机　　D. 可以设置单击某对象启动效果

37. 使用 PowerPoint 2019，在一个演示文稿中，设置（　　）操作，其默认的效果是“全部应用”。

A. 模板　　B. 版式　　C. 背景颜色　　D. 动画方式

38. PowerPoint 2019 与 PowerPoint 2007 之前的版本相比，新增加的界面组件为（　　）。

A. 任务窗格　　B. 功能区　　C. 备注窗格　　D. 快速访问工具栏

39. 若在没有安装 PowerPoint 2019 的计算机上放映幻灯片，则下列说法正确的是（　　）。

A. 将播放器和演示文稿一起解压缩　　B. 只将演示文稿解压缩

C. 不需要解压缩　　D. 根本不能放映

40. 在 PowerPoint 2019 的大纲窗格中输入标题后，若要输入文本，则下面操作正确的是（　　）。

A. 输入标题后，按【Enter】键，再输入文本

B. 输入标题后，按【Shift＋Enter】组合键，再输入文本

C. 输入标题后，按【Ctrl＋Enter】组合键，再输入文本

D. 输入标题后，按【Alt＋Enter】组合键，再输入文本

41. 单击“幻灯片放映”选项卡的“排练计时”按钮对幻灯片设置定时切换后，又单击“设置幻灯片放映”按钮，并在弹出的对话框的“推进幻灯片”选项组中选中“手动”单选按钮，则下面描述不正确的是（　　）。

A. 放映幻灯片时，单击换片

B. 放映幻灯片时，单击“弹出菜单”下拉按钮，在弹出的下拉菜单中选择“下一张”命令换片

C. 放映幻灯片时，右击，在弹出的快捷菜单中选择“下一张”命令换片

D. 在没有人工干预的情况下，幻灯片仍然按“排练计时”设定的时间换片

42. 在 PowerPoint 中，只安排幻灯片对象的布局可选择（　　）来设置。

A. 应用主题　　B. 幻灯片版式　　C. 背景　　D. 主题颜色

43. 设置幻灯片的切换方式，可以单击（　　）选项卡中的“设置幻灯片切换”按钮。

A. “格式”　　B. “视图”　　C. “编辑”　　D. “幻灯片放映”

44. 不能作为 PowerPoint 演示文稿的插入对象的是（　　）。

A. 图表　　B. Excel 工作簿

C. 图像文档　　D. Windows 操作系统

45. 在 PowerPoint 2019 中，若想设置鼠标指针经过一个对象或文字时切换到上一张幻灯片，则应选择（　　）。

A. “开始”选项卡中的“字体”组　　B. “插入”选项卡中的“链接”组

C. “审阅”选项卡中的“动作”组　　D. “切换”选项卡中的“格式”组

46. 下列关于 PowerPoint 2019 的说法，错误的是（　　）。

A. 在“审阅”选项卡中可以统计该幻灯片的字数

B. 在“审阅”选项卡中可以新建批注

C. 在“审阅”选项卡中可以进行拼写检查

D. 在“审阅”选项卡中能够将一个演示文稿同另一演示文稿比较

47. 在 PowerPoint 2019 中，不能在“开始”选项卡中（　　）。

A. 插入自选图形　　B. 打开“查找”对话框

C. 新建演示文稿　　D. 插入表格

48. 在 PowerPoint 2019 中，在大纲窗格中输入文本后在同一级下换行时按(　　)。

A.【Ctrl+Enter】组合键　　B.【Alt+Enter】组合键

C.【Shift+Enter】组合键　　D.【Enter】键

49. 幻灯片放映时的换片方式有自动换片和手动换片，以下描述正确的是(　　)。

A. 可以同时选择“单击鼠标时”和“每隔__秒”两种换片方式，但“单击鼠标时”方式不起作用

B. 可以同时选择“单击鼠标时”和“每隔__秒”两种换片方式

C. 只允许在“单击鼠标时”和“每隔__秒”两种换片方式中选择一种

D. 同时选择“单击鼠标时”和“每隔__秒”两种换片方式，但“每隔__秒”方式不起作用

50. 在演示文稿的编辑过程中，若要选定全部对象，则可按(　　)组合键。

A.【Shift+A】　　B.【Ctrl+A】　　C.【Shift+C】　　D.【Ctrl+C】

51. 在 PowerPoint 2019 中，动画刷的作用是(　　)。

A. 复制母版　　B. 复制切换效果

C. 复制字符　　D. 复制幻灯片中对象的动画效果

52. 单击“幻灯片放映”选项卡中的“设置幻灯片放映”按钮，也能指定仅放映演示文稿中的部分幻灯片，这与采用自定义放映方案相比(　　)。

A. 没有什么不同

B. 可以选择的幻灯片范围不同

C. 可以指定的幻灯片顺序不同

D. 自定义放映可以重复选择要播放的幻灯片

53. 在幻灯片视图中，如果当前是一张空白幻灯片，要想输入文字，则(　　)。

A. 应直接输入新的文字

B. 应首先插入一个新的文本框

C. 必须更改该幻灯片的版式，使其能包含文字

D. 必须切换到大纲视图中输入

54. PowerPoint 2019 的视图方式包括(　　)。

A. 普通视图、幻灯片放映视图、大纲视图、幻灯片浏览视图、备注页视图、讲义视图

B. 普通视图、幻灯片放映视图、大纲视图、幻灯片浏览视图、备注页视图、阅读视图

C. 普通视图、幻灯片放映视图、幻灯片浏览视图、备注页视图、讲义视图

D. 普通视图、幻灯片放映视图、幻灯片浏览视图、备注页视图、阅读视图

55. PowerPoint 2019 中字体加粗的快捷键是(　　)。

A.【Ctrl+A】　　B.【Ctrl+B】　　C.【Ctrl+C】　　D.【Ctrl+D】

56. 在演示文稿中，备注页视图中的注释信息在文稿演示时一般(　　)。

A. 会显示　　B. 不会显示　　C. 显示一部分　　D. 显示黑白视图

57. PowerPoint 2019 中也能完成数据的计算、统计等工作，这是通过插入(　　)来实现的。

A. 空白表格　　B. 绘制表格　　C. Excel 表格　　D. SmartArt 图形

58. SmartArt 图形不包括(　　)。

A. 矩阵　　B. 流程图　　C. 循环　　D. 图表

59. 在 PowerPoint 2019 中，可以通过（　　）方式来插入 Flash 动画。
A. 插入 ActiveX 控件　　B. 插入音频
C. 插入视频　　D. 插入图表
60. 为了精确控制幻灯片的放映时间，一般使用（　　）操作来完成。
A. 排练计时　　B. 设置切换效果
C. 设置换片方式　　D. 设置间隔多长时间换片
61. 添加动画时不可以设置文本（　　）。
A. 整批发送　　B. 按字/词发送　　C. 按字母发送　　D. 按句发送
62. 在 PowerPoint 2019 中“文件”选项卡的“新建”命令的功能是（　　）。
A. 创建一个演示文稿　　B. 插入一张新幻灯片
C. 创建一个新的超链接　　D. 创建一个新备注
63. 下列说法正确的是（　　）。
A. 在 PowerPoint 2019 中，不能为占位符设置超链接
B. 在 PowerPoint 2019 中，不能为单元格设置超链接
C. 在 PowerPoint 2019 中，不能为文本框设置超链接
D. 在 PowerPoint 2019 中，不能为自选图形插入超链接
64. 在 PowerPoint 2019 中，最多可为一个对象添加（　　）动画效果。
A. 一个　　B. 两个　　C. 三个　　D. 多个
65. 为了使演示文稿中的所有幻灯片具有统一的背景图案，应使用（　　）。
A. 幻灯片版式　　B. 母版　　C. 背景　　D. 配色方案
66. 在 PowerPoint 中，下列说法错误的是（　　）。
A. 可以动态显示文本和对象　　B. 可以更改动画对象的出现顺序
C. 不可以为图表中的元素设置动画效果　　D. 可以设置幻灯片切换效果
67. 在 Office 2019 中，PowerPoint 2019 的主文件名是（　　）。
A. pwpoint. exe　　B. powerpnt. exe
C. powerpoint. exe　　D. powerpnt. com
68. 在 PowerPoint 2019 中，可以改变单张幻灯片的背景的（　　）。
A. 颜色和字体　　B. 颜色、填充效果
C. 图案和字体　　D. 灰度、纹理和字体
69. 在 PowerPoint 中，如果放映演示文稿时无人看守，则放映类型最好选择（　　）。
A. 演讲者放映　　B. 在展台浏览
C. 观众自行浏览　　D. 排练计时
70. 在 PowerPoint 中，在大纲窗格中将二级标题升一级，则此标题（　　）。
A. 脱离原来的幻灯片，生成一张新的幻灯片
B. 变为一级标题，但仍在原幻灯片中
C. 级别不变，它所包含的小标题提升一级
D. 以上都不对
71. 当一个 PowerPoint 窗口被关闭后，被编辑的文件将（　　）。
A. 从磁盘中清除　　B. 从内存中清除
C. 从磁盘或内存中清除　　D. 不会从内存中清除

72. 在 PowerPoint 的幻灯片切换中，不可以设置幻灯片切换的(　　)。

A. 换片方式　　B. 颜色　　C. 效果　　D. 声音

73. 在“幻灯片浏览视图”模式下，不允许进行的操作是(　　)。

A. 幻灯片的移动和复制　　B. 添加动画

C. 幻灯片的删除　　D. 幻灯片的切换

74. 如果要从一张幻灯片“溶解”到下一张幻灯片，则应使用(　　)。

A. 动作设置　　B. 添加动画　　C. 幻灯片切换　　D. 页面设置

75. 如果要从第 2 张幻灯片跳转到第 8 张幻灯片，则应使用(　　)。

A. 动作设置　　B. 添加动画　　C. 幻灯片切换　　D. 页面设置

76. 在 PowerPoint 2019 中，在幻灯片中建立超链接有两种方式：通过把某对象设置为超链接和添加(　　)。

A. 文本框　　B. 文本　　C. 图片　　D. 动作按钮

77. 在 PowerPoint 中，不能实现的功能有(　　)。

A. 设置对象出现的先后次序　　B. 设置同一文本框中不同段落的出现次序

C. 设置声音的循环播放　　D. 设置幻灯片的切换效果

78. PowerPoint 模板文件的扩展名是(　　)。

A. pptx　　B. docx　　C. potx　　D. xls

79. 在 PowerPoint 中，若需将幻灯片从打印机输出，则可以按(　　)组合键。

A.【Shift+P】　　B.【Shift+L】　　C.【Ctrl+P】　　D.【Alt+P】

80. PowerPoint 2019 中的对齐方式不包括(　　)。

A. 右对齐　　B. 两端对齐　　C. 分散对齐　　D. 向上对齐

参考答案

1～5	DBBBB	6～10	DAACA	11～15	BCDBA	16～20	DADCB
21～25	DCAAB	26～30	AACDC	31～35	BCCDC	36～40	CABAC
41～45	BBDDB	46～50	ADCBB	51～55	DDBDB	56～60	BCDAA
61～65	DAADC	66～70	CBBBB	71～75	BBBCA	76～80	DBCCD

习题 6

Adobe Dreamweaver 网页设计

1. 访问网站时，第一个被访问的网页通常称为(　　)。

A. 网页　　B. 网站　　C. HTML 语言　　D. 主页

2. 在 Dreamweaver 的"设计"模式下，可直接(　　)。

A. 编排网页　　B. 观察网页在浏览器中的效果

C. 编辑 HTML 代码　　D. 下载图片

3. 在 Dreamweaver 的"代码"模式下，可直接(　　)。

A. 编排网页　　B. 观察网页在浏览器中的效果

C. 编辑 HTML 代码　　D. 下载图片

4. 在 Dreamweaver 的(　　)模式下可观察网页效果。

A. 设计　　B. 代码　　C. 实时视图　　D. 拆分

5. 在 Dreamweaver 中，下列关于创建超链接的描述，不正确的是(　　)。

A. 不能与外部网站链接　　B. 一张图片可以包含多个链接

C. 可以链接到电子邮箱　　D. 在表单中可以建立超链接

6. 在网页制作中，经常用(　　)进行精确页面布局。

A. 文字　　B. 表格　　C. 表单　　D. 图片

7. 在 Dreamweaver 中，下列(　　)不可加入表格。

A. 声音　　B. 文字与图形　　C. 表格　　D. 视频

8. 在 Dreamweaver 中，要跳转至网站内部不同的页面应采用(　　)。

A. 单元格　　B. 表单　　C. 超链接　　D. 表格

9. 在网页制作中，要收集访问者的意见，可用(　　)办法实现。

A. 文字　　B. 表格　　C. 表单　　D. 框架

10. 在 Dreamweaver 中，要在浏览器的不同区域同时显示几个网页，可使用(　　)方法实现。

A. 表格　　B. 浮动框架　　C. 表单　　D. 单元格

11. 在设置图像超链接时，可以在 Alt 文本框中输入注释的文字，下面说法不正确的是(　　)。

A. 当浏览器不支持图像时，使用文字替换图像

B. 当鼠标指针移到图像并停留一段时间后，这些注释文字将显示出来

C. 在浏览者关闭图像显示功能时，使用文字替换图像

D. 每过一段时间图像上都会定时显示注释文字

12. 在 Dreamweaver 中,可以用作代码编辑器的是(　　)。

A. 记事本　　B. Photoshop　　C. Flash　　D. 以上都不可以

13. 在 Dreamweaver 中,可以为链接设立目标,表示在新窗口打开网页的是(　　)。

A. _blank　　B. _parent　　C. _self　　D. _top

14. 在 Dreamweaver 中,下列操作不能插入一行的是(　　)。

A. 将插入点定位在单元格中,选择“编辑”→“表格”→“插入行”命令

B. 在一个单元格中右击,弹出快捷菜单,选择“表格”→“插入行”命令

C. 将插入点定位在最后一行的最后一个单元格中,按下【Tab】键,在当前行下会添加一个新行

D. 把插入点定位在最后一行的最后一个单元格中,按【Ctrl+W】组合键,在当前行下会添加一个新行

15. 在 Dreamweaver 中,下列关于表格属性的说法,不正确的是(　　)。

A. 可以设置宽度

B. 可以设置高度

C. 可以设置表格的背景颜色

D. 可以设置单元格之间的距离,但不能设置单元格内部的内容和单元格边框之间的距离

16. 在 Dreamweaver 中,在设置 iFrame 属性时,参数 scrolling 是用来设置(　　)的。

A. 是否进行颜色设置　　B. 是否出现滚动条

C. 是否设置边框宽度　　D. 是否使用默认边框宽度

17. 在 Dreamweaver 中,图像的属性不包括(　　)。

A. 图像的灰度　　B. 图像的大小

C. 图像的源文件　　D. 图像的链接

18. 在 Dreamweaver 中,下列关于查找和替换文字的说法,不正确的是(　　)。

A. 可以精确查找标签中的内容

B. 可以在一个文件夹下替换文本

C. 可以保存和调入替换条件

D. 不可以在 HTML 源代码中进行查找与替换

19. 在 Dreamweaver 中,要在当前框架下打开超链接,目标窗口应该设置为(　　)。

A. _blank　　B. _parent　　C. _self　　D. _top

20. 在 Dreamweaver 中,“撤销”操作的快捷键是(　　)。

A.【Ctrl+X】　　B.【Ctrl+V】　　C.【Ctrl+Z】　　D.【Ctrl+C】

21. 下列形状中(　　)不是图像映射上的热点区域。

A. 矩形　　B. 圆形　　C. 任意多边形　　D. 椭圆形

22. 下列关于站点的上传和发布的说法,不正确的是(　　)。

A. 可以通过 Dreamweaver 中自带的“上传”功能上传站点

B. 可以使用其他的上传工具上传站点

C. 上传文件需要 FTP 服务器的支持

D. Dreamweaver 中自带的“上传”功能支持断点续传

23. 下列关于页面的背景和风格设置的说法,不正确的是(　　)。

A. 在页面属性设置中一般定义页边距为 0
B. 可以设置页面的背景图片
C. 页面的背景图片一般选择显眼的图像，特别是大型网站
D. 页面的风格一般由网站的主题确定
24. 在 Dreamweaver 中，下列关于首页制作的说法，不正确的是（　　）。
A. 首页的文件名可以是 index. htm 或 index. html
B. 可以使用表格和单元格来定位网页元素
C. 可以使用表格对网页元素定位
D. 在首页中不可以使用 CSS 样式来定义风格
25. 下列关于网站制作的说法，不正确的是（　　）。
A. 首先要定义站点
B. 最好把素材和网页文件存放在同一个文件夹下以便使用
C. 首页的文件名必须是 index. html
D. 在制作网站时，站点一般定义为本地站点
26. 下列关于素材准备的说法，不正确的是（　　）。
A. 素材准备是网站制作中的重要一环
B. 在 Dreamweaver 中自带有准备素材的功能
C. Fireworks 可以和 Dreamweaver 很好地结合使用
D. 网站徽标的设计对于制作网站来说比较重要
27. 下列关于网站策划的说法，不正确的是（　　）。
A. 总是内容决定形式的
B. 信息的种类与数量会影响网站的表现力
C. 做网站的第一步就是确定主题
D. 对于网站策划来说，最重要的还是网站的整体风格
28. 在制作网站时，Dreamweaver 的工作范畴包括（　　）。
A. 内容信息的搜集整理　　B. 美工图像的制作
C. 把所有有用的东西组合成网页　　D. 网页的美工设计
29. 在 Dreamweaver 的主界面中，按（　　）快捷键可以快速启动浏览器预览效果。
A.【Alt+F12】　　B.【F12】　　C.【Ctrl+F11】　　D.【Ctrl+F12】
30. 在 Dreamweaver 中，在设置字体样式时，下列说法不正确的是（　　）。
A. 可以设置字体　　B. 可以设置字体大小
C. 可以设置字体加粗　　D. 可以设置尾字效果
31. 在 Dreamweaver 中，超链接标签有 4 种不同的状态，不属于其中一种的是（　　）。
A. 激活的链接 a:active　　B. 当前链接 a:hover
C. 链接 a:link　　D. 没有访问过的链接 a:unvisited
32. 下列关于脚本语言的说法，不正确的是（　　）。
A. 动态 HTML 的脚本语言是指 JavaScript 和 VBScript
B. JavaScript 最早起源于 Netscape 的 LiveScript
C. Microsoft Edge 浏览器不提供对 JavaScript 的支持
D. VBScript 是接近 Visual Basic 的一种语言，只能应用于 IE 浏览器

33. 在 Dreamweaver 中，设置超链接的属性时，当目标框架设置为_top 时，表示(　　)。

A. 会在当前浏览器的最外层打开链接　　B. 在当前框架下打开链接

C. 会在当前框架的父框架下打开链接　　D. 会新开一个浏览窗口来打开链接

34. 在 Dreamweaver 中，设置超链接的属性时，当目标框架设置为_blank 时，表示(　　)。

A. 会在当前框架的父框架下打开链接　　B. 会新开一个浏览窗口来打开链接

C. 在当前框架下打开链接，这也是默认方式　　D. 会在当前浏览器的最外层打开链接

35. 在 Dreamweaver 中，设置 iFrame 属性时，选择设置 scrolling 的参数值为 Auto，表示(　　)。

A. 在内容可以完全显示时不出现滚动条，在内容不能完全显示时自动出现滚动条

B. 无论内容如何都不出现滚动条

C. 无论内容如何都出现滚动条

D. 由浏览器自行处理

36. 以下关于网页文件命名的说法，不正确的是(　　)。

A. 使用字母和数字，不要使用特殊字符

B. 建议使用长文件名或中文文件名以便更清楚易懂

C. 用字母作为文件名的开头，不要使用数字

D. 使用下划线或破折号来模拟分隔单词的空格

37. 在表格的单元格中可以插入的对象包括(　　)。

A. 文本　　B. 图像　　C. 视频　　D. 以上都是

38. 关于在网页中加入热点区域实现跳转的说法，不正确的是(　　)。

A. 可以实现页面间的跳转　　B. 可以实现同一页面中不同位置的跳转

C. 可以实现不同网站页面间的跳转　　D. 只能跳转到其他页面的首部

39. 以下应用不属于利用表单功能设计的是(　　)。

A. 用户注册　　B. 浏览数据库记录

C. 网上订购　　D. 用户登录

40. 文档标题可以在(　　)对话框中修改。

A. "首选参数"　　B. "页面属性"　　C. "编辑站点"　　D. "标签编辑器"

参考答案

1～5	DACCA	6～10	BACCB	11～15	DAADD	16～20	BADCC
21～25	DDCDC	26～30	BDCBD	31～35	DCABA	36～40	BDDBB

"大学计算机"无纸化

考试系统简介

参 考 文 献

[1]贾小军,于博,骆红波.大学计算机:Windows 10,Office 2019:微课版[M].长沙:湖南大学出版社,2021.

[2]骆红波,童小素,杨振英.大学计算机实验教程:Windows 10,Office 2019:微课版[M].长沙:湖南大学出版社,2021.

[3]教育部考试中心.全国计算机等级考试一级教程:计算机基础及 MS Office 应用上机指导[M].北京:高等教育出版社,2022.

[4]教育部考试中心.全国计算机等级考试二级教程:WPS Office 高级应用与设计上机指导[M].北京:高等教育出版社,2023.

[5]丁爱萍.Windows 10 应用基础[M].北京:电子工业出版社,2018.

[6]新阅文化,郭强.Windows 10 深度攻略[M].北京:人民邮电出版社,2018.

[7]贾小军,童小素.办公软件高级应用与案例精选:Office 2016[M].北京:中国铁道出版社,2020.

[8]凤凰高新教育.WPS Office 2019 完全自学教程[M].北京:北京大学出版社,2019.

[9]卞诚君.完全掌握 Windows 10+Office 2016 高效办公[M].北京:机械工业出版社,2016.

[10]张运明.Excel 2016 数据处理与分析实战秘籍 [M].北京:清华大学出版社,2018.

[11]龙马高新教育.Word/Excel/PPT 2019 办公应用从入门到精通[M].北京:北京大学出版社,2019.

[12]德胜书坊.最新 Office 2019 高效办公三合一:Word/Excel/PPT[M].北京:中国青年出版社,2019.

[13][美]吉姆·马伊瓦尔德.Adobe Dreamweaver CC 2019 经典教程[M].姚军,徐长宝,译.北京:人民邮电出版社,2019.

[14]王丽红,刘国成.Dreamweaver CC 2019 网页制作案例教程[M].北京:清华大学出版社,2020.